测绘地理信息技术创新与应用研究

段凯健　白冬俞　沈如毅 ◎ 著

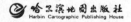
哈尔滨地图出版社
Harbin Cartographic Publishing House

图书在版编目（ＣＩＰ）数据

测绘地理信息技术创新与应用研究 / 段凯健, 白冬俞, 沈如毅著. -- 哈尔滨 : 哈尔滨地图出版社, 2023.9
ISBN 978-7-5465-2829-8

Ⅰ.①测… Ⅱ.①段… ②白… ③沈… Ⅲ.①测绘—地理信息系统—研究 Ⅳ.①P208.2

中国国家版本馆CIP数据核字(2023)第179024号

哈尔滨地图出版社出版发行
（哈尔滨市南岗区测绘路 32 号　邮政编码：150081）
哈尔滨市石桥印务有限公司印刷
开本：787 mm×1092 mm　1/16　印张：19　字数：441 千字
2023 年 9 月第 1 版　2024 年 4 月第 1 次印刷
ISBN　978-7-5465-2829-8
印数：1—500　定价：95.00

内容简介

　　全面阐述了测绘地理信息采集、处理、管理、存储、传输、分析、表达和应用的原理方法与典型应用案例，密切关注现代信息技术、大数据、云计算、人工智能等关联学科发展，具有鲜明的时代特征，在测绘地理信息研究应用上具有较好的参考价值。该书重点阐述了测绘地理信息发展历程与展望、地理信息空间参照系、地理空间数据模型、地理空间信息的定位、信息化测绘采集与处理、三维空间数据采集与建模、地理空间信息数据库建设、数字地图的多尺度表达、地理信息系统建设、地理信息服务及新技术应用等内容。内容涉及测绘地理信息典型应用案例，可为测绘地理信息工程技术人员开展相关应用工程提供范例和参考。

前　　言

随着人类文明的发展和科学的进步，测绘地理信息技术越来越受到人们的重视。测绘地理信息技术作为一门测量人类生存环境的地理学科，是人们了解生存环境的重要桥梁。人们通过测绘地理信息技术来了解人们的生活环境，在此基础上，他们知道人们的生活环境有多大，以及人们能够到达的环境极限在哪里。在人们生活的环境中，大多数环境数据与地理环境、地理位置和空间位置密切相关。只有真正分析这些数据，我们才能合理地整合自然资源。同时，测绘地理信息技术还可以使人们对地理信息进行深入的研究，从而利用研究信息合理地解释社会经济发展与资源环境之间的内在关系和演变规律，并通过实例让人们了解人与自然之间的关系。测绘地理信息技术作为人们了解生活环境的重要手段，已成为大数据时代的热门话题。

现在，网络的迅速发展使人们的生活越来越方便。网络需求的增加也对网络技术的升级产生了巨大的积极影响。目前，网络的升级方向主要集中在信号稳定性和网络速度上。正如 3g 时代取代了 2g 时代，4g 时代取代了 3g 时代，5g 时代正在迅速来临。为了加快 5g 时代的到来，目标定位是一个严重的问题，测绘地理信息技术是解决这一问题不可或缺的重要手段。测绘地理信息技术在网络科技领域的普及，使网络的研发更加顺畅，对移动目标定位信息的掌握更加全面，解决了目标定位的严重问题。同时，测绘地理信息技术在人们生活中的普及使得百度地图、谷歌卫星地图、中国电子地图等地图软件迅速普及到人们的生活中，不仅给人们带来了方便，而且为信息推送服务、在线和离线服务、网络商城等新兴产业提供了发展条件。基于此，本文对新型地质测绘技术的优势长处以及具体应用展开了详述，并概括性总结了下一步的发展趋势。

通过本文的研究发现，测绘地理信息技术的创发展优势如下：

在当前的大数据时代，如何获取信息整合信息共享信息是首要目标。因此，地理信息分析、评价和设计的价值也随之增加，这也为测绘地理信息技术的发展提供了强有力的条件。

1. 抓住机遇，迎接挑战。在当今时代，网络已经成为人们生活中不可缺少的一部分，"宽带中国"已经成为一种必然趋势。测绘地理信息技术相关政府部门应加强对其的重视，了解消费者的心理状况和意见，加快建设"宽带中国"的目标，为提高中国在当今时代的国际地位做出贡献，例如北斗卫星导航系统和地理位置服务的研发。

2. 测绘地理信息技术对地理信息产业也具有重要意义。测绘地理信息技术的应用导致了信息工程的迅速发展，地理信息产业加强了与各部门的联系，测绘地理信息技术的普及为人们提供了新的消费方式和新的就业机会，这些新出现的就业机会都是地理信息产业未来的重要组成部分。

3. 伴随着科学的迅速发展，测绘地理信息技术给人们所带来的发展是十分重大的。技术的创新必然是一场新的革命，技术带来创新，创新又带来新的技术需求，周而复始，人类才能稳步前行。对于测绘地理信息技术而言，在和网络信息技术相结合的过程中，带给社会地理信息服务更多的益处，激发了测绘地理信息技术的快速发展，产生更多的便于人们生活的产业，满足消费者的需求。这一技术创新为人们带来方便快捷的生活的同时，也为社会带来了更加多元化的思维方式，为人们提供了更多的发展机遇。

本书的出版，必将有助于推动测绘学科更快、更好地发展，为我国培养和造就更多更优秀的测绘地理信息人才，我国测绘地理信息事业的蓬勃发展做出贡献。

在编写过程中，我们既对前辈学者的研究成果有所参考和借鉴，也注重将自身的研究成果充实于其中。尽管如此，限于编者学识眼界，本书瑕疵之处难以避免，切望同行专家及读者提出批评意见。

目　　录

第一章 绪 论

目前，技术创新与服务创新是整个经济发展的主旋律，测绘科技、测绘行业正经历着思维的转变和技术的更迭。测绘地理信息成果作为国家信息化建设的空间基础设施，紧跟信息技术飞速发展的步伐，持续为国家管理、城乡建设、应急保障、百姓民生提供优质的服务。随着计算机技术、信息技术、通信技术、空间技术、光电技术、3S（GNSS、RS、GIS）技术等高新科技的飞速发展，及其对测绘科技的渗透和引领，测绘技术、测绘行业正发生着翻天覆地的变化。测绘从模拟测绘到数字测绘，又发展到信息化测绘，即测绘成果由纸质地形图到数字地形图，又发展到今天的面向实体要素级的地理信息及其数字地形图。测绘地理信息的重要性已经提升到国家战略层面，其已成为国防、国民经济和社会发展的重要组成部分，是国家信息化建设的基础设施，同时也是国家安全保障的基础。地理信息是无处不在的，正渗透到各行各业及百姓的日常生活中，并发挥着越来越重要的作用。

第一节 测绘技术发展历程概述

测绘是应人类生活生产的实际需求而发展起来的。随着生产力水平的不断提高，从远古至今，测绘技术体系从原始测量起源期之后，经历了模拟测图、数字测绘和信息化测绘三个阶段。信息化测绘还会有一段发展期。随着移动互联网、物联网、大数据、云计算、人工智能等高新信息技术的快速发展和应用，测绘地理信息科学技术还将迎来一个革命性的发展阶段——智能测绘新阶段。

一、原始测量起源期

古代的测绘技术起源于农业和水利。人们从生活的实际出发，有了用水和划分土地归属的需求，因此便有了土地丈量。公元前十几世纪的夏禹治水、埃及尼罗河泛滥后的农田整治、公元前200多年李冰修都江堰等都进行了原始的土地量测。随着生产工具的发展，人们开始直接用尺量距、用工具瞄准方向量角，再缩小倍数，在纸上画点、画图。公元1103年《营造法式》中记载了建筑行业中使用的测量工具。图1-1是梁思成先生整理《营造法式》时，亲手综合绘制的宋代测量工具图。

二、模拟测绘阶段

模拟测图是通过仪器设备模拟测图时的空间几何关系而进行的白纸测图，主要成果是纸质或纸板的地形图。按照测图方法可分为全野外模拟测图和航空模拟立体测图两种。全野外模拟测图以小平板、大平板测图推广应用为标志，航空模拟立体测图以解析测图仪推广应用为标志，后期许多项目将二者结合，称为综合法测图。综合法的平面位置通常采用纠正像片制作平面图得到，地面高程和等高线在野外用平板仪测得。此法适于起伏不大的平坦地区。模拟测图的作业模式主要有全野外测量和航空摄影测量。

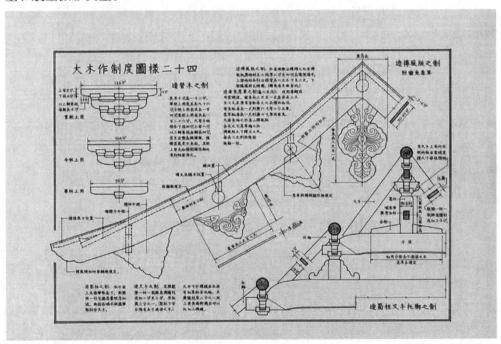

图1-1 宋代建筑业测量仪器图（梁思成图）

（一）全野外测量

1. 小平板、大平板测图法

20世纪90年代前全野外模拟测图一直占主导地位。近代具有代表性的有小平板仪测图（图1-2）。平板仪置于图板上，通过觇孔瞄准方向，或绳尺、皮尺、钢尺量距，沿图板上的直尺和所量距离标出点位。可现场在图板上的白纸（或纸质图板、聚酯薄膜）上，手工展点、绘制地形图。

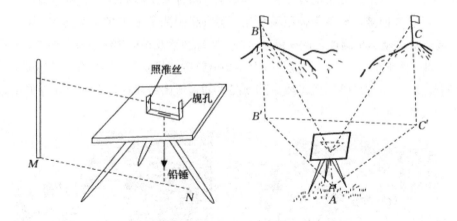

图 1-2 小平板测图仪

随着望远镜的发明、光学望远镜的出现，诞生了大平板测图仪和游标（度盘）经纬仪。1953 年，清华大学学生测图实习中就曾用到 1840 年出品的游标经纬仪。19 世纪德国又有了光学（度盘）经纬仪，除测角外，还可用视距法测距。

2. 经纬仪测记法

外业：经纬仪测角，钢、皮尺或视距法量距，读数并记录。

内业：根据外业记录，计算测点坐标，在白纸（或纸质图板、聚酯薄膜）上展点并绘制纸质地形图。

（二）航空摄影测量

1903 年，莱特兄弟发明了飞机；第一次世界大战期间，第一台航空摄影仪问世。继而航空摄影测量成为大面积测制地形图最快、最有效的方法。

从 20 世纪 30 年代后，多种类型的模拟测图仪用于航测地形图的绘制。模拟型立体测图仪是基于摄影过程的几何反转思想设计制造的立体测图仪，主要由投影系统、观测系统和绘图系统等组成。又按投影方式不同分为：

1. 光学投影类

其立体像对的同名射线由光线体现，如多倍投影测图仪和某些立体测图仪等；

2. 机械投影类

其立体像对的同名射线由机械导杆体现，如 88S 立体测图仪和托普卡立体测图仪等；

3. 光学机械投影类

其立体像对的同名射线在像方和物方分别由光线和机械导杆体现。

至 20 世纪 70 年代，解析测图仪能精确测定点位的三维坐标，也投入了应用。

解析测图仪是以摄影测量的数学模型为基础，由计算机解算代替模拟测图仪的模拟解算，通过各种接口设备和伺服系统完成各种摄影测量工作的一类仪器。解析测图仪主要由立体坐标量测仪、计算机、接口、驱动装置及相应软件组成（图1-3）。

模拟测绘阶段的主要特征是手工作业方式，劳动强度大，耗时费力且精度不高，工期长。其主要成果是纸质（或聚酯薄膜）的地形图，而地形图的存储靠的则是地形图图板的叠加存放，十分不便。

（a）APS-P 解析测图仪　　　　　　　（b）BD-2 解析测图仪

图1-3　解析测图仪

三、数字测绘阶段

20世纪80年代末，数字测绘成为测绘行业研究的热点。电子技术、计算机技术、3S技术的飞速发展，尤其是计算机的普及应用，使人的潜力得到极大的开发，测绘工作者搭乘科技发展的高速列车，研发以高新技术为基础的数字测图，解决了模拟测图作业模式的劳动强度高、工作效率低、图的质量差与存储不便的问题。

（一）数字摄影测量测图系统

数字摄影测量测图系统由数字航片和数字摄影测量工作站（含数字摄影测图软件）组成。数字摄影测量工作站是在计算机工作站上配置立体眼镜及传统摄影测量仪器的手轮、脚盘（或鼠标）及数字摄影测图软件，以实现对数字影像的运动控制与立体观测。随着软件的操作，完成数字化测图。软件操作主要功能包括影像自动定向、影像匹配、建立数字地面模型、制作正射影像、测绘线划地形图等。

原武汉测绘科技大学教授、中国科学院院士王之卓于1978年提出了"全数字自动化测图系统"的研究方案，在中国工程院院士张祖勋的主持下，我国研发了全数字自动化测图系统 VirtuoZo（图1-4（a）），建立了数字摄影测量工作站。其应用标志着数字摄影测量的开始。随后，中国科学院院士刘先林也推出了 JX4 数字摄影测量工作站，数字摄影测量得以普及。这两个系统成为数字测图阶段最主要的数字摄影测量工作站，20 世纪 90 年代末摄影测量进入了全数字化时代，图 1-4（b）为 JX-4G 数字摄影测量工作站。

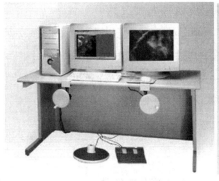

（a）VirtuoZo 全自动化测图系统　　　（b）JX4G 数字摄影测量工作站

图 1-4　数字测图设备

（二）全野外数字测图系统

20 世纪 80 年代末，随着台式计算机和笔记本电脑的普及应用，尤其是电子测绘仪器的发展和应用，如全站仪具备了电子测角和红外测距功能，野外测量不但速度加快，而且测得的数据可以自动显示、记录和输出。全站仪与安装了测图软件的计算机连接，便可以自动显示、记录、处理、自动绘制地形图并存储地形图。

全野外数字测图系统的研发，关键在于数字测图软件的研发。软件主要功能包括：尽可能多的外业测量方法；测量数据的自动接收、记录、处理；数字高程模型（digital elevation model，DEM）的建立、等高线的绘制、数字地形图的自动绘制等。在清华大学杨德麟教授主持下，清华大学和清华山维公司（2015 年 11 月更名为山维科技股份有限公司，简称山维科技），自主研发了全野外数字测图系统软件 EPSW，在技术创新的同时，还吸取了传统平板测量现场成图的优点，用笔记本电脑（后有平板电脑）安装 EPSW 软件，在野外作业时随测随自动绘图，称为"电子平板"。也可用测记法，先进行外业测量，再进行室内自动成图。1994 年，EPSW 投放市场后，全野外数字测图开始普及，相继又有基于 Auto CAD 二次开发的南方公司 CASS 软件和浙大万维公司研发的 Walk 软件投放市场。20 世纪 90 年代末，全野外数字测绘技术成熟并普及应用，我国完成了由模拟测绘向数字测绘的跨越。

数字测绘的主要成果是数字地形图，以 4D 产品为代表，即数字线划图（digital line graph，DLG）、数字高程模型、数字栅格图（digital raster graph，DRG）、数字正射影像图（digital orthophoto map，DOM），并以文件形式存储在计算机或数据库中。数字测绘不仅可以利用数字绘图仪绘制纸质地形图，还能提供便于传输、编辑和供使用的数字地形图。其测图的效率、质量和绘出的纸质地形图的图面精美度，都远远超过模拟测绘，而劳动强度却远低于模拟测图。测绘工作的作业模式由劳动密集型转化为技术密集型，其精度、效率及利用价值都大大提高。

由于数字测图的精度不受图纸表达精度的限制，所测各比例尺图的数据都可保持测量仪器的测量精度，这有利于数字图的应用。目前，多数大中城市进行了基础地理空间数据的数字化测绘与建库。数字测绘的成果是一幅幅的数字地形图或转绘的纸质地形图，而数据库也是按图幅存储的图库，用图、更新图也都是以图幅为单位。数字测绘阶段生产 4D 产品，以图服务于社会经济建设和国防建设。

四、信息化测绘阶段

信息化测绘是我国测绘行业实现了由模拟测图跨越到数字测绘之后，又跨越到的另一个

新的发展阶段。它代表着我国测绘行业在跨入 21 世纪后进行现代化建设的总的战略方向。信息化测绘最本质的内涵和特征，是实现实时有效的地理信息综合服务。为实现和完善地理信息综合服务能力，首先要做到以下三点。

（一）数据成果信息化

随着信息化社会的发展，特别是到 20 世纪 90 年代中期，地理信息系统（geographic information system，GIS）开始在国内推广应用，它推动了信息化测绘的进程。地理信息系统不仅可以存储与管理数据，更重要的是它能利用这些数据为用户提供查询、统计、分析、决策等服务，能回答用户的问题，满足用户的需求。如果存储的数据仅仅是以图幅为单位的数字图，就不能回答问题。各行各业，从政府到平民百姓，对地理信息都有各不相同的需求，所以信息化测绘成果最基本的单元必须是地理实体要素（对象），用户可按需求从中提取所需的信息，当然所生成的数字地形图也是信息化测绘成果之一。实体要素是真实世界现象的一种抽象，如果实体要素与地理位置相关，它就是地理实体要素，地理要素信息化表达就是地理信息。

为了更好、更多地为各方提供服务，测绘成果必须信息化，如每个地理空间实体要素要有分类编码信息（包括分层信息）、空间位置信息、图形可视化表达信息（包括符号信息）、颜色信息、属性信息、时间信息等。信息的基本单元是地理实体要素，同类的地理实体要素可放到同一图层进行可视化表达，不同类的地理实体要素可以分层显示。这样客户不仅可以提取单个地理实体要素数据，还可提取分类分层的数据来应用。每一个要素都赋有时间信息，它可用于作业时间统计、更新时间记录、历史数据确定等。有了图形信息，还要有属性信息，且要图属关联一体化。例如，某房屋在图中表示为矩形，与其关联的属性就可以表示其权利人是谁及房屋修建的

材质、年份、面积等，有的图形还会关联社会、经济等属性信息，使信息表达更充分完整。符号信息化要以消除冗余数据为目标，实施动态符号化，进而实现图库一体化、图库有效管理。信息化的数据，再加上基于这些数据绘成的数字图，就能为用户提供更好的服务。

信息化测绘的本质是服务，只有数据本身信息化了，地理信息才能提高服务水平和质量。信息化的数据成果不仅能形成用于定位和人脑识别的"图"，还能被地理信息系统提取，进行查询、统计、分析、决策等应用，也能被其他更广泛的信息系统识别和进行深度挖掘与分析，更好地支撑各行各业的应用服务。另外，从测绘制图多用途供给来讲，只有信息化数据绘出的地形图，才可能进行地形图的自动缩编和自动综合，按照不同尺度提供相应的服务。

（二）数据管理智能化

20 世纪 90 年代中后期的地理信息系统软件 MGE、Arc GIS 先后选用 Oracle、SQL Server 商业关系型数据库作为存储，采用关系型数据库与图形文件结合（关系数据库存储属性数据，图形文件存储空间数据）的技术实现完整的地理信息存储。这种产品结构源于当时的关系型数据库在地理信息系统广泛兴起之前，仅支持简单的结构化数据类型，如整型、字符串型、浮点型、布尔型等。随着地理信息系统技术的发展，商业数据库厂商也开始逐渐地开发专门支持地理空间数据存储和分析运算的产品。到 21 世纪初，关系型数据库开始全面支持地理信息系统软件空间数据和属性数据的存储。

随着空间数据存储和管理技术的成熟，走在信息化前列的发达省份和城市开始兴起建设基础地理信息库。建设初期还无法实现数据库成图功能，于是只能建两个库：一个是基础地理信息库（GIS 库），满足查询、统计、分析、决策等需求；另一个是以图幅为单位的数字图库，以满足用图需要。由于两个数据库难以得到一致性的维护，故随着时间的推移，两套数据形成了所谓的"两张皮"。因此，建设地理信息数据库，首先必须解决数据的信息化问题，且必须同时实现数据库成图。信息化测绘的对象是以地理实体要素为单位（对象）的地理信息，只有数据本身信息化了，地理信息才能更好地服务于社会、经济、安全保障，更好地为用户服务。

由此，也促进了信息化测绘技术发展与国产品牌测绘地理信息软件的成长。例如，我国研发了拥有自主版权的信息化测绘平台软件 EPS 地理信息工作站，率先实现从源头实时获取信息化数据成果，且实现了自动存储、建库、成图，其"信息化采集＋地理信息系统建库＋图库一体化＋建库更新一体化"的完整解决方案有效地解决了测绘地理信息建设关键问题。随着全国性重大测绘工程的陆续实施，EPS 地理信息工作站也在不断推出新版本，更突出体现了数据采集的实时化、数据成果的信息化、成果处理的自动化，并增加了地理国情监测、不动产登记、无人机三维测图等功能模块，在全国信息化测绘体系建设中发挥着应有的作用。

（三）信息化测绘及信息化测绘体系

自从 2005 年国家测绘局提出信息化测绘以来，经过十年的实践与思考，终于迎来了模拟测绘和数字测绘之后一个新的发展阶段。2015 年 12 月国家测绘地理信息局颁发了《信息化测绘体系建设技术大纲》，这标志着信息化测绘体系建设步入了一个快速实施阶段。《信息化测绘体系建设技术大纲》对信息化测绘及其体系做了如下定义：

信息化测绘是指充分利用现代信息技术，特别是计算机技术、网络通信技术、3S 技术等，实现测绘地理信息服务于社会经济发展的测绘生产方式和功能形态，是继模拟测绘、数字化测绘后新的发展阶段。信息化测绘与数字化测绘的核心区别在于：数字化测绘的采集内容是"图"所需要的内容，其成果也仅能用于定位和制图，"图"中的信息只能被人脑识别和分析；信息化测绘的采集内容是根据各行业管理要求而定义的空间对象，其成果不仅能形成用于定位和人脑识别的"图"，还能够被其他的信息系统识别和深度挖掘与分析，更好地支撑行业应用。

信息化测绘体系是利用信息化测绘技术建立的现代化测绘业务的综合体现和重要标志，主要强调地理信息获取、处理、管理、服务、应用等过程和手段的信息化。是以高精度、实时获取地理信息数据为支撑，以规模化、自动化、智能化数据处理与信息融合为主要技术手段，以多层次、网格化为信息存储和管理形式，能够形成丰富的地理信息产品，并通过网络设施为社会各部门、各领域提供多元化地理信息服务的体系，具有测绘基准现代化、数据获取实时化、数据成果信息化、数据处理自动化、数据管理和业务管理智能化、信息服务网络化、信息应用社会化七大特征。

第二节 测绘地理信息发展展望

测绘技术已经历了模拟测绘、数字测绘两个阶段，并正经历着信息化测绘阶段：20 世纪 90 年代前为模拟测绘阶段，以光学测绘仪器的使用为代表；20 世纪 90 年代初进入数字测绘阶段，以光电、电子（数字）测绘仪器和数字测图软件的应用为典型标志；21 世纪后，技术发展至信息化测绘阶段，以地理信息综合服务为标志。近年来，移动互联网、物联网、大数据、云计算、人工智能等技术的发展与应用，使测绘地理信息技术即将迎来第四个发展阶段，即智能测绘阶段。地理信息集成技术的创新包括以知识服务为目标的产品创新、以市场为主导的生产模式和商业模式的业态创新。智能测绘将在数据获取、处理、分析、表达、共享和服务等方面实现转型升级。

一、更泛在的数据获取

在智能测绘时代，数据获取将从专业测绘数据采集向专业与非专业测绘相结合的泛在获取转型。一方面，由多平台、多传感器构成的精度更高、现势性更强的"空天地海"一体化智能测绘体系将实现数据获取从静态到实时、从区域到全局、从室外到室内、从被动式测绘到智能感知的转变；另一方面，大量非专业人员利用多种传感器感知目标位置、环境及变化等地理信息，使互联网和物联网志愿者的数据成为专业测绘数据的有益补充。

二、更智能的处理分析

在智能测绘时代，大数据、云计算、人工智能等技术将使海量数据存储管理、多源数据融合处理、遥感信息提取解译、地理要素变化检测、多尺度数据联动更新、空间信息建模分析、地理知识深度挖掘等更高效、更智能。

三、更真实的信息表达

在智能测绘时代，真实表达将进一步替代抽象表达，反映真实城市环境与虚拟城市环境的融合与协同。一方面，随着虚拟现实和增强现实技术的成熟，测绘地理信息的表达将更加逼真和多样化，更好地重现三维客观世界；另一方面，随着"空天地海"一体化智能测绘体系日趋完善，地理信息的表达将具有更高的准确性和实时性。

四、更高效的互联共享

在智能测绘时代，互联共享将得到进一步推动，成为消除"信息孤岛"、实现资源整合的重要力量。一方面，通过基于服务的地理信息共享与空间数据互操作，可以无缝且灵活地实现数据资源和功能服务的互联共享；另一方面，通过基于云计算的地理信息资源调配，实现地理信息资源共享的自动扩展和负载均衡，最大限度地缩短从地理信息获取到地理信息服务提供的周期。

五、更增值的信息服务

在智能测绘时代，信息服务将逐步以需求为导向，对地理信息进行增值和创新，为用户提供专业化、个性化的测绘地理信息服务。一方面，通过对多源地理信息的分析归纳，产生新的信息，为用户提供更优的地理信息增值服务；另一方面，注重显性信息和隐性信息的结合，深度挖掘测绘地理信息与社会经济人文信息中隐含的信息，为用户提供可定制、可扩展的个性化信息服务。

总之，智能测绘是集泛在获取、自动处理、智能分析、真实表达、互联共享与信息服务为一体的新一代测绘体系。在智能测绘时代，地理信息应用服务领域将不断拓展，测绘手段和成果应用将全面转型升级，测绘行业与城市管理、人民生活和经济服务之间的联系将越来越广泛，测绘地理信息将真正融入各行各业，融入百姓日常生活，为人们生产和生活提供更便捷和高效的服务。

第三节　术语释义

一、数据

数据是对客观事物进行定量、定性、定位的未经处理的原始材料，不仅数字是数据，文字、符号、图像都是数据。例如，数字 1 只是数字，可独立存在，而 1 个控制点是对客观事物的定量、定性、定位的表示，1（个）是定量，控制点是定性的描述，它用坐标值、高程值对控制点进行定位。其点之记表示控制点与周边地物的位置关系，即用数字、文字、符号、图形、图像和它们的组合来表示，也都是数据。数据是对客观对象的表达。全国乃至全球，都有代表本行业的重要的客观表达数据。

二、信息

信息是数据的内涵，数据是信息的载体。数据根据需要设计、定义、解释等，可成为信息。例如，数字 1、0，当设计其表示某实体有无时，1 表示有，0 表示无，1、0 则由数字（载体）变为信息有、无。又如，在测绘中要给所有实体要素赋予 1 个编码（代码信息），可根据需要设计成 6 位，如表 1-1 所示。

表 1-1　实体要素编码

分类代码	要素名称	说明	分类
100000	定位基础	代码第一位代表控制点	大类
110000	测量控制点	第二位代表	中类
110100	平面控制点	第三、四位代表	小类
110101	三角点	第五、六位代表	子类
110102	导线点	第五、六位代表	子类
110103	图根点	第五、六位代表	子类

| 110200 | 高程控制点 | 第三、四位代表 | 小类 |
| 110201 | 水准原点 | 第五、六位代表 | 子类 |

续表

分类代码	要素名称	说明	分类
110202	水准点	第五、六位代表	子类

信息具有以下特征：

（一）客观性

任何信息都以数据为载体，数据与客观事物紧密相关，它保证了信息的真实性、正确性和精确性。

（二）实用性

信息对决策十分重要，信息系统可以收集、组织和管理信息流，经过处理，对生产、管理及各项决策都有重要意义。

（三）传输性

信息以数据表达，信息可以从发送者传送到接收者，以一定的形式，或以一定的格式提供给相关用户。

（四）共享性

信息可以提供给众多用户使用，且信息本身并无损失。它体现了信息的共享性。

三、地理信息

地理信息是指直接或间接与地理位置相关联的与现象有关的信息。地理信息通过经纬网或直角网等建立地理坐标来实现空间位置的标识，且具有二维、三维结构和随时序变化的特性。

四、物联网

物联网是新一代信息技术的高度集成和综合运用，也是"信息化"时代的重要发展阶段，对新一轮产业变革和经济社会绿色、智能、可持续发展具有重要意义。物联网英文名称是"internet of things（IOT）"。2005年，国际电信联盟（International Telecommunications Union，ITU）发布了《ITU互联网报告2005：物联网》，正式提出"物联网"的概念，包括了所有物品的联网和应用。目前较为公认的物联网的定义是：通过射频识别（radio frequency identification，RFID）、红外感应器、全球导航卫星系统（global navigation satellite system，GNSS）、激光扫描器等信息传感设备，按约定的协议，把任何物品与互联网连接起来，进行信息交换和通信，以实现智能化识别、定位、跟踪、监控和管理的一种网络。

物联网是在互联网基础上延伸和扩展的网络，其核心和基础仍然是互联网，其用户端延伸和扩展到了任何物品与物品之间的信息交换和通信。物联网是互联网的应用拓展，可以说物联网是基于新的通信和网络技术的互联网业务和应用。因此，应用创新是物联网发展的核心。

物联网与地理信息系统有着密不可分的联系。物联网中各种物体（设备）之间的信息交换通常都包含了地理空间信息。智慧城市、智慧农业、环境和灾害监测等物联网的典型应用中，更体现了地理信息系统的重要性。物联网应用领域的扩展，也将推动地理信息系统采用更先进的结构和数据处理技术，对来自各种数据采集设备的数据进行管理和处理。

五、大数据

国际数据公司（IDC）从四个特征定义大数据：海量的数据规模（volume）、快速的数据流转和动态的数据体系（velocity）、多样的数据类型（variety）和巨大数据价值（value）。

也可以说，大数据是指无法用常规软件工具，在可承受时间内进行存储、处理和分析的数据集合。各行各业每天都在产生巨大的数据碎片，数据之间没什么逻辑关系，需要集成、融合各个侧面的数据，才能挖掘出前人未知的价值。大数据的技术目的不是掌握庞大的数据信息，而是提高对数据的加工能力，对这些数据信息进行专业化处理和分析，发现其中隐藏的价值，通过"加工"实现数据的"增值"。《大数据时代》一书给出了大数据技术有别于旧数据处理的三个特征：①需要全部数据样本而不是抽样；②关注效率而不是精度；③关注相关性而不是因果关系。

六、云计算

云计算是一种基于互联网的计算，是并行计算、分布式计算和网络计算的发展。它可以根据需要为其他计算机或设备提供共享计算资源（包括网络、服务器、存储、应用程序和服务）和共享数据存储。云计算可将所有的计算资源集中起来，由软件实现自动管理。通过云计算，用户和企业使用第三方数据中心的资源（计算资源和存储资源），对自己的数据进行存储和处理。

云计算可以帮助企业在初创阶段节省大量的硬件和软件投资。企业可以把更多精力投到具体的项目上，不需再花很多精力搭建自己的计算机系统。企业可以很快地将项目投入运行，而且不需对服务器、硬盘等设备进行实时维护，大大降低了系统的管理和维护费用。

从技术上，云计算可以分"大变小"和"小变大"两种。

（一）大变小

采用分布式技术，利用多台机器协作完成在一台机器上很难完成的计算或存储任务。

（二）小变大

采用虚拟化技术，将一台机器虚拟为多台机器，被多个用户同时使用，从而提高机器的使用效率。

七、人工智能

人工智能是研发用于模拟、延伸和扩展人的智能的理论、技术、方法及应用系统的一门新的技术科学。人工智能是计算机科学的一个分支，希望研究并生产出一种新的能与人类智能做出相似反应的智能机器，本领域的研究包括机器人、语言识别、图像识别、自然语言处理和专家系统等。人工智能可以模拟人的意识、思维的信息提取过程。人工智能不是人的智能，但能像人那样学习、思考，也可能超过人的智能。

人工智能是研究如何制造人造的智能系统，使其具有模拟人类智能活动的能力，并希望延伸人类的智能，主要的研究方向包括知识的模型化和表达方法、启发式搜索理论、各种推理方法及人工智能系统结构和语言。人工智能的应用领域包括自然语言理解、数据库的智能搜索、专家咨询系统、定理证明、机器人学、博弈、机器学习、深度学习、自动程序设计及组合调度等。随着计算机软硬件技术的快速发展，人工智能研究成果的应用也越来越广泛，出现了更多的智能化产品。目前，在智能化应用方面投入比较多的领域有智能设备、智能手机、智能机器人、智能汽车及智能家居等。

第二章　地理信息空间参照系

要对一个空间实体要素进行定位，必须将其嵌入一个空间参照系。测绘系统与测绘基准是地理空间定位的基础。测绘系统主要包括大地坐标系统、高程系统、重力系统、深度基准和时间系统。测绘基准是指一个国家整个测绘的起算依据和各种测绘系统的基础，包括所选用的各种大地测量参数、统一的起算面、起算基准点、起算方位，以及有关的地点、设施和名称等。本章讲述了地球椭球体参数、测绘系统与测绘基准、常见的投影类型、坐标转换等。

第一节　地球椭球体

一、地球的形状

地球自然表面是一个起伏不平、十分不规则的表面，有高山、丘陵和平原，还有江河湖海。地球表面约有 71% 的面积为海洋，29% 的面积是大陆与岛屿。陆地上最高点与海洋中最深处相差近 20km。这个高低不平的表面无法用数学公式表达，也无法进行运算，所以在量测与制图时，必须找一个规则的曲面来代替地球的自然表面。当海洋静止时，它的自由水面必定与该面上各点的重力方向（铅垂线方向）正交，人们把这个面叫作水准面。但水准面有无数多个，其中有一个与静止的平均海水面相重合。可以设想这个静止的平均海水面穿过大陆和岛屿形成一个闭合的曲面，这就是大地水准面（图 2-1）。

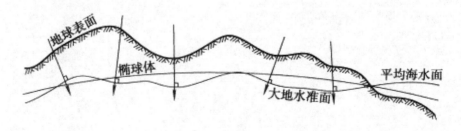

图 2-1 大地水准面

大地水准面所包围的形体叫作大地体。从地球的纵剖面可以看到大地体的形状，大致像个"梨"，北极突出 10 ~ 20m，南极凹进 20 ~ 30m。地球体内部质量分布的不均匀引起重力方向的变化，导致处处和重力方向正交的大地水准面成为一个不规则的曲面。对于地球测量而言，地表和大地水准面都是无法用数学公式表达的曲面，这样的曲面不能作为测量和制图的基准面。大地水准面形状虽然十分复杂，但从整体来看，起伏是微小的，它是一个很接近于绕自转轴（短轴）旋转的椭球体。为了定量描述地球的形状而不受起伏的影响，在测量和制图中把与大地水准面符合得最理想的旋转椭球体叫作地球椭球体。

二、地球椭球体模型参数

为了从数学上定义地球，必须建立一个地球表面的几何模型，由地球的形状决定。该几何模型较接近地球形状，即椭球体，是由一个椭圆绕着其短轴旋转而成。严格地说，地球椭球体的三个轴均不相等，它不是旋转椭球体，而是三轴椭球体。尽管如此，由于赤道椭圆扁率很小（约 1/91827），而且计算复杂，故这个形式未被采用。目前，仍取旋转椭球体形状作为地球形状的描述。从数学角度来看，地球椭球体的形状和大小与大地体极为接近。地球椭球体的两个主要参数为长半轴 a、短半轴 b，以及三个派生参数，即扁率、第一偏心率和第二偏心率，具体公式为

$$f = (a-b)/a \qquad (2-1)$$

$$e = \sqrt{(a^2-b^2)/a^2} = \qquad (2-2)$$

$$e' = \sqrt{(a^2-b^2)/b^2} \qquad (2-3)$$

100 多年以来，各国学者对地球椭球进行了众多研究，提出了多组地球椭球参数，常用参数数据如表 2-1 所示。

表 2-1 常用的地球椭球体参数数据

椭球体名称	提出年份	长半轴 a/m	短半轴 b/m	扁率
埃佛勒斯（Everest）	1930	6377276	6356075	1：300.8
贝塞尔（Bessel）	1941	6337379	6356079	1：299.15
克拉克（Clarke）	1880	6378249	6356515	1：293.15
克拉克（Clarke）	1886	6378206	6356584	1：293.5
海福德（Hayford）	1910	6378388	6356912	1：297
克拉索夫斯基（Krasovsky）	1940	6378245	6356863	1：298.3
IUGG	1976	6378160	6356775	1：298.25

人造卫星发射成功后，利用人造卫星测地大大提高了测地的精确度。1979 年，

国际大地测量与地球物理联合会（International Union of Geodesy and Geophysics，IUGG）决定从 1980 年开始采用新的椭球体参数，即地球的赤道半径 a=6378137m、地球的极半径 b=6356752m。

如图 2-2 所示，测量得到的大地水准面形状与旋转椭球体有差异。假想一个扁率极小的椭圆，其短轴与地球自转轴重合绕椭圆短轴旋转所形成的规则椭球体称为地球椭球体，此椭球体近似于大地水准面。地球椭球体表面是一个规则的数学表面，可以用数学公式表达，所以在测量和制图中就用它替代地球的自然表面。这就是地球椭球面。

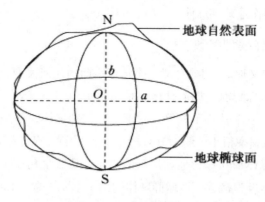

图 2-2　地球椭球体

第二节　测绘系统与测绘基准

大地测量系统（规定了大地测量的起算基准、尺度标准及其实现方式，包括理论、模型和方法）是总体概念，大地测量参考框架是大地测量系统的具体应用形式。大地测量系统包括坐标系统、高程系统、深度基准和重力参考系统。我国目前采用的测绘基准主要包括大地基准、高程基准、深度基准和重力基准。与大地测量系统相对应的大地参考框架有坐标（参考）框架、高程（参考）框架和重力测量（参考）框架三种。

一、大地坐标系统与大地基准

（一）大地坐标系统

大地坐标系统是用来表述地球上点的位置的一种地球坐标系统，它将接近地球整体形状的椭球作为点的位置及其相互关系的数学基础，大地坐标系统的三个坐标是大地经度、大地纬度、大地高。新中国成立以来，我国先后采用了 1954 北京坐标系和 1980 西安坐标系。随着社会的进步，经济建设、国防建设和社会发展、科学研究等对国家大地坐标系提出了新的要求，迫切需要采用原点位于地球质量中心的坐标系统（以下简称地心坐标系）作为国家大地坐标系。地心坐标系的利用有利于采用现代空间技术对坐标系进行维护和快速更新，测定高精度三维坐标，提高测图工作效率。经国务院批准，自 2008 年 7 月 1 日起，我国全面启用 2000 国家大地坐标系，原国家测绘地理信息局授权组织实施。目前我国已经全面推广使用 2000 国家大地坐标系（China geodetic coordinate system2000，CGCS2000）。2000 国家大地控制网是定义在 ITRS2000 地心坐标系统中的区域性地心坐标框架。区域性地心坐标框架一般由三级构成：第一级为连续运行基准站构成的动态地心坐标框架，它是区域性地心坐标框架的主控制；第二级是与连续运行基准站定期联测的大地控制点构成的准动态地心坐标框架；第三级是加密大地控制点。

大地坐标系主要用于描述物体在地球上的位置或在近地空间的位置。根据坐标原点所处的位置不同，大地坐标系可分为参心坐标系（以参考椭球的中心为坐标原点）和地心坐标系（以地球质心为坐标原点）。参心坐标系是我国基本测图和常规大地测量的基础。地心坐标系是为满足远程武器和航空航天技术发展需要而建立的一种大地坐标系统。

（二）大地基准

大地基准是建立大地坐标系统和测量空间点大地坐标的基本依据。我国目前大多数地区采用的大地基准是 1980 西安坐标系。其大地测量常数采用国际大地测量与地球物理联合会第 16 届大会（1975 年）推荐值，大地原点设在陕西省泾阳县永乐镇，如图 2-3 所示。2008 年 7 月 1 日，经国务院批准，我国正式开始启用 2000 国家大地坐标系。2000 国家大地坐标系是全球地心坐标系在我国的具体体现。

1982 年，我国完成全国一、二等天文大地网的布测和平差工作，建成了由 4.8 万个点组成的国家平面控制网，建立了 1980 国家大地坐标系——西安坐标系，与 1954 北京坐标系相比，精度明显提高。

1997 年，我国建成了国家高精度 GPSA、B 级网，实现了三维地心坐标的全国覆盖，精度比 1980 国家平面控制网提高了 2 个数量级，标志着我国空间大地网建设进入一个崭新阶段。

2003 年，建成了由 2500 个点组成的 2000 国家 GPS 大地控制网。2004 年，建成了由近 5 万个点组成的 2000 国家大地控制网，定位精度显著提高。

图 2-3　陕西省泾阳县永乐镇大地原点

二、高程系统与高程基准

（一）高程系统

高程系统是相对于不同性质的起算面（如大地水准面、似大地水准面、椭球面等）所定义的高程体系。

1. 大地水准面与正高

设想一个与静止的平均海水面重合并延伸到大陆内部的、包围整个地球的封闭的重力位水准面，其被称为大地水准面。地面一点沿该点的重力线到大地水准面的距离称为正高。大地水准面是正高的起算面。

2. 似大地水准面和正常高

从地面一点沿正常重力线按正常高相反方向量取至正常高对应端点所构成的曲面称为似大地水准面。地面一点沿正常重力线到似大地水准面的距离称为正常高。

3. 大地高

从地面点沿法线到所采用的参考椭球面的距离称为大地高。

4. 高程异常

似大地水准面到参考椭球面距离之差称为高程异常，记为 ξ。大地水准面到参考椭球面距离之差称为大地水准面差距，记为 N。设地面某一点的大地高为 $H_{大地}$、正高为 $h_{正高}$、正常高为 $h_{正常高}$、大地水准面差距为 N、高程异常为 ξ，则有

$$H_{大地} = h_{正高} + N = h_{正常高} + \xi \qquad （2-4）$$

我国采用的是正常高系统，为获取大地高必须按一定分辨率精确求定高程异常 ξ，该项工作称为似大地水准面精化。

（二）高程基准

要布测全国统一的高程控制网，首先必须建立一个统一的高程基准面，所有水准测量测定的高程都以这个面为起算，也就是将高程基准面作为零高程面。长期观测海水面水位升降的工作称为验潮，进行这项工作的场所称为验潮站。各地的验潮结果表明，不同地点平均海水面之间还存在着差异，因此，对于一个国家来说，只能将根据一个验潮站的数据所求得的平均海水面作为全国高程的统一起算面——高程基准面。

新中国成立后的 1956 年，确定了基本验潮站应具备的条件。青岛验潮站地处我国海岸线的中部，位置适中，而且其所在港口是有代表性的规律性半日潮港，避开了江河入海口、外海海面开阔、无密集岛屿和浅滩、海底平坦、水深在 10m 以上，验潮井建在地质结构稳定的花岗石基岩上。因此在 1957 年确定青岛验潮站为我国基本验潮站，将根据该站 1950 年至 1956 年 7 年间的潮汐资料推求的平均海水面作为我国的高程基准面，将以此高程基准面为我国统一起算面的高程系统称为"1956 黄海高程系统"。"1956 黄海高程系统"高程基准面的确立，对统一全国高程有重要的历史意义，对国防、经济建设、科学研究等都起了重要的作用。但从潮汐变化周期来看，确立"1956 黄海高程系统"的平均海水面所采用的验潮资料时间较短，还不到潮汐变化的一个周期（一个周期一般为 18.61 年），同时又发现验潮资料中含有粗差，因此有必要确定新的国家高程基准。

新的国家高程基准面是根据青岛验潮站 1952 年至 1979 年 27 年间的验潮资料计算确定，将这个高程基准面作为全国高程的统一起算面，称为"1985 国家高程基准"。在"1985 国家高程基准"系统中，我国水准原点的高程为 72–260m。高程基准是建立高程系统和测量空间点高程的基本依据。"1985 国家高程基准"已经获得国家批准，并从 1988 年 1 月 1 日开始启用，以后凡涉及高程基准时，一律由原来的"1956 黄海高程系统"改用"1985 国家高程基准"。由于新布测的国家一等水准网点是以"1985 国家高程基准"起算，因此以后凡进行各等级水准测量、三角高程测量及各种工程测量时，尽可能与新布测的国家一等水准网点联测。如不便于联测时，可在"1956黄海高程系统"的高程值上改正一固定数值，得到"1985 国家高程基准"下的高程值。

我国在新中国成立前曾将不同地点的平均海水面作为高程基准面。高程基准面的不统一使高程值比较混乱，因此在使用旧有的高程资料时，应弄清楚当时将哪里的平均海水面作为高程基准面。目前我国常见的高程系统主要包括 1956 黄海高程系统、1985 国家高程系统、吴淞高程系统和珠江高程系统四种，四套高程系统的换算关系为

$$1956 黄海高程 = 1985 国家高程基准 + 0.029（米）$$

$$1956\ 黄海高程 = 吴淞高程基准 - 1.688（米）$$
$$1956\ 黄海高程 = 珠江高程基准 + 0.586（米）$$

为了长期、牢固地表示高程基准面的位置，必须建立稳固的水准原点作为传递高程的起算点（图 2-4），用精密水准测量方法将它与验潮站的水准标尺进行联测，以高程基准面推求水准原点的高程，将此高程作为全国各地推算高程的依据。1984年，建成了总里程 9.3 万千米、包括 100 个环的国家一等水准网；1990 年，建成了总里程 13.6 万千米的国家二等水准网；在上述成果的基础上建成 1985 国家高程系统，与 1956 黄海高程系统相比，密度增加、精度提高、结构更合理。1991 年至 1999 年，实施了国家第二期一等水准网复测，进一步提高了 1985 国家高程系统的精度和现势性。

图 2-4　国家水准原点（左）和水准零点景观（右）

三、重力测量系统与重力基准

（一）重力测量系统

重力测量系统是指重力测量施测与计算所依据的重力测量基准和计算重力异常所采用的正常重力公式的总称。我国曾先后采用 1957 重力测量系统、1985 重力测量系统和 2000 重力测量系统。

（二）重力基准

重力基准是建立重力测量系统和测量空间点重力值的基本依据。1985 年，建成了由 6 个重力基准点、46 个重力基本点和 163 个重力一等点组成的 1985 国家重力基本网，较 1957 国家重力基本网密度和精度都有很大提高。2003 年，建成了由 19 个基准点和 119 个基本点构成的新一代国家重力基准——2000 国家重力基本网，较 1985 国家重力基本网精度显著提高，点位密度和分布更趋合理。我国目前采用的重力基准为 2000 国家重力基准。

四、我国测绘基准体系现代化建设

20世纪70年代以来，我国不断改造传统测绘基准体系，图2-5为我国测绘基准现代化建设的发展进程。20世纪80年代我国建立了1980国家大地坐标系、1985国家高程基准、1985国家重力基本网，形成了我国第二代测绘基准体系。20世纪90年代以来，我国进一步加快测绘基准现代化建设，建立了2000国家重力基本网和2000国家大地控制网，区域性测绘基准体系也得到较快发展。

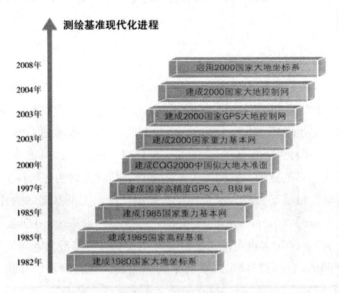

图2-5 我国测绘基准现代化建设发展进程

国家测绘基准体系是国民经济、社会发展、国家安全及信息化建设的重要基础，主要包括大地基准、高程基准和重力基准。传统测绘基准历经50年的发展，在经济建设、社会发展和国家安全等方面发挥了重要作用，但随着测绘技术的进步及基础设施的严重损毁，现有测绘基准体系提供的成果精度低、现势性差、服务能力不断下降，无法满足我国经济社会发展和国家信息化建设对测绘基准的要求。因此，我国2012年提出利用4年时间分两期建设国家现代测绘基准体系。

总体来看，国家现代测绘基准体系在形式上包括国家空间坐标基准框架、国家高程基准框架、国家重力基准框架、高分辨率的地球重力场和似大地水准面。2015年12月，对国家现代测绘基准体系基础设施建设一期工程进行整体外业工作验收，项目完成了初步设计的全部建设内容，工程总体转入验收准备阶段。按照初步设计安排，工程完成了国家卫星导航定位连续运行基准站（continuously operating reference station，CORS）网150个基准站的新建和60个基准站的改造，搭建了31条国家数据中心与省级数据中心互联互通的骨干数据传输专线，完成了国家大地控制网 2500 个点的新建和属性测定，完成了国家高程控制网 12-2 万千米一等水准路线和 5 个深层基岩点的选埋及属性测定，在 27400 个水准点上进行了加密重力测定，完成了国家重力基准点 100 点次绝对重力观测的外业生产工作。

第三节　我国大地坐标系统

一、1954 北京坐标系

新中国成立以后，我国大地测量进入了全面发展时期，要在全国范围内开展正规的、全面的大地测量和测图工作，迫切需要建立一个参心大地坐标系。因此，我国采用了苏联的克拉索夫斯基椭球参数，并与苏联 1942 坐标系进行联测，通过计算建立了我国的大地坐标系，定名为 1954 北京坐标系。因此，1954 北京坐标系可以认为是苏联 1942 坐标系的延伸，它的原点不在北京而是在苏联的普尔科沃。

1954 北京坐标系属于参心大地坐标系，采用克拉索夫斯基椭球的几何参数，具体为：长半轴为 a=6378245m，短半轴为 b=6356863m，扁率为 f=1/298.3；大地原点在苏联的普尔科沃；采用多点定位法进行椭球定位；高程基准为青岛验潮站 1950 年至 1956 年 7 年间的潮汐资料推求的黄海平均海水面；高程异常以苏联 1955 年大地水准面重新平差结果为起算数据，按我国天文水准路线推算而得。

自 1954 北京坐标系建立以来，我国在该坐标系内进行了许多地区的局部平差，其成果得到了广泛的应用。但是随着测绘新理论、新技术的不断发展，人们发现该坐标系存在如下缺点：

（一）椭球参数有较大误差

克拉索夫斯基椭球参数与现代精确的椭球参数相比，长半轴约长了 108m。

（二）参考椭球面与我国大地水准面存在着自西向东明显的系统性倾斜，东部地区的大地水准面差距最大达 +60m

这使得大比例尺地形图反映地面的精度受到影响，同时也对观测量元素的归算提出了严格的要求。

（三）几何大地测量和物理大地测量应用的参考面不统一

我国在处理重力数据时采用赫尔默特（Helmert）1900 年至 1909 年正常重力公式，与这个公式相对应的赫尔默特扁球不是旋转椭球，它与克拉索夫斯基椭球是不一致的，这给实际工作带来了麻烦。

（四）定向不明确

椭球短半轴的指向既不是国际普遍采用的国际协议原点（conventional international origin，CIO），也不是我国地极原点 JYD1968.0，起始大地子午面也不是国际时间局（Bureau International de I'Heure，BIH）所定义的格林尼治平均子午面，从而给坐标换算带来一些不便和误差。

为此，1978 年在西安召开了"全国天文大地网整体平差会议"，提出了建立属于我国自己的大地坐标系，即后来的 1980 西安坐标系。但时至今日，1954 北京坐标系仍然是在我国使用较为广泛的坐标系。

二、1980 西安坐标系

1980 西安坐标系的大地原点设在我国中部的陕西省泾阳县永乐镇，位于西安市西北方向约 60km，故称 1980 西安坐标系。

1980 西安坐标系参数如下：

（一）属于参心坐标系

椭球短轴 Z 轴平行于地球质心指向地极原点方向，大地起始子午面平行于格林尼治平均子午面；X 轴在大地起始子午面内与 Z 轴垂直指向经度 0 方向；Y 轴与 Z、X 轴构成右手坐标系。

（二）椭球参数采用国际大地测量与地球物理联合会 1975 年大会推荐的参数

具体为：长半轴 a= (6378140 ± 5) m，短半轴扁率 f= 1/298.257，第一偏心率平方 $e^2 = 0.00669438499959$，第二偏心率平方 $e'^2 = 0.00673950181947$。椭球定位时按我国范围内高程异常值平方和最小为原则求解参数。

（三）多点定位

（四）基准面采用青岛大港验潮站 1952 年至 1979 年确定的黄海平均海水面

即 1985 国家高程基准。

三、2000 国家大地坐标系

空间技术的发展成熟与广泛应用迫切需要国家提供高精度、地心、动态、实用、统一的大地坐标系作为各项社会经济活动的基础性保障。从技术和应用方面来看，上述坐标系具有一定的局限性，已不适应发展的需要，主要表现在以下几点：

（一）二维坐标系统

1980 西安坐标系是经典大地测量成果的归算及应用，它的表现形式为平面的二维坐标。该坐标系只能提供点位平面坐标，而且表示两点之间的距离精确度也比用现代手段测得的低 10 倍左右。高精度、三维与低精度、二维之间的矛盾是无法协调的。例如，将卫星导航技术获得的高精度点的三维坐标表示在过去绘制的地图上，不仅会造成点位信息的损失（三维空间信息只表示为二维平面位置），同时也将造成精度上的损失。

（二）参考椭球参数

随着科学技术的发展，国际上对参考椭球的参数已进行了多次更新和改善。1980 西安坐标系所采用的 IAG1975 椭球的长半轴要比国际公认的 WGS-84 椭球长半轴的值长 3m 左右，而这导致投影前后的长度差达到投影限差的 10 倍。

（三）随着经济建设的发展和科技的进步

维持非地心坐标系下的实际点位坐标不变的难度加大，维持非地心坐标系的技术也逐步被新技术所取代。

（四）椭球短半轴指向

1980 西安坐标系指向 JYD 1968.0 极原点，与国际上通用的地面坐标系，如国际地球参考系统（international terrestrial reference system，ITRS），或与 GPS 采用的 WGS-84 椭球短轴的指向（BIH1984.0）不同。

天文大地控制网是现行坐标系的具体实现，也是国家大地基准服务于用户最根本最实际的途径。面对空间技术、信息技术及其应用技术的迅猛发展和广泛普及，在创建数字地球、数字中国的过程中，需要一个以全球参考基准框架为背景的、全国统一的、协调一致的坐标系统来处理国家、区域、海洋与全球化的资源、环境、社会和信息等问题。

若仍采用二维、非地心的坐标系，不仅制约了地理空间信息的精确表达和各种先进空间技术的广泛应用，无法全面满足当今气象、地震、水利、交通等部门对高精度测绘地理信息服务的要求，而且也不利于与国际上民航与海图的有效衔接，因此采用地心坐标系已势在必行。

2008 年 3 月，由国土资源部正式上报国务院《关于中国采用 2000 国家大地坐标系的请示》，并于 2008 年 4 月获得国务院批准。自 2008 年 7 月 1 日起，中国开始全面启用 2000 国家大地坐标系，国家测绘局授权组织实施。

2000 国家大地坐标系是地心坐标系在我国的具体体现，其原点为包括海洋和大气的整个地球的质量中心，Z 轴指向 BIH1984.0 定义的协议地极方向，X 轴指向 BIH1984.0 定义的零子午面与协议赤道的交点，Y 轴按右手坐标系确定。

　　2000 国家大地坐标系采用的地球椭球参数为：长半轴 a= 6378137m，扁率 f= 1/298.257222101，地心引力常数 GM= 3.986004 * 10^{14}m^3·s^{-2}，自转角速度 ω = 7.292115*10^{-5}rad·s^{-1}。

　　应用 2000 国家大地坐标系，可以大幅度提高点位表达的准确性，并且能快速获取精确的三维地心坐标，提高测量精度和工作效率，可广泛地应用于自然资源管理（数字国土资源、数字农业、数字林业、多规合一）、智能交通（车辆的导航、调度与监控），以及民航（飞机的导航、调度与监控）、海事（船舶的导航、调度与监控）、水利（数字黄河和数字长江）、智慧城市、应急管理、通信供电网络维护、旅游文化、科学考察与探险等领域。

第四节　地图投影

　　地图投影指建立地球表面（或其他星球表面或天球面）上的点与投影平面（地图平面）上点之间的一一对应关系的方法，即建立两者之间的数学转换公式。由于球面上任何一点的位置是用地理坐标（φ，λ）表示的，而平面上点的位置是用直角坐标（x，y）或极坐标（r，θ）表示的，所以要想将地球表面上的点转移到平面上，必须采用一定的方法来确定地理坐标与平面直角坐标或极坐标之间的关系。这种在球面和平面之间建立点与点之间函数关系的数学方法就是地图投影方法，即

$$\left.\begin{array}{l} \chi = f_1 (\phi，\lambda) \\ y = f_2 (\phi，\lambda) \end{array}\right\} \qquad （2\text{--}5）$$

　　根据地图投影的一般公式，只要知道地面点的经纬度（φ，λ），便可以在投影平面上找到相对应的平面位置（x，y）。这样就可按一定的制图需要，将一定间隔的经纬网交点的平面直角坐标计算出来，并展绘成经纬网，构成地图的"骨架"。经纬网是制作地图的"基础"，是地图的主要数学要素。地图投影的实质就是将地球椭球面上的地理坐标转化为平面直角坐标。图 2-6 给出将地球表面投影成平面地图的地图投影过程。

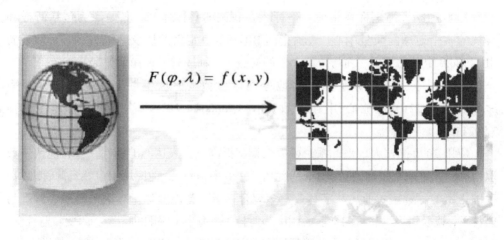

图 2-6　地图投影过程

　　地球椭球体是不可展平的曲面，要把它展成平面，势必会产生破裂与褶皱。这种不连续的、破裂的平面是不适合制作地图的，所以必须采用特殊的方法来实现球面到平面的转化。这个投影过程必然产生投影变形，其变形主要体现在三个方面，即角度变形、面积变形、长度变形。由于投影的变形，地图上所表示的地物（如大陆、岛屿、海洋等）的几何特性（长度、面积、角度、形状）也随之发生变形。每一幅地图都有不同程度的变形；在同一幅图上，不同地区的变形情况也不相同。地图上表示的范围越大，离投影标准经纬线或投影中心的距离越远，地图反映的变形也越大。因此，大范围的小比例尺地图只能供了解地表现象的分布概况使用，而不能用于精确的量测和计算。为了研究投影变形，常引入变形椭圆进行分析。

一、变形椭圆

　　取地面上一个微分圆（小到可忽略地球曲面的影响，把它当作平面看待），它投影到平面上通常会变为椭圆（称为变形椭圆），通过对这个椭圆的研究，分析地图投影的变形状况，这种图解方法就叫变形椭圆分析，如图 2-7 所示。

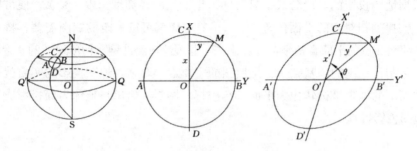

图 2-7　从微小圆到变形椭圆

　　设微小圆的方程为 $x^2+y^2=1$，微小圆上点 M（x，y）的 x、y 方向分别对应经线和纬线方向，投影后在平面坐标系下为 M'（x'，y'），令 x'/x=m，y'/y=n 则投影后 M' 点的轨迹方程为 $x^2/m^2 + y^2/n^2 = 1$ 很显然地球表面的微小圆投影后通常会变为椭圆，以 O' 为原点，以相交成 θ 角的两共轭直径为坐标轴的椭圆方程式（图 2-7），经线和纬线方向上的长度为 m、n，变形椭圆长轴和短轴对应的长度分别为 a、b，则变形椭圆可表示成 $x'^2/a^2 + y'^2/b^2 = 1$

根据阿波隆尼定理，得

$$m^2 + n^2 = a^2 + b^2 \qquad （2-6）$$

$$m \cdot n \cdot \sin θ = a \cdot b \qquad （2-7）$$

一般地，可以根据参数 a、b 来判断投影变形的类型和大小。在分析地图投影时，可借助对变形椭圆和微小圆的比较，说明变形的性质和大小。椭圆半径与小圆半径之比，可说明长度变形。很显然，长度变形随方向的变化而变化。其中，有一个极大值，即椭圆长轴方向；有一个极小值，即椭圆短轴方向。这两个方向是相互垂直的，称为主方向。椭圆面积与小圆面积之比，可说明面积变形。椭圆上两方向线的夹角和小圆上相应两方向线的夹角的比较，可说明角度变形。

（一）长度比和长度变形

投影面上一微小线段（变形椭圆半径）和球面上相应微小线段（球面上微小圆半径，已按规定的比例缩小）之比。μ 表示长度比，$V_μ$ 表示长度变形，即

$$μ = \frac{ds'}{ds} \qquad （2-8）$$

$$V_μ = μ - 1 \qquad （2-9）$$

当 $V_μ > 0$ 时，长度变长；当 $V_μ = 0$ 时，长度不变；当 $V_μ < 0$ 时，长度变短。长度比是变量，随位置和方向的变化而变化。在某一点上，长度比随方向的变化而变化，常常研究几个特定方向上的长度比，即最大长度比、最小长度比、经线长度比和纬线长度比。常常把经线、纬线方向及变形椭圆长轴和短轴方向称为变形椭圆的主方向。

（二）面积比和面积变形

投影平面上微小面积（变形椭圆面积）DF' 与球面上相应的微小面积（微小圆面积）dF 之比。P 表示面积比 V_p 表示面积变形，即

$$P = \frac{dF'}{dF} = \frac{πab}{π} = ab \qquad （2-10）$$

$$V_p = P - 1 \qquad （2-11）$$

当 $V_p > 0$ 时，面积变长；当 $V_p = 0$ 时，面积不变；当 $V_p < 0$ 时，面积变小。

（三）角度变形

投影面上任意两方向线夹角与球面上相应的两方向线夹角之差，称为角度变形。以 ω 表示角度最大变形。设 A 点的坐标为（x，y），A' 点的坐标为（x'，y'），令 A、A' 点对应的向径与投影前后 y 轴的夹角分别为 a、a'（图 2-8），则有

$$\tan\alpha = \frac{y}{x}, \tan\alpha' = \frac{y'}{x'}$$

$$\frac{x'}{x} = a, \frac{y'}{y} = b$$

$$\tan\alpha' = \frac{y'}{x'} = \frac{by}{ax} = \frac{b}{a}\tan\alpha$$

$$\tan\alpha - \tan\alpha' = \tan\alpha - \frac{b}{a}\tan\alpha = \left(1 - \frac{b}{a}\right)\tan\alpha$$

$$\tan\alpha + \tan\alpha + \tan\alpha = \tan\alpha + \frac{b}{a}\tan\alpha = \left(1 + \frac{b}{a}\right)\tan\alpha$$

$$\frac{\sin(a \pm a')}{\cos\alpha\cos\alpha'} = \frac{a \pm b}{a}\tan a$$

$$（2-12）$$

将两式相除，得

$$\frac{\sin(\alpha - \alpha')}{\sin(\alpha + \alpha')} = \frac{a - b}{a + b}$$

$$\sin(\alpha - \alpha') = \frac{a - b}{a + b}\sin(\alpha + \alpha')$$

$$（2-13）$$

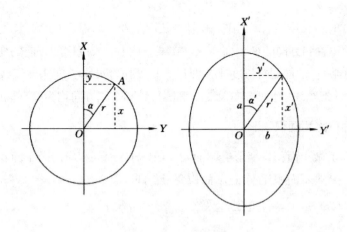

图 2-8　投影角度变形示意

显然当时，右端取最大值，则最大方向变形为以，以 ω 表示角度最大变形，即

$$\omega = \mu' - \mu = (180° - 2\alpha') - (180° - 2\alpha) = 2(\alpha - \alpha')$$

（2-14）

$$\sin\frac{\omega}{2} = \frac{a-b}{a+b}$$

（2-15）

即

$$\tan\left(45° + \frac{\omega}{2}\right) = \sqrt{\frac{b}{a}}$$

通过式（2-14）、式（2-15）易知，通过变形椭圆能够获取投影后变形的角度最大值。

二、地图投影的分类

据美国著名地图投影学家 Snyder 统计，全世界地图投影方法现有 256 种，依据不同目的和要求，可以采用不同的分类指标对如此繁多的地图投影进行分类。本书介绍三种主要的分类体系。

（一）基于投影面与球面相对位置的分类

地图投影过程所采用的可展曲面有平面、圆柱面、圆锥面，分别对应方位投影、圆柱投影和圆锥投影。若以投影面与地球的相对位置进行区分，还可以进一步区分为正轴投影（投影面的中心轴与地轴平行）、横轴投影（投影面的中心轴与地轴垂直）、斜轴投影（投影面的中心轴与地轴斜交）。由于各种投影均存在投影变形，距投影面越远，则变形越大。为控制投影的变形分布，可以调整投影面与地球椭球体的相交位置，根据这一位置的不同，可以进一步得到相应的切投影（投影面与椭球体相切）和割投影（投影面与椭球体相割），如图 2-9 所示。

（二）基于投影方法的分类

根据投影获取的方法不同，地图投影主要分为以下两类：

1. 透视—几何投影

依据透视原理，根据视点（投影中心）、物点（地表的被投影点）与像点（投影平面的点）之间的几何关系，建立投影方程，如各种透视方位投影、空间透视投影等。

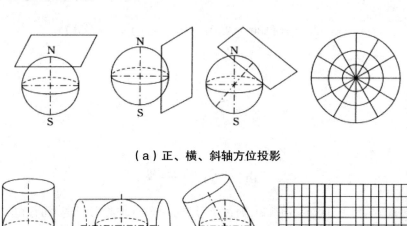

（a）正、横、斜轴方位投影

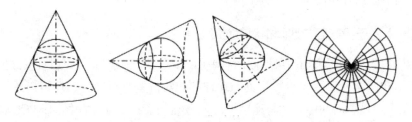

（b）正、横、斜轴圆柱投影

（c）正、横、斜轴圆锥投影

图2-9 基于投影面与球面相关位置的基本分类

2.几何—解析投影

根据经纬线形状确定投影方程的基本形式，然后再依据某种约束条件解析地求出特定投影的基本方程，如圆锥投影、圆柱投影和伪圆锥投影等。

3.基于投影变形的分类

根据地图投影可能引起的变形性质，可以将投影分为以下三种基本类型：

（1）等角投影。等角投影是在一定范围内，投影面上任何点上两个微分线段组成的角度在投影前后保持不变的一类投影，也称正形投影。在该投影中，经纬线投影后正交，变形椭圆为大小不同的圆，同一点上任意方向上的长度比相等；没有角度变形，但面积变形大，主要依靠增大面积变形来保持角度不变；经纬线正交（90°），图上任意两个方向的夹角与实地相对应的角度相等，如图2-10（a）所示。等角投影的缺点是面积变形比其他投影大，只有在小面积内可保持形状和实际相似。用等角投影编制的地图有航海图、航空图、洋流图、风向图、气象图及军用地图等，常用的墨卡托（Mercator）投影就是一种等角投影。

（2）等面积投影。等面积投影是地图上任何图形面积经主比例尺放大以后与实地上相应图形面积保持大小不变的一类投影，即投影面积与实地面积相等的投影——面积比为1。在该投影中，变形椭圆为长短轴各不相同的椭圆，面积相等，但角度变形大，主要是依靠增大角度变形而保持面积相等，如图2-10（b）所示。用这种投影编制的地图，因为面积没有变化，所以有利于在地图上进行面积对比，但形状变形比其他投影大，多用来绘制经济图、行政区图和人口图。

（3）任意投影。任意投影是角度变形、面积变形和长度变形同时存在的一种投影。长度、面积和角度都有变形，是既不等角又不等积的投影。这种投影图虽然各方面都有变形，但是它的面积、角度等误差都较小，如图2-10（c）（d）所示。特别是在应用部分，变形不大，适合于绘制各种无特殊要求的地图，如教学地图。在任意投影中，有一种较特殊的投影——等距离投影。从字面上看，该投影无长度变形，但事实上只是在标准线上距离不变，如图2-10（c）所示，在纬线方向长度不变。

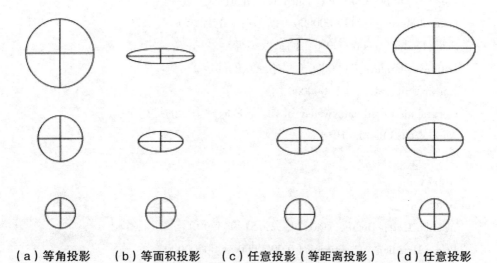

（a）等角投影　　（b）等面积投影　　（c）任意投影（等距离投影）　　（d）任意投影

图2-10　基于投影面与球面相关位置的基本分类

三、地图投影定义

有关地图投影的描述包括地理坐标系统和投影坐标系统两方面。

（一）地理坐标系统

地球是一个不规则的椭球，如何将数据信息以科学的方法存放到椭球上？这必然要求人们找到一个椭球体，具有可以量化计算的特点。然而有了这个椭球体还不够，还需要一个大地基准面定位这个椭球。有了椭球和基准两个基本条件，地理坐标系统便可以使用。

在地理坐标系统中，地面点 P 的位置用大地经度 L、大地纬度 B 和大地高 H 表示。当点在参考椭球面上时，仅用大地经度和大地纬度表示。大地经度是通过该点的大地子午面与起始大地子午面之间的夹角，大地纬度是通过该点的法线与赤道面的夹角，大地高是地面点沿法线到参考椭球面的距离。

（二）投影坐标系统

投影坐标系统是平面坐标系统，在其描述中必须包括投影名称、横坐标和纵坐标对应的经纬线及横坐标和纵坐标的偏离值等参数。下面为 1954 北京坐标系的描述格式和实例（来自 Arc GIS 中相关投影参数文件）。

Projection：Gauss Kruger（投影名称：高斯 – 克吕格投影）

Parameters：

False Easting：500000.000000（东坐标改正值）

False Northing：0.000000（北坐标改正值）

Central Meridian：117.000000（纵轴对应的经线）

Scale Factor：1–000000（比例系数）

LatitudeOfOrigin：0.000000（起始原点的纬度）

Linear Unit：Meter（1–000000）

Geographic Coordinate System：（以下是地理坐标的描述）

Name：GCS Beijing 1954

Alias：

Abbreviation：

Remarks：

Angular Unit：Degree（0.017453292519943299）

Prime Meridian：Greenwich（0.000000000000000000）

Datum：DBeijing1954

Spheroid：Krasovsky1940

Semimajor Axis：6378245.00000000000000000

Semiminor Axis：6356863.018773047300000000

Inverse Flattening：298.300000000000010000

从参数中可以看出，每一个投影坐标系统都必定会有地理坐标系统。投影坐标系统中包含地理坐标系统。在投影坐标系统中存在经纬网和方里网两种坐标网。

1. 经纬网

地图上按照一定的经纬度差值所画出的经纬线，不同比例尺的地图经纬网的密度不同。我国 1：50 万 ~ 1：100 万的地形图，在图面上直接绘出经纬线网，内图廓上也有供加密经纬线网的加密分划短线。在 1：1 万 ~ 1：25 万比例尺的地形图上，经纬线以图廓线的形式直接表现，并在图角处注出相应度数。为了在用图时加密成网，在内外图廓间还绘有加密经纬网的加密分划短线（图式中称"分度带"），必要时将对应短线相连就可以构成加密的经纬线网。在 1：25 万地形图上，除内图廓上绘有经纬网的加密分划外，图内还有加密用的十字线。

2. 方里网

由平行于投影坐标轴的两组平行线构成。因为是每隔整公里绘出坐标纵线和坐标横线，所以称之为方里网。由于方里线同时又是平行于直角坐标轴的坐标网线，故又称为直角坐标网。直角坐标网的坐标系以中央经线投影后的直线为 X 轴，以赤道投影后的直线为 Y 轴，它们的交点为坐标原点。这样，坐标系中就出现了四个象限。纵坐标从赤道算起，向北为正、向南为负；横坐标从中央经线算起，向东为正、向西为负。

虽然可以认为方里网是直角坐标，大地坐标是球面坐标，但是在一幅地形图上经常见到方里网和经纬网，一般称经纬网为大地坐标，这个时候的大地坐标不是球面坐标，它与方里网的投影是一样的，也是平面坐标。图 2-11 中，图中间的横线为纬线，纵线为经线，左上角标注 111° 30′ 40″ 的为地图左边界的经度。

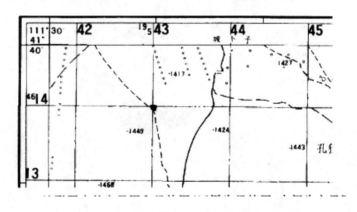

图 2-11　地形图中的方里网和经纬网（四周为经纬网、中间为方里网）

四、常用的投影

（一）墨卡托投影

墨卡托投影是一种等角正切圆柱投影，由荷兰地图学家墨卡托在 1569 年拟定。假设地球被围在一中空的圆柱里，其标准纬线与圆柱相切接触，然后再假想地球中心有一盏灯，把球面上的图形投影到圆柱体上，再把圆柱体展开，这就是一幅选定标准纬线上的"墨卡托投影"绘制出的地图。墨卡托投影没有角度变形；每一点向各方向的长度比相等；它的经纬线都是平行直线，且相交成直角；经线间隔相等，纬线间隔从标准纬线向两极逐渐增大。墨卡托投影的地图，长度和面积变形明显，但标准纬线无变形，从标准纬线向两极变形逐渐增大。但因为它具有各个方向均等扩大的特性，保持了方向和相互位置关系的正确性。这是墨卡托投影的优点。墨卡托投影地图常用作航海图和航空图，如果顺着墨卡托投影地图上的两点间直线航行，方向不变可以一直到达目的地，因此它对船舰在航行中定位、确定航向均有利，给航海者带来很大方便。《海底地形图编绘规范》（GB/T17834-1999）中规定 1：25万及更小比例尺的海图采用墨卡托投影。其中，基本比例尺海底地形图（1：5 万 1：25 万 1：100 万）采用统一的基准纬线 30°；非基本比例尺图以制图区域中纬为基准纬线基准纬线取至整度或整分。

墨卡托投影坐标系取零子午线或自定义原点经线（L。）与赤道交点的投影为原点，零子午线或自定义原点经线的投影为纵坐标 X 轴，赤道的投影为横坐标 Y 轴，构成墨卡托平面直角坐标系，如图 2-12 所示。

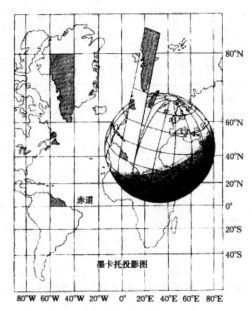

图 2-12 墨卡托投影示意

墨卡托投影常被用来制作世界地图（图 2-13），在世界地图中赤道没有变形，而两极变形很大。

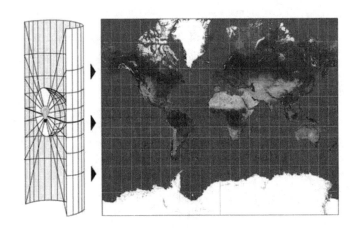

图 2-13　根据墨卡托投影制作的地图

（二）高斯－克吕格投影

高斯－克吕格（Gauss-Krüger）投影简称"高斯投影"，又名等角横切椭圆柱投影。德国数学家、物理学家、天文学家高斯（Gauss）于 19 世纪 20 年代拟定，后经德国大地测量学家克吕格（Krüger）于 1912 年对投影公式加以补充，故得此名。

按照投影带中央子午线投影为直线且长度不变和赤道投影为直线的条件，确定函数的形式，从而得到高斯－克吕格投影公式。投影后，除中央子午线和赤道为直线外，其他子午线均为对称于中央子午线的曲线。设想用一个椭圆柱横切于椭球面上投影带的中央子午线，按上述投影条件，将中央子午线两侧一定经差范围内的椭球面正形投影于椭圆柱面。将椭圆柱面沿过南北极的母线剪开展平，即为高斯投影平面。取中央子午线与赤道交点的投影为原点，中央子午线的投影为纵坐标 x 轴，赤道的投影为横坐标 y 轴，构成高斯－克吕格平面直角坐标系，如图 2-14 所示。

高斯－克吕格投影在长度和面积上变形很小，中央经线无变形，自中央经线向投影带边缘，变形逐渐增加，变形最大之处在投影带内赤道的两端。由于其投影精度高，变形小，而且计算简便（各投影带坐标一致，只要算出一个投影带的数据，其他各投影带都能应用），因此应用在大比例尺地形图中，可以满足军事上各种需要，能在图上进行精确的量测计算。

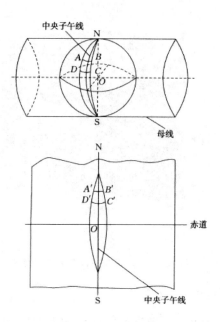

图 2-14　高斯 - 克吕格投影示意

1. 高斯 - 克吕格投影分带

按一定经差将地球椭球面划分成若干投影带这是高斯投影中限制长度变形的最有效方法。分带时，既要控制长度变形使其不大于测图误差，又要使带数不致过多以减少换带计算工作。据此原则将地球椭球面沿子午线划分成经差相等的瓜瓣形地带，以便进行分带投影。通常按经差 6° 或 3° 分为 6° 带或 3° 带。6° 带自 0° 子午线起每隔经差 6 自西向东分带，带号依次编为第 1、2、……、60 带。3° 带是在 6° 带的基础上分成的，它的中央子午线与 6° 带的中央子午线和分带子午线重合，即自 1.5° 子午线起每隔经差 3° 自西向东分带，带号依次编为第 1、2、……、120 带，如图 2-15 所示。我国的经度范围大致西起东经 73° 东至 135°，可分成 11 个 6° 带，各带中央经线依次为 75°、81°、87°、……、117°、123°、129°、135°，或分成 22 个 3° 带。6° 带可用于中小比例尺（如 1：2.5 万）测图，3° 带可用于大比例尺（如 1：1 万）测图，城建坐标多采用 3° 带的高斯投影。

我国 1: 2-5 万及 1: 5 万的地形图采用 6° 带投影，1: 1 万的地形图采用 3° 带投影。

6° 带中央经线经度的计算：中央经线经度 =6° × 6° 带带号 –3°。

3° 带中央经线经度的计算：中央经线经度 =3° × 3° 带带号。

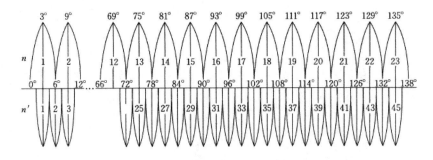

图 2-15 高斯投影分带

2. 高斯－克吕格投影坐标

高斯－克吕格投影是按分带方法各自进行投影，故各带坐标成独立系统。以中央经线投影为纵轴（x），赤道投影为横轴（y），两轴交点即为各带的坐标原点。纵坐标以赤道为零起算，赤道以北为正，以南为负。我国位于北半球，纵坐标均为正值。横坐标如以中央经线为零起算，中央经线以东为正，以西为负。横坐标出现负值，使用不便，故规定将坐标纵轴西移 500km 当作起始轴，凡是带内的横坐标值均加 500km，如图 2-16 所示。在高斯－克吕格投影中，由于每一个投影带的坐标都是对本带坐标原点的相对值，所以各带的坐标完全相同，为了区别某一坐标系统属于哪一带，在横轴坐标前加上带号，如（4231898m，21655933m），其中 21 即为带号。

3. 兰勃特投影

兰勃特（Lambert）投影是由德国数学家兰勃特拟定的正形圆锥投影。设想用一个正圆锥切于或割于球面，应用等角条件将地球面投影到圆锥面上，然后沿一母线展开成平面。投影后纬线为同心圆圆弧，经线为同心圆半径。没有角度变形经线长度比和纬线长度比相等，适于制作沿纬线分布的中纬度地区中、小比例尺地图。国际上用此投影编制 1：100 万地形图和航空图。我国 1：100 万地形图采用了国际统一规定的双标准纬线等角圆锥投影，自赤道起按纬差 4° 分带，北纬 84° 以北和南纬 80° 以南采用等角方位投影。

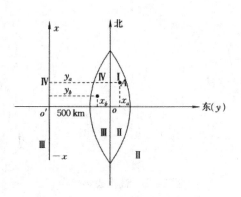

图 2-16　高斯投影坐标系

该投影的变形分布规律：没有角度变形；两条标准纬线上没有任何变形；由于采用了分带投影，每带纬差较小，因此我国范围内的变形几乎相等，最大长度变形不超过 ±0.03%（南北图廓和中间纬线），最大面积变形不大于 ±0.06%，如图 2-17 所示。

1：100 万的地形图在我国境内按照经线 6°、纬线 4° 划分，投影的割线（纬线）偏离边界 30'，如图 2-18 所示。

我国的基本比例尺地形图（1：500、1：1000、1：2000、1：5000、1：1 万、1：2-5 万、1：5 万、1：10 万、1：25 万、1：50 万、1：100 万）中，大于等于 1：50 万的均采用高斯 - 克吕格投影，又叫横轴墨卡托投影；小于 1：50 万的地形图采用兰勃特投影。

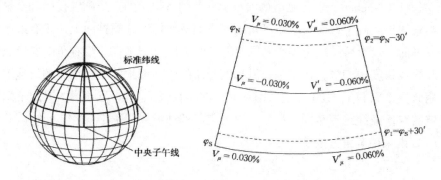

图 2-17　兰勃特投影示意　图 2-18　兰勃特投影双标准纬线的确定

4. 半球投影

（1）横轴等积方位投影，又名兰勃特方位投影。该投影特点：①赤道和中央经线为相互正交的直线，纬线为凸向对称于赤道的曲线，经线为凹向对称于中央经线的曲线；②该投影图上面积无变形，角度变形明显；③投影时的切点为无变形点，角度等变形线以切点为圆心，呈同心圆分布；④离开无变形点越远，长度、角度变形越大，到半球的边缘，角度变形可达横轴等积方位投影一般用来制作东西半球地图，如图 2-19 所示。

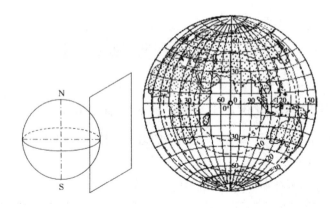

（a）横轴等积方位投影示意（b）横轴等积方位投影等角变形线

图 2-19　横轴等级方位投影

（2）正轴等距方位投影，又名波斯特尔（Postel）投影。该投影的特点：①纬线为同心圆，经线为交于圆心的放射状直线，其夹角等于相应的经差；②经线方向上没有长度变形，纬线间距与实地相等；③切点在极点，为无变形点；④有角度变形和面积变形，等变形线均以极点为中心，呈同心圆分布，离无变形点越远，变形越大。正轴等距方位投影常用来制作南北半球地图，如图 2-20 所示。

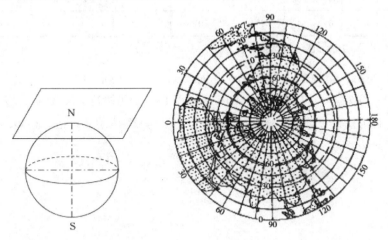

（a）横轴等积方位投影示意　　　（b）横轴等积方位投影经纬线

图 2-20　正轴等距方位投影

第五节　地形图的分幅和编号

一、旧的国家基本比例尺地形图的梯形分幅与编号

1：5000 至 1：100 万国家基本比例尺的地形图按经纬线分幅，图幅呈梯形，具体关系如表 2-2 所示。

表 2-2　旧的国家基本比例尺地形图图幅分幅编号关系

分幅基础图			分出新图幅					
比例尺	△λ	△φ	幅数	比例尺	△λ	△φ	序号	示例
	6°	4°	4	1：50 万	3°	2°	A～D	J-50-A
1：100 万	6°	4°	16	1：25 万	1°30′	1°	[1]～[16]	J-50-[1]
	6°	4°	144	1：10 万	30′	20′	1～144	J-50-1
1：10 万	30′	20′	4	1：5 万	15′	10′	A～D	J-50-1-A
	30′	20′	64	1：1 万	3′45″	2′30″	（1）～（64）	J-50-1-（1）
1：5 万	15′	10′	4	1：2-5 万	7′30″	5′	1～4	J-50-1-A-1

（一）1：100 万地形图的分幅编号（国际统一规定）

图幅大小：经差 6°，从 180°起向西、东，为纵列，用 1～60 数字表示，称为纵列号；纬差 4°，从赤道分向两极至纬度 88°，为横行，共 22 行，以 A～V 字母表示，称为横行号。分幅编号以"横行号－纵列号"表示，如北京 J-50，如图 2-21 所示。

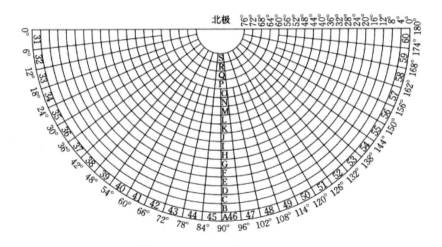

图 2-21　1：100 万地形图分幅和编号（北半球）

（二）1：50 万、1：25 万、1：10 万地形图均以 1：100 万图为基础分幅、编号

1. 1：50 万

将 1 幅 1：100 万地形图分为 4 幅，图幅经差为 3°，纬差为 2°，构成以 A、B、C、D 为代号的 1：50 万地形图，如图 2-22 所示。

2. 1：25 万

将 1 幅 1：100 万地形图分为 16 幅，图幅经差为纬差为 1°，构成以（1）、（2）、……、（16）为代号的 1：25 万地形图，如图 2-23 所示。

3. 1：10 万

将 1 幅 1：100 万地形图分为 144 幅；图幅经差为纬差为 20°，构成以 1、2、……、144 为代号的 1：10 万地形图，如图 2-24 所示。

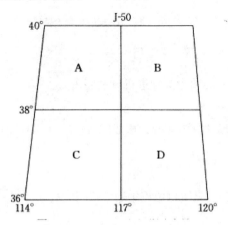

图 2-22　1：50 万地形图编号

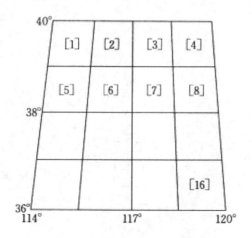

图 2-23   1：25 万地形图编号

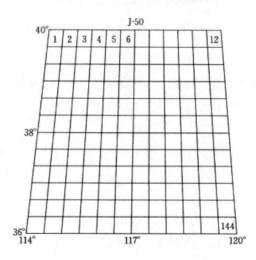

图 2-24   1：10 万地形图编号

（三）1：5 万、1：2-5 万、1：1 万

地形图均以 1：10 万的图为基础进行分幅、编号。

1.1：5 万

将 1 幅 1：10 万地形图分为 4 幅，构成以 A、B、C、D 为代号的 1：5 万地形图，如图 2-25（a）所示。

2.1：2-5 万

将 1 幅 1：5 万地形图分为 4 幅，构成以 1、2、3、4 为代号的 1：2-5 万地形图，如图 2-25（b）所示。

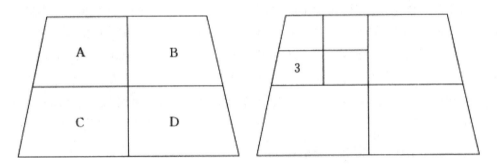

（a）1：5 万地形图编号　　　　　（b）1：25 万地形图编号

图 2-25　1：5 万地形图编号及 1：25 万地形图编号

3.1：1 万

将 1 幅 1：10 万地形图分为 8 行 8 列，得到共 64 幅 1：1 万地形图，分别以（1）、（2）、…、（64）表示，经差为纬差为，如图 2-26（a）所示。

4.1：5000

将 1 幅 1：1 万地形图分为 2 行 2 列，得到共 4 幅 1：5000 比例尺地形图，分别以小写字母 a、b、c、d 表示，其编号在 1：1 万地形图后面加上各图的代号，如图 2-26（b）所示。

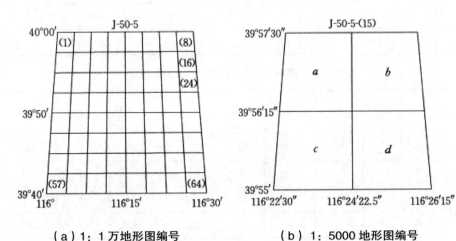

（a）1：1 万地形图编号　　　　　（b）1：5000 地形图编号

图 2-26　1：1 万地形图编号、1：5000 地形图编号

二、新的国家基本比例尺地形图分幅与编号

《国家基本比例尺地形图分幅和编号》（GB/T13989—2012）是国家基本比例尺地形图绘制的基本要求之一，也是我国基础地理信息成果生产的主要依据。原先使用的《国家基本比例尺地形图分幅和编号》（GB/T13989—1992）已经实施近了近 20

年。国家基本比例尺地形图概念的范围已经有了变化，扩展到了大比例尺的范畴，即已经从原来的1：100万至1：5000延伸为1：100万至1：500，而旧的《国家基本比例尺地形图分幅和编号》的标准内容不包括1：500、1：1000、1：2000比例尺地形图的分幅和编号要求。随着国民经济的快速发展，国家对基础地理信息的需求在广度和深度上提出了新的要求，2012年修订即引出了对于大比例尺地形图测制的规范化问题，特别是对大比例尺地形图的分幅和编号方面规范化、标准化的迫切要求。

（一）1：100万地形图分幅编号

新的国家基本比例尺地形图的分幅编号与国际分幅编号规定相同，如北京某地为J50。

（二）1：50万至1：5000地形图分幅编号

将1：100万地形图按所含各种比例尺图的纬差和经差划分为若干行和列，横行从上至下、纵列从左到右依顺序分别用3位数字码表示（不足3位补0），各种比例尺图采用不同的代码加以区别，表2-3为我国基本比例尺代码，表2-4给出了新的国家基本比例尺地形图分幅。

表2-3 我国基本比例尺代码

比例尺	1：50万	1：25万	1：10万	1：5万	1：2-5万	1：1万	1：5000	1：2000	1：1000	1：500
代码	B	C	D	E	F	G	H	I	J	K

表2-4 新的国家基本比例尺地形图分幅

比例尺		1：100万	1：50万	1：25万	1：10万	1：5万	1：2-5万	1：1万	1：5000
范围	经差	6°	3°	1°30′	30′	15′	7′30″	3′45″	1′52.5″
	纬差	4°	2°	1°	20′	10′	5′	2′30″	1′15″
行列数	行数	1	2	4	12	24	48	96	192
	列数	1	2	4	12	24	48	96	192

1：50万至1：5000比例尺地形图编号均由5个元素10位代码构成，即1：100比例尺地形图的行号（字符码）1位、列号（数字码）2位、比例尺代码（字符码）1位、该图幅的行号（数字码）3位、列号（数字码）3位。例如，北京某地1：50万比例尺地形图的图号代码为J50B001001，北京某地1：25万比例尺地形图的图号代码为J50C001002。

第六节　坐标变换（含投影变换）

坐标变换指数据从一种数学状态到另一种数学状态的变换。在地理信息系统中，有两种意义的坐标转换：一种是量测系统坐标转换，即从大地坐标系到地图坐标系、数字化仪坐标系、绘图仪坐标系或显示器坐标系之间的转换；另一种是地图投影变换，即从一种地图投影转换到另一种地图投影，地图上各点坐标均发生变化。

一、量测系统坐标变换

量测系统坐标转换主要包括仿射变换、相似变换、二次变换等。使用较多是仿射变换。仿射变换在几何上定义为两个向量空间之间的仿射映射，或者由一个非奇异的线性变换（运用一次函数进行的变换）加上一个平移组成。常用的仿射变换有平移、旋转、缩放、倾斜，如图 2-27 所示。

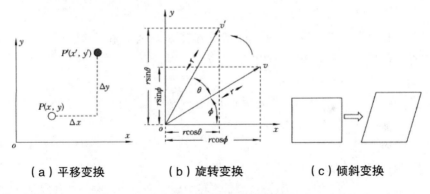

（a）平移变换　　　（b）旋转变换　　　（c）倾斜变换

图 2-27　仿射变换的类型

仿射变换模型为

$$\begin{cases} X = a_0 + a_1 x + a_2 y \\ Y = b_0 + b_1 x + b_2 y \end{cases}$$

（2-16）

要获得、、、、这 6 个参数，需要 3 个及以上的控制点。在实际应用中，通常利用 4 个以上点，按最小二乘法则解算待定参数。设 $\triangle x$、$\triangle y$ 表示转换坐标和理论坐标之差，则有

$$\left. \begin{array}{l} x = X - (a_0 + a_1 x + a_2 y) \\ y = Y - (b_0 + b_1 x + b_2 y) \end{array} \right\}$$

（2-17）

按上述差值平方和最小的条件，得

$$\left.\begin{array}{l} \dfrac{\partial \Delta x^2}{\partial a_i} = 0 \\ \dfrac{\partial \Delta y^2}{\partial b_i} = 0 \end{array}\right\} \quad (i = 0, \ 1, \ 2)$$

（2-18）

可得到法方程为

$$\left.\begin{array}{l} a_0 n + a_1 \sum \chi + a_2 \sum y = \sum X \\ a_0 \sum \chi + a_1 \sum \chi^2 + a_2 \sum \chi y = \sum \chi X \\ a_0 \sum y + a_1 \sum \chi y + a_2 \sum y^2 = \sum yX \\ b_0 n + b_1 \sum \chi + b_2 \sum y = \sum Y \\ b_0 \sum \chi + b_1 \sum \chi^2 + b_2 \sum \chi y = \sum \chi Y \\ b_0 \sum y + b_1 \sum \chi y + b_2 \sum y^2 = \sum yY \end{array}\right\}$$

（2-19）

式中，n 为控制点个数，（x，y）为控制点在原坐标系下的坐标，（X，Y）为控制点在目标坐标系下的坐标。变换后的点位中误差为

$$m = \pm \sqrt{\dfrac{\Delta x^2 + \Delta y^2}{n}}$$

（2-20）

二、地图投影变换

地图投影变换是将一种投影下的地图资料通过某种转换方式转绘到另一种新编地图的投影坐标格网中。研究的是从一种地图投影变换为另一种地图投影的理论和方法。其实质是建立两平面场之间点的一一对应关系。

（一）传统地图的投影变换

1.格网转绘法

基本过程：投影格网对应加密，手工方法逐点逐线转绘。

2.蓝图（或棕图）嵌贴法

基本过程：复照，晒成蓝图，切块嵌贴。两曲面和两平面的任意一点存在对应关系。

（二）数字地图的投影变换

数字地图的投影变换是用计算机将地图资料上的二维点自动转换成新编地图投影中的二维点。变换过程如下：

（1）用数字化仪将原始投影的地图资料变成数字资料。

（2）输入计算机的资料，按一定数学方法进行投影坐标变换。

（3）将变换后的数字资料用绘图仪输出成新投影的图形。

设是原投影点的直角坐标，（X，Y）是变换后投影点的直角坐标，这两个不同的投影平面场上的点对应关系可写为

$$\left. \begin{array}{l} x = f_1\ (\phi,\ \lambda) \\ y = f_2\ (\phi,\ \lambda) \end{array} \right\}$$

$$（2-21）$$

$$\left. \begin{array}{l} X = f_3\ (\phi,\ \lambda) \\ Y = f_4\ (\phi,\ \lambda) \end{array} \right\}$$

$$（2-22）$$

$$\left. \begin{array}{l} X = F_1\ (x,\ y) \\ Y = F_2\ (x,\ y) \end{array} \right\}$$

$$（2-23）$$

式中、为在一定域内单值、连续的函数，同时应满足两个坐标系中点一一对应的关系。

1. 地图投影转换的方式

（1）正解变换。通过建立资料地图投影坐标数据到目标地图投影坐标数据的严密或近似的解析关系式，直接由资料地图投影坐标数据（x，y）转换为目标投影的直角坐标（X，Y），如图2-28所示。两个不同投影平面场上的点可对应写成

$$X = F_1\ (x,\ y),\ Y = F_2\ (x,\ y)$$

式中，f_1、f_2 为定域内单值、连续的函数。

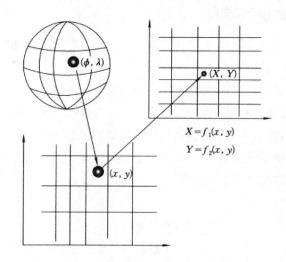

图 2-28　地图投影转换——正解变换示意

（2）反解变换。通过资料地图的投影坐标数据（x，y）反解出地理坐标（φ，λ），然后再将地理坐标代入目标地图的投影坐标公式中，从而实现投影坐标的转换，如图 2-29 所示。对前后两种地图投影，可得表达形式为

$$\left.\begin{array}{l} x = f_1（φ，λ）\\ y = f_2（φ，λ）\\ X = f_3（φ，λ）\\ Y = f_4（φ，λ） \end{array}\right\}$$

$$（2-24）$$

根据资料地图的投影公式，对前一投影有

$$\left.\begin{array}{l} φ = F_1（x，y）\\ λ = F_2（x，y） \end{array}\right\}$$

$$（2-25）$$

代入目标地图的投影方程，得

$$\left.\begin{array}{l} X = f_3（F_1（x，y），F_2（x，y））\\ Y = f_4（F_1（x，y），F_2（x，y）） \end{array}\right\}$$

$$（2-26）$$

这就是地图投影反解变换的数学模型。

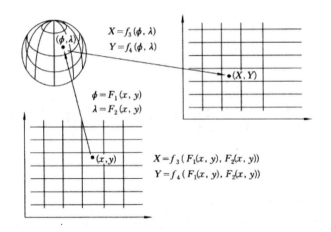

图 2-29　地图投影转换——反解变换示意

2. 地图投影转换方法

根据转换的方法不同，地图投影转换可分为如下三种方法：

（1）解析法。在获得原坐标与新投影公式的情况下，运用正解法或反解法求出原坐标 x、y 与新投影的 X、Y 之间的精确表达式。

（2）数值变换法。在资料地图投影方程式未知，或不易求得资料地图和新编地图两投影间解析关系式时，可以采用多项式建立它们之间的联系，用数值逼近的理论和方法建立两投影间的关系。

（3）数值解析变换法。在不知道原投影方程式时，可采用逼近多项式的方法，求原投影的地理坐标，再代入新的投影公式反解出投影坐标。

第三章　地理空间信息的定位

空间定位具有很悠久的历史，从最初的夜观星象，到后来的"牵星术"，它在人类探索自然中发挥了积极作用。从测绘的角度讲，地理空间信息的定位就是测量和表达某一地表特征、事件或目标的空间位置。随着测绘信息化建设进程的加快，地理空间信息定位方法在不断更新换代：从传统的光学经纬仪发展到数字电子全站仪；从局部或单一的全球定位系统发展到多定位系统的选择及集成；从传统光学遥感发展到雷达卫星遥感；从传统的摄影测量发展到倾斜、无人机摄影测量等新技术；从传统的单点测量方式转变成面域点云数据测量；从室外定位发展到室内定位的研究应用等。总而言之，地理空间信息定位的关键是获取并确定空间目标的三维坐标，其定位理论方法多种多样，正朝着数据采集实时化、信息化、自动化方向不断发展。

第一节　全站仪定位

20 世纪 60 年代后期，随着电子测距和计算机技术的不断成熟，在测绘领域出现了一种新型的测量仪器——全站型电子速测仪，简称全站仪或速测仪。

全站仪是一种集光、机、电为一体的高技术测量仪器，是集水平角、竖直角、距离、高差测量功能于一体的测绘仪器系统。全站仪不但能同时进行角度、距离测量，还可以自动显示、记录、存储所测数据，并能进行简单的数据处理，在野外可直接获得点位的坐标和高程。通过传输设备，全站仪可把野外观测数据导入计算机，再经计算机自动处理后，由绘图仪将计算机输出信息以图形形式输出，绘出所需比例尺的图件，并由打印机打印出所需成果。全站仪可将测绘工作的外业及内业联系起来，实现数据采集、传输及处理的有机结合，增强测绘数据的共享性，提高测绘工作效率。

全站仪的工作原理是电磁波测距和电子测角。在实际测量时，全站仪主要采用三维坐标测量、后方交会测量、对边测量等方式完成地理空间信息的定位。

一、全站仪的定位原理

（一）电磁波测距

电磁波测距的基本原理是：通过测定电磁波在测站到目标两端点往返一次的时间 t，及其在大气中传播的光速 c，计算两点的距离 D，测距公式为 D=ct/2，如图 3-1 所示。

图 3-1　光电测距原理

根据测定时间的方式不同，电磁波测距仪又分为脉冲式测距仪和相位式测距仪。脉冲式测距仪是直接测定光波传播的时间，受电子计数器时间分辨率限制，测距精度不高，一般为 ±（1 ~ 5）m。相位式光电测距仪是利用测相电路直接测定光波从起点发出经终点反射回到起点时，由往返时间差引起的相位差来计算距离，间接地测定传播时间，测量精度较高，一般可达 5 ~ 20mm。后者广泛用于工程测量和地形测量。

（二）电子测角

角度测量是确定点位方位的重要一步，包括水平角和竖直角的测量。水平角指的是空间两直线垂直投影在水平面上的角度，（如图 3-2）中的角∠AOB。此两面角可以在两垂直面交线的任一点位上测出。设想 OA 竖面与度盘的交线得一读数 a、OB 竖面与度盘的交线得另一读数 b，则 b 减 a 就是圆心角 β，即水平角∠AOB 的值。竖角是在同一垂直面内倾斜视线与水平线之间的夹角；相反，目标方向与天顶方向之间的夹角为天顶距。在测定竖直角时只需对视线指向的目标点读取竖盘读数，即可计算出竖直角（图 3-3）。

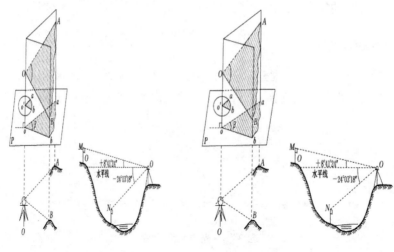

图 3-2 水平角测量原理   图 3-3 竖直角测量原理

二、全站仪的定位方式

（一）三维坐标测量

将测站 A 点的坐标、仪器高和棱镜高及后视 B 点的坐标或后视方位角输入全站仪中，完成全站仪测站定向后，瞄准 P 点处的棱镜，经过观测觇牌精确定位，按测量键，仪器可显示 P 点的三维坐标。

（二）后方交会测量

将全站仪安置于待定上，观测两个或两个以上已知的角度和距离，并分别输入各已知点的三维坐标和仪器高、棱镜高后，全站仪即可计算出测站点的三维坐标。由于全站仪后方交会既测角度，又测距离，多余观测数多，测量精度较高，也不存在位置上的特别限制，因此全站仪后方交会测量也可称作自由设站测量，（如图 3-4）。

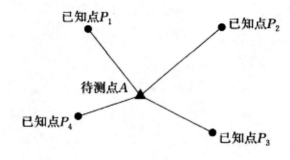

图 3-4　自由设站测量

（三）对边测量

在任意测站位置，分别瞄准两个目标并观测其角度和距离，选择对边测量模式，即可计算出两个目标点间的平距、斜距和高差，还可根据需要计算出两个点间的坡度和方位角，如图 3-5 所示。

（四）悬高测量

要测量不能设置棱镜的目标高度，可在目标的正下方或正上方安置棱镜，并输入棱镜高。具体做法为：瞄准棱镜并测量，再仰视或俯视瞄准被测目标，即可显示被测目标的高度。其过程类似于三角高程测量，（如图 3-6）。

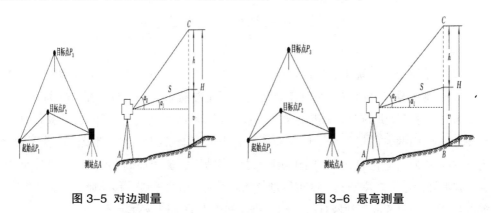

图 3-5 对边测量　　　　　　　　图 3-6 悬高测量

（五）坐标放样测量

安置全站仪于测站，将测站点、后视点和放样点的坐标输入全站仪中，设置全站仪为放样模式，经过计算可将放样数据（距离和角度）显示在液晶屏上。照准棱镜后开始测量，此时可显示实测距离与设计距离的差、实测量角度与设计角度的差、棱镜当前位置与放样位置的坐标差。观测员依据这些差值指挥司尺员移动方向和距离，直到所有差值为零，此时棱镜位置就是放样点位。此种放样方法不可能人为地使所有差值接近零，因此目前被 RTK 放样所取代。

（六）偏心测量

若测点不能安置棱镜或全站仪不能直接观测测点，可将棱镜安置在测点附近通视良好、便于安置棱镜的地方，并构成等腰三角形；瞄准偏心点处的棱镜并观测，再旋转全站仪瞄准原先测点，全站仪即可显示出所测点位置。常见的偏心测量主要有角度偏心测量和单距偏心测量两种方式，（如图 3-7）、（图 3-8）所示。

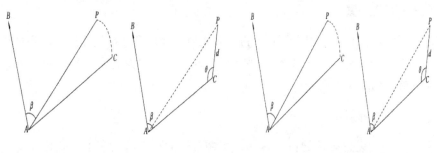

图 3-7 角度偏心测量　　　　　　　图 3-8 单距偏心测量

第二节　全球导航卫星系统定位

全球导航卫星系统（global navigation satellite system，GNSS）并没有统一的规划和认定标准，通常表示空间所有在轨运行的卫星导航系统的总称，是一个综合的星座系统。由于不受地况地貌环境的限制，GNSS 具有全天候、全球性的实时服务功能，在军用和民用两方面均得到了广泛应用，有力地推动了国民经济建设，改善了社会生活质量，为信息化时代下的全球用户提供高精度、多用途的导航、定位和授时服务，在海洋测绘、防震减灾、城市管理、交通运输、电力系统、移动通信、农业生产、资源环境、文物考古等领域具有广阔的市场和极大的发展潜力。

一、常用卫星导航定位系统

随着计算机和通信技术的高速发展，GNSS 正呈现百花齐放的局面，各种卫星导航定位系统相继建立。目前，正在运行的 GNSS 有美国的 GPS、俄罗斯的GLONASS、中国的北斗卫星导航系统，以及正在建设的欧洲伽利略系统（Galileo）。表 3-1 对各系统的参数与性能进行了简要的介绍。

表 3-1　四大卫星导航定位系统参数与性能对比

	GPS	GLONASS	Galileo	北斗卫星导航系统
国家（组织）	美国	俄罗斯	欧盟	中国
启动时间	1973	1972	1999	1994
第一颗卫星发射	1978.2-22	1982-10.22	2010-10.21	2000.10.31
卫星颗数	24（21 颗工作卫星，3 颗备用卫星）	24（21 颗工作卫星，3 颗备用卫星）	30（27 颗工作卫星，3 颗备用卫星）	35（5 颗地球静止轨道卫星、27 颗中圆地球轨道卫星、3 颗倾斜地球同步轨道卫星）

续表

卫星高度	20200km	19100km	23616km	中圆地球轨道为21500km左右，地球静止轨道和倾斜地球同步轨道为36000km左右
轨道面/个	6	3	3	中圆地球轨道为3
轨道倾角	55°	64.8°	56°	地球静止轨道为0°，中圆地球轨道和倾斜地球同步轨道为55°
轨道周期	11小时58分钟	11小时15分钟	14小时23分钟14秒	地球静止轨道和倾斜地球同步轨道为24小时
频率数目	2	2	≥3	3
信号特征	码分多址（CDMA）	频分多址（FDMA）	码分多址（CDMA）	码分多址（CDMA）
坐标系统	WGS-84	PA-90	GTRF	CGS-2000
时间系统	USNO	SU	NTSC	GST
定轨精度	广播星历：切向误差为±5m；径向误差为±3m；法向误差为±3m 精密星历为±3cm	广播星历：切向误差为±6m；径向误差为±1m；法向误差为±4m	径向轨道精度优于0.5m，切向精度优于1-8m，向精度优于1-5m	广播星历径向、法向精度分别可以达到0.5m和1m 精密定轨径向、法向精度分别可以达到0.1m和0.2m
定位精度	6m	12m	承诺1m	10m
速度精度	0.1m/s	0.1m/s	0.1m/s	0.2m/s
通信	否	否	是	是
服务	军民两用	军民两用	民用为主	军民两用

虽然美国的GPS在空间定位领域目前还处于主导地位，但其他的现代化卫星导航系统正不断地追赶和发展，对于其不足进行改进。在2012年，中国北斗卫星导航系统已具备覆盖亚太地区的定位、导航、授时及短报文通信服务能力，2018年12月27日，北斗三号基本系统完成建设，开始提供全球服务，这标志着北斗卫星导航系统服务范围由区域扩展为全球，正式迈入全球时代。建成后的北斗卫星导航系统将为北斗用户提供定位、授时与短报文通信一体式服务。北斗卫星导航系统与其他卫星导航系统的兼容性与互操作性使用户能够同时利用多系统观测数据，极大地改善了观测冗余度，提高了导航定位精度。

二、GNSS 卫星定位基本原理

卫星导航计算的观测量是距离，而距离通常是由接收信号和发射信号作差（时间差或相位差）求得。因此，以下首先介绍卫星导航系统的信号组成。GNSS 卫星发送的导航定位信号一般包括载波、测距码和数据码三类。目前，主要的 GNSS 信号信息如表 3-2 所示。

表 3-2 GPS、GLONASS、北斗卫星导航系统、Galileo 信号信息

系统	波段	频率 f/MHz	波长 λ/cm
GPS	L1	1575.420	19.03
	L2	1227.600	24.42
	L5	1176.450	25.48
GLONASS	L1	1602+0.5625×k	※
	L2	1246+0.4375×k	※
Galileo	El	1575.420	19.03
	E5a	1176.450	25.48
	E5b	1207.140	24.83
北斗卫星导航系统	B1	1561-098	19.20
	B2	1207.140	24.83
	B3	1268.520	23.63

利用 GNSS 信号进行定位的原理实质上就是空间的后方交会过程。本节将重点以 GPS 信号为例，论述其定位的分类及测距的原理。

（一）导航定位的分类

利用 GPS 进行定位的方法有许多分类。

1. 按照参考点的位置，可分为绝对定位和相对定位

——绝对定位。在协议地球坐标系中，利用一台接收机来测定该点相对于协议地球质心的位置，也叫单点定位。这里可认为参考点与协议地球质心相重合。GPS 定位所采用的协议地球坐标系为 WGS-84 坐标系。因此，绝对定位的坐标最初成果为 WGS-84 坐标。

——相对定位。在协议地球坐标系中，利用两台以上的接收机测定观测点至某一地面参考点（已知点）之间的相对位置，也就是测定地面参考点到未知点的坐标增量。由于星历误差和大气折射误差有相关性，所以通过观测量求差来消除这些误差。

因此，相对定位的精度远高于绝对定位的精度。

2. 按用户接收机在作业中的运动状态，可分为静态定位和动态定位

——静态定位。在定位过程中，将接收机安置在测站点上并固定不动。严格说来，这种静止状态只是相对的，通常指接收机相对于其周围点位没有发生变化。

——动态定位。在定位过程中，接收机处于运动状态。

GPS绝对定位和相对定位中，又都包含静态定位和动态定位，即动态绝对定位、静态绝对定位、动态相对定位和静态相对定位。

（二）测距的原理

以上分类方法的原理是根据测距码和载波信号进行定位的。因此，若依照不同的测距原理，又可分为测码伪距定位、载波相位定位等。

1. 伪距定位

伪距定位的基本原理是测量卫星发射的测距信号（C/A 码或 P 码）从卫星到达用户接收机天线的传播时间 $\triangle t$，测得的伪距为

$$\tilde{\rho} = c \cdot t$$

$$（3-1）$$

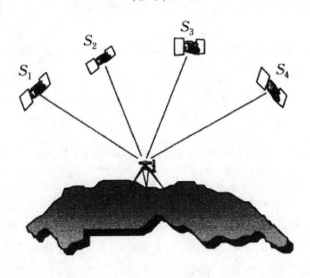

图 3-9　GPS 测定位原理码伪距

这种方法也称为时间延迟法，但在接收机的信号与接收的卫星信号对齐后，存在着时间的延迟量 τ。若取 t^j 为卫星 S^j 发射测距信号的卫星钟时刻、$t^j（G）$为卫星发射测距信号的标准时刻、l_i 为接收机 T_i 接收卫星信号的接收机钟时刻、$t_i（G）$为接收机 T_i 接收卫星信号的标准时刻、$\triangle t^j_i$ 为卫星 S^j 的信号到达接收机 T_i 的传播时间、δt_i 为接收机钟相对于标准时的钟差、δt^j 为卫星钟相对于标准时的钟差，根据卫星定

位中钟差的定位（图3-9），得

$$t^j = t^j (G) + \delta t^j$$

（3-2）

$$t_i = t_i (G) + \delta t_i$$

（3-3）

则

$$\Delta t_i^j = t_i - t^j = (t_i (G) - t^j (G)) + \delta t_i - \delta t^j$$

（3-4）

两边同时乘以光速 c，得

$$c\Delta t_i^j = c (t_i - t^j) = c(t_i (G) - t^j (G)) + c (\delta t_i - \delta t^j)$$

（3-5）

即

$$\tilde{\rho}_i^j (t) = \rho_i^j (t) + c (\delta t_i - \delta t^j)$$

（3-6）

式中，$\tilde{\rho}_i^j (t)$ 为 t 时刻卫星 S^j 至接收机的 T_i 测码伪距，$\tilde{\rho}_i^j (t)$ 为 t 时刻卫星 S^j 至接收机 T_i 的几何距离。

卫星钟差在导航电文中给出，为已知量。再顾及大气折射误差，可得测码伪距的观测方程为

$$\tilde{\rho}_i^j (t) = \rho_i^j (t) + c\delta t_i + \Delta_{i,1g}^j (t) + \Delta_{i,T}^j (t)$$

（3-7）

$$\tilde{\rho}_i^j (t) = \left((X^j (t) - X_i)^2 + (Y^j (t) - Y_i)^2 + (Z^j (t) - Z_i)^2\right)^{1/2} + c\delta t_i + \Delta_{i,k}^j (t) + \Delta_{i,T}^j (t)$$

（3-8）

式中，$\Delta_{i,k}^j (t)$ 为观测历元 t 时电离层折射误差的影响，$\Delta_{i,T}^j (t)$ 为观测历元 t 时对流层折射误差的影响，（$X^j (t)$，$Y^j (t)$，$Z^j (t)$）为观测历元 t 时的卫星坐标，X_i（t），Y_i（t），Z_i（t）为观测历元 t 时的接收机天线坐标。实际上，伪距的计算常忽略电离层和对流层对伪距观测的影响，即上述方程中代求的参数为 4 个（三维坐标和接收机钟差，要求至少观测 4 颗卫星），因此才导致伪距定位的精度有所降低，但现代化的 GPS 伪距定位增加了电离层和对流层模型误差，其定位精度可以提高 1 倍。

2. 载波相位定位

由于伪距定位的精度比较低，因此采用波长（码元宽度）小于测距码的载波相位进行定位。理论上，载波相位观测值是指 GPS 信号发射时刻到 GPS 接收机的接收

时刻，GPS 载波在卫星到接收机路径上传播的相位值。在实际应用中，瞬时的载波相位值是无法直接测量的。因此，以下所述的载波相位观测量是某一时刻由接收机产生的参考载波相位与此时接收的卫星载波相位的相位差（图 3-10）。

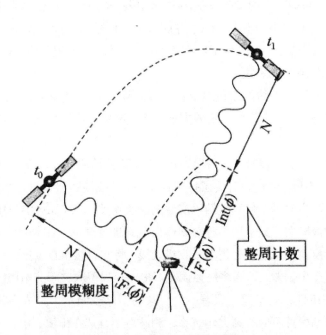

图 3-10　载波相定位测量原理

在 t_0 时刻，接收机产生的基准信号的相位为 ϕ_R^0，接收机到卫星信号的相位为。两者的差值由一个整周数 N（整周模糊度）及不足一周的部分 $F_r^0(\phi)$ 组成，即

$$\phi = \phi_R^0 - \phi_s^0 = N + F_r^0(\phi)$$

（3-9）

在完成初次信号锁定后，接收机的计数器开始工作，它记录由开始锁定时刻至当前时刻 t_i 信号所经过的整周数。因此，随后进行的各次观测量除了不满整周部分 $F_r^i(\phi)$ 外，还有整周载波数 $Int^i(\phi)$，即

（3-10）

式中，$F_r^i(\phi)$ 为观测量。当卫星信号中断时，将丢失 $Int(\phi)$ 中的一部分整周数，称为整周跳变，简称周跳。而 $F_r^i(\phi)$ 是瞬时值，不受周跳影响。

三、GNSS 卫星定位主要误差源

（一）误差的分类

GNSS 定位是通过地面接收设备接收卫星发射的导航定位信息来确定地面点的三维坐标，可见测量结果的误差来源于导航卫星、信号的传播过程和接收装备。GNSS 测量误差可分为三类：与 GNSS 卫星有关的误差，与 GNSS 卫星信号传播有关的误差，与 GNSS 接收机有关的误差。

与 GNSS 卫星有关的误差包括卫星的星历误差和卫星钟误差，两者都属于系统误差，可在 GNSS 测量中采取一定的措施消除或减弱，或采用某种数学模型对其进行改正。

与 GNSS 卫星信号传播有关的误差包括电离层折射误差、对流层折射误差和多路径误差。电离层折射误差和对流层折射误差即信号通过电离层和对流层时，传播速度发生变化而产生时延，使测量结果产生的系统误差。在 GNSS 测量中，可以采取一定的措施消除或减弱，或采用某种数学模型对其进行改正。在 GNSS 测量中，测站周围的反射物所反射的卫星信号进入接收机天线，将与直接来自卫星的信号产生干涉，从而使观测值产生偏差，即为多路径误差。多路径误差取决于测站周围的观测环境，具有一定的随机性，属于偶然误差。为了减弱多路径误差，测站位置应远离大面积平静水面，测站附近不应有高大建筑物，测站点不宜选在山坡、山谷和盆地中。

与 GNSS 接收机有关的误差包括接收机的观测误差、接收机钟误差和接收机天线相位中心的位置误差。接收机的观测误差具有随机性，是一种偶然误差，通过增加观测量可以明显减弱其影响。接收机钟误差是指接收机内部安装的高精度石英钟的钟面时间相对于 GNSS 标准时间的偏差，是一种系统误差，但可采取一定的措施予以消除或减弱。GNSS 测量是以接收机天线相位中心代表接收机位置的，而天线相位中心随着 GNSS 信号强度和输入方向的不同而产生变化，致使其偏离天线几何中心而产生系统误差。

（二）消除、削弱上述误差影响的措施和方法

上述各项误差对测距的影响可达数十米，有时甚至可超过百米，比观测噪声大几个数量级，因此必须加以消除和削弱。消除和削弱这些误差所造成影响的方法主要有三种。

1. 建立误差改正模型

误差改正模型既可以是对误差特性、机理及产生原因进行研究分析、推导而建立的理论公式，也可以是对大量观测数据进行分析、拟合而建立的经验公式。多数情况是同时采用两种方法建立的综合模型（各种对流层折射模型大体上属于综合模

型）。

由于改正模型本身的误差及所获取的改正模型各参数的误差，仍会有一部分偏差残留在观测值中，这些残留的偏差通常仍比偶然误差要大得多，严重影响 GPS 的定位精度。

2. 求差法

仔细分析误差对观测值或平差结果的影响，安排适当的观测纲要和数据处理方法（如同步观测、相对定位等），利用误差在观测值之间的相关性或在定位结果之间的相关性，通过求差来消除或削弱其影响的方法称为求差法。

例如，当两站对同一颗卫星进行同步观测时，观测值中都包含了共同的卫星钟误差，将观测值在接收机间求差即可消除此项误差。同样，一台接收机对多颗卫星进行同步观测时，将观测值在卫星间求差即可消除接收机钟误差的影响。

又如，目前广播星历的误差可达数十米，这种误差属于起算数据的误差，并不影响观测值，不能通过观测值相减来消除。利用相距不太远的两个测站上的同步观测值进行相对定位时，由于两站至卫星的几何图形十分相似，因而星历误差对两站坐标的影响也很相似。利用这种相关性在求坐标差时就能把共同的坐标误差消除掉。

3. 选择较好的硬件和较好的观测条件

多路径误差既不能采用求差方法来解决，也无法建立改正模型，削弱它的唯一办法是选用较好的天线，仔细选择测站，远离反射物和干扰源。

第三节　摄影测量与遥感定位

摄影测量有着较悠久的历史，从模拟摄影测量阶段开始，经过解析摄影测量阶段，发展到现在的数字摄影测量阶段，并逐渐与计算机视觉交叉融合。自 20 世纪 70 年代以来，从侧重于解译和应用的角度，人们提出了"遥感"一词。遥感除了使用可见光摄影，还使用红外摄影、雷达技术、多光谱摄影、扫描等手段，获取多光谱、多分辨率和多时相的遥感数据，用以对地球资源进行定性和定量的分析研究。

摄影测量与遥感是从非接触成像和其他传感器系统，通过记录、量测、分析与表达等处理，获取地球及其环境和其他物体可靠信息的工艺、科学与技术。其中，摄影测量侧重于提取几何信息，遥感侧重于提取物理信息。研究的重点都是从影像上自动提取所摄对象的形状、大小、位置、特性及其相互关系，即可以实现对目标点的空间定位。其特点是对影像进行量测，不需要接触物体本身，因而较少受到周围环境与条件的限制。

从定位的角度来看，摄影测量的定位和遥感的定位原理相同，都是在恢复摄影时像片的空间位置和姿态的情况下，通过前方交会方法计算影像上同名像点对应的地面点坐标，从而实现目标点的定位。本章将重点介绍摄影测量的定位。

一、摄影测量的分类

摄影测量的研究对象可以是固体、液体或气体，也可以是静态或动态，还可以是遥远的、巨大的（宇宙天体与地球）或极近的、微小的（电子显微镜下的细胞）。按照成像距离的不同，摄影测量可分为航天摄影测量、航空摄影测量、地面摄影测量、近景摄影测量和显微摄影测量等。航天摄影测量是利用卫星遥感影像测绘地形图或专题图，或快速提取所需位置的空间坐标；航空摄影测量是摄影测量的主流方式，是测绘 1：500 ~ 1：5000 地形图的重要方法，同时也是测绘 1：1 万 ~ 1：5 万地形图的主要方法；地面摄影测量一般用于山区的工程勘察和航摄漏洞补测；近景摄影测量一般用于拍摄距离小于 300m 的非地形目标测绘；显微摄影测量是利用扫描电子显微镜提取的立体显微影像，测量微观世界。

按照应用对象的不同，摄影测量可以分为地形摄影测量与非地形摄影测量。地形摄影测量是摄影测量的主要任务，服务于国家基础地理信息需求，如测绘各种比例尺的地形图及城镇、农业、林业、地质、交通、工程、资源与规划等部门需要的各种专题图，建立地形数据库，为各种地理信息系统提供三维的基础数据等。与传统现场测绘方法相比，摄影测量测绘地形的优点是作业速度快，成图周期短，以内业为主，劳动强度低，在进行较大范围作业时可以节省经费，成图的精度均匀，还可以生产影像测绘产品。非地形摄影测量是摄影测量的一个分支学科，研究利用影像确定非地形目标物的形状、大小及空间位置等，主要用于工业、考古、医学、生物、变形监测、应急救灾等方面，其方法与地形摄影测量一样，实现了从二维影像重建三维模型，在三维模型上提取所需各种信息。例如，抗震救灾工作中可以利用低空无人机快速获取灾区高分辨率影像，制作多尺度影像图，建立灾区三维模型，为灾后救援与灾情评估、灾后安置和重建等提供及时可靠的科学依据。

二、摄影测量的定位原理

正如人的一只眼睛只能判断物体的方位而不能确定物体离人的距离远近一样，摄影测量中利用单幅影像是不能确定物体上点的空间位置的，只能确定物点所在的空间方向。要获得物点的空间位置一般需利用两幅相互重叠的影像构成立体像对，它是立体摄影测量的基本单元，其构成的立体模型是立体摄影测量的基础。可以看出，摄影测量的基本原理就是利用立体影像上同名像点与物方点之间的几何关系得到其物方空间坐标，实现目标点的定位。因此，摄影测量的核心就是像点与物方点之间的解析关系，如单幅影像上像方点坐标与相应物方点坐标之间的关系、立体像对中同名像点的像点坐标与相应地面点坐标之间的关系等。简单来说，主要是共线方程和共面方程。

（一）共线方程

共线方程（图3-11）是中心投影构像的数学基础，也是各种摄影测量处理方法的重要理论基础，如单像空间后方交会、双像空间前方交会及光束法区域网平差等原理都是以共线方程作为出发点的。只是根据所处理问题的具体情况不同，共线方程的表达形式和使用方法也有所不同。

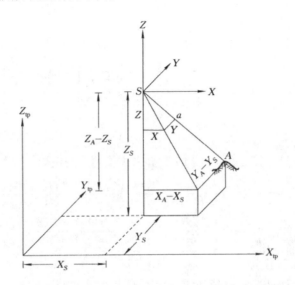

图 3-11　共线方程

如图3-11所示，S为摄影中心，在某一规定的物方空间坐标系中其坐标为A为任一物方空间点，它的物方空间坐标为（X_A，Y_A，Z_A）；a为A点在影像上的构像，相应的像空间坐标和像空间辅助坐标分别为（x，y，$-f$）和（X，Y，Z）。摄影时S、A、a三点位于一条直线上，那么像点的像空间辅助坐标与物方点物方空间坐标之间的关系为

$$\frac{X}{X_A - X_S} = \frac{Y}{Y_A - Y_S} = \frac{Z}{Z_A - Z_S} = \frac{1}{\lambda}$$

（3-11）

式中，λ为坐标间比例缩放系数。则$X = \frac{1}{\lambda}(X_A - X_S), Y = \frac{1}{\lambda}(Y_A - Y_S), Z = \frac{1}{\lambda}(Z_A - Z_S)$

又因为像空间坐标与像空间辅助坐标关系为

$$\begin{bmatrix} x \\ y \\ -f \end{bmatrix} = R^T \begin{bmatrix} X \\ Y \\ Z \end{bmatrix}$$

（3-12）

式中，R 为像片的旋转矩阵，即

$$R = R_\phi R_\omega R_k = \begin{bmatrix} cos\phi & 0 & -sinh\phi \\ 0 & 1 & 0 \\ sin\phi & 0 & cos\phi \end{bmatrix} \begin{bmatrix} 1 & 0 & -sin\omega \\ 0 & cos\omega & -sin\omega \\ 0 & sin\omega & cos\omega \end{bmatrix} \begin{bmatrix} cosk & -sink & 0 \\ sink & cosk & 0 \\ 0 & 0 & 1 \end{bmatrix} = \begin{bmatrix} a_1 & a_2 & a_3 \\ b_1 & b_2 & b_3 \\ c_1 & c_2 & c_3 \end{bmatrix}$$

（3-13）

由此可以将式（3-12）展开为

$$\left.\begin{array}{l} \dfrac{x}{-f} = \dfrac{a_1 X + b_1 Y + c_1 Z}{a_3 X + b_3 X + c_3 Z} \\[3mm] \dfrac{x}{-f} = \dfrac{a_2 X + b_2 Y + c_2 Z}{a_3 X + b_3 Y + c_3 Z} \end{array}\right\}$$

（3-14）

再将式（3-11）代入式（3-14），并考虑像主点的坐标 x_0、y_0，得

$$x - x_0 = -f \frac{a_1(X_A - X_s) + b_1(Y_A - Y_s) + c_1(Z_A - Z_s)}{a_3(X_A - X_s) + b_3(Y_A - Y_s) + c_3(Z_A - Z_s)}$$

$$y - y_0 = -f \frac{a_2(X_A - X_s) + b_2(Y_A - Y_s) + c_2(Z_A - Z_s)}{a_3(X_A - X_s) + b_3(Y_A - Y_s) + c_3(Z_A - Z_s)}$$

（3-15）

式（3-15）就是最常见的共线条件方程式（简称共线方程）。式中，x、y 为像点的像平面坐标，x_0、y_0、f 为影像的内方位元素，X_s、Y_s、Z_s 为摄影中心的物方空间坐标，Z_A、Y_A、Z_A 为物方点的物方空间坐标，a_i、b_i、c_i（i=1，2，3）为影像的 3 个外方位角元素组成的 9 个方向余弦。

共线方程的矩阵表现形式为

$$\begin{bmatrix} X_A \\ Y_A \\ Z_A \end{bmatrix} = \lambda \begin{bmatrix} a_1 & a_2 & a_3 \\ b_1 & b_2 & b_3 \\ c_1 & c_2 & c_3 \end{bmatrix} \begin{bmatrix} x \\ y \\ -f \end{bmatrix} + \begin{bmatrix} X_S \\ Y_S \\ Z_S \end{bmatrix}$$

（3-16）

共线方程的应用主要有：单像空间后方交会和多像空间前方交会，解析空中三角测量光束法平差中的基本数学模型，数字投影的构成基础，模拟影像数据计算，利用数字高程模型与共线方程制作正射影像，利用数字高程模型与共线方程进行单幅影像测图等。

（二）共面方程

图 3-12 表示利用一个立体模型实现正确相对定向，图中 m_1、m_2 表示模型点 M 在左右两幅影像上的构像，S_1m_1、S_2m_2 表示一对同名光线，它们与空间基线 S_1S_2 共面，这个平面可以用三个矢量 R_2、R_2 和 B 的混合积表示，即

$$B \cdot (R_1 \times R_2) = 0$$

（3-17）

式（3-17）改用坐标的形式表示时，就是一个三阶行列式等于零，即

$$F = \begin{vmatrix} B_X & B_Y & B_Z \\ X_1 & Y_1 & Z_1 \\ X_2 & Y_2 & Z_2 \end{vmatrix} = 0$$

（3-18）

式（3-18）便是解析相对定向的共面方程式。其中

$$\begin{bmatrix} X_1 \\ Y_1 \\ Z_1 \end{bmatrix} = R_{左} \begin{bmatrix} x_1 \\ y_1 \\ -f \end{bmatrix}$$

$$\begin{bmatrix} X_2 \\ Y_2 \\ Z_2 \end{bmatrix} = R_{右} \begin{bmatrix} x_2 \\ y_2 \\ -f \end{bmatrix}$$

（3-19）

为像点的像空间辅助坐标。

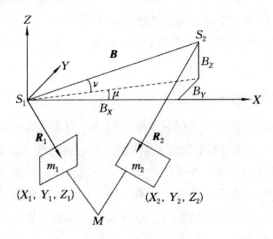

图 3-12　共面方程

共面方程应用的主要有：解算相对定向元素，从而恢复立体模型，计算各模型点的像空间辅助坐标；利用立体像对进行空间前方交会，解求物方点坐标。

三、摄影测量的定位方法

（一）相对定向—绝对定向法

相对定向—绝对定向法是指先恢复立体像对的相互位置关系，解算出待定点的模型坐标，然后通过一定数量的地面控制点解算模型坐标与地面坐标之间的变换参数，最终得到待定点的地面坐标。

利用立体像对的相对定向恢复摄影时相邻两影像摄影光束的相互关系，从而使同名光线对对相交，包括单独像对相对定向和连续像对相对定向两种方法。相对定向后可以求得任一模型点的空间辅助坐标，目的是求出这些点的空间坐标。空间辅助坐标系与物空间坐标系通常是不一致的，而且这两个系统的比例尺也不相同，因此需要进行绝对定向。对于立体模型的绝对定向而言，经过三个角度的旋转、一个比例尺缩放和三个坐标方向的平移，才能将模型点的空间辅助坐标变换为物方空间坐标。

（二）后方交会—前方交会法

后方交会—前方交会法是先利用一定数量的地面控制点解算出每张像片的外方位元素，然后利用前方交会方法解算待定点地面坐标。

空间后方交会以单幅影像为基础，从该影像所覆盖地面范围内的若干控制点的已知地面坐标和相应点的像坐标量测值出发，根据共线条件方程，运用最小二乘间接平差，求解该影像在航空摄影时刻的外方位元素 X_s、Y_s、Z_s、ϕ、ω、k。根据计算的外方位元素及匹配的结果，利用共线条件方程进行多片"前方交会"，得到像点的物方坐标。

（三）光束法区域网平差法

光束法区域网平差法是以一幅影像所组成的一束光线为平差的基本单元，以中心投影的共线方程为基础方程的一种平差算法。通过各光线束在空间的旋转和平移，使模型之间的公共点的光线实现最佳的交会。经过自由网构建及控制点量测后，获得各影像在自由网坐标系下的外方位元素、同名点在自由网坐标系下的三维坐标，利用计算的控制点在自由网坐标系中坐标及其在已知物方坐标系中坐标进行绝对定向，确定各影像在已知物方坐标系下的外方位元素及同名点在物方坐标系下三维坐标。将这些值作为初始值，代入光束法平差方程，求取物方坐标系下各影像精确的外方位元素及同名点精确的坐标。光束法区域网平差法即对被测目标点及影像内、外方位元素进行同时优化，使得摄影成像时的物点、像点、摄影中心的共线模型残差最小，从而计算出最优的目标点坐标和影像获取时相机的位置、姿态及相机内参数。

光束法平差的基本模型是共线方程，即物方点、其对应影像上的像点，以及摄影中心，三点共线。将建立的共线条件方程作为自检校光束法平差的数据模型。

与其他方法相比，该方法存在如下优势：①灵活，其采用误差模型几何性质明确，可以应用于不同特征（如点特征、直线特征、曲线特征）、不同相机类型（如框幅相机、线阵相机），适用于不同的场景，可以很方便地加入各种约束条件，提高测量精度；②高精度，通过对模型误差进行统计分析实现粗差剔除，同时可利用控制信息进行相应的约束，实现高精度测量；③高效，其理论成熟，处理速度快、稳定性好，且利用稀疏算法可高效地求解大规模数据的最优解问题。目前，光束法区域网平差法已广泛应用于各种高精度的解析空中三角测量和点位测定实际生产中。

第四节　水下地形探测定位

一、水下地形探测定位概述

水下地形测绘作为测绘科学技术的重要组成部分，是海道测量、河流、湖泊测量的主要内容。随着 GNSS 定位技术、水声测量技术和电子计算机技术的发展，水下地形测绘技术从传统的光学定位、单波束测深、手工数据处理和绘图、成果单一的时代跨入 GNSS 定位、测深手段多样、数据处理和绘图自动化、成果多样化的崭新时代。

与陆地测量一样，水下地形测量的主要内容也是建立平面和高程的控制网，并尽可能与陆地测量系统构成统一的整体，从而绘制水下地形。海洋与江河湖泊开发的前期基础性工作也是测图，与陆地不同的是，在水域是测量水下地形图或水深图。许多工程应用和科学研究都需要水下地形测绘成果这一基础资料，如图 3-13 为水下地形地貌探测及地质分类的应用。因此，水下地形测量作为服务型的工作，具有重要的科学实践意义。

水下地形测量最基本的工作是定位和测深。无论是测量地球上的几何量还是物理量，都必须把这些量固定在某一种坐标系相应的格网中，否则是毫无意义的。传统水下地形测量的载体为测量船，根据测量船离陆地的远近和对定位精度的要求可采用不同的定位方法（刘树东等，2008）。下面将分别从定位方法和水深测量两个方面介绍，如无线电定位方法、卫星差分定位法、水下声学定位法、单波束回声测深和多波束回声测深等。

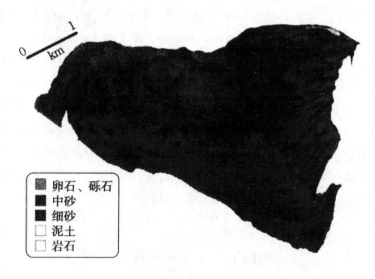

图 3-14　水下地形地貌探测及低质分类

二、水下定位方法

测深点定位的方法有断面索法、经纬仪或平板仪前方交会法、六分仪后方交会法、全站式速测仪极坐标法、无线电定位法、水下声学定位法和差分 GPS 定位法等。本节重点介绍无线电定位法、水下声学定位法等不同于地表的定位方法。

（一）无线电定位法

无线电定位法主要应用于海洋测量定位。以岸台为基础的无线电定位有不同的分类方法。按工作方式可划分为测距定位和测距差定位。按作用距离可划分为：近程定位，最大作用距离为 150nmile；中程定位，最大作用距离为 500nmile；远程定位，作用距离大于 500nmile。在海洋测绘中通常采用近程和中程高精度定位系统。

测距定位具有测距精度高的优点，但作用距离较小，接收船台的数量受限，通常用于近程定位，如微波测距系统猎鹰Ⅳ、塞里迪斯、三应答的测距精度为 1 ~ 2m，作用距离为 30 ~ 40nmile。定位原理是测量运动的船台到陆地不少于 2 个已知坐标的岸台之间的距离，得到 2 个圆位置线，位置线的交点即为船位。

测距差定位又称双曲线定位，具有作用距离大、船台数量不限的优势，但定位精度难以提高，且无法克服多值性。在中、远程定位系统中，大多以测距差方式定位，但也有些定位设备兼具两种定位模式的功能，如 ARGO 定位系统和罗兰 –C 定位系统。其作用距离可达 300 ~ 1000nmile，定位精度为数米至数百米。其是根据到 2 个固定点的距离差为常数的动点的轨迹为双曲线的几何原理设计的，1 个动点、3 个固定点可得到 2 个距离差，即可以得到 2 组双曲线，2 组双曲线的交点即为动点的位置。距离差是由船台接收陆地 3 个岸台发射的无线电信号,并分别测量它们的相位差求得的。

(二)卫星差分定位法

卫星导航定位技术是空基无线电定位最具代表性的技术之一,兴起于 20 世纪 70 年代,是目前海上定位使用最广泛、最有效的技术手段。GPS 单点定位误差源较多,如卫星星历误差、电离层折射误差和多路径效应等,其定位精度在 5 ~ 20m,不适合高精度定位导航需求,因此差分 GPS(differential GPS,DGPS)应运而生,并在实际工程中广泛使用,如图 3-14 所示。

图 3-14　差分 GPS 水下地形测量示意

我国沿海早期 GPS 差分形式有信标差分和 GPSRTK 技术。

1995 年,中国海事局组织建立了覆盖我国沿海海域、由 20 个航海无线电指向标构成的无线电指向标 – 差分全球定位系统(radio beacons navigation–differential GPS,RBN –DGPS)。该系统原理本质是通过系统的基准站测定各颗在视卫星的伪距差分改正数,并利用播发台以最小频移调制到无线电信标载波频率上,发给 GPS 用户。用户接收 GPS 信号和差分信号便可实现差分 GPS 测量,如图 3-14 所示。测量精度随着流动站与基准站之间的距离增加而降低。在 100km 范围内,定位精度优于 3m 的置信度为 91%,在 300km 范围内,定位精度优于 5m 的置信度为 97%。目前,RBN –DGPS 测量定位方式在我国海洋测绘中被广泛采用。

RTK 技术是利用 GPS 载波相位观测值实现厘米级的实时动态定位,是建立在流动站和基准站之间的误差具有很高程度相似性的假设基础上的。随着流动站和基准站之间距离的增加,误差类似性越差,定位精度就越低,数据通信的强度也因空间距离的增加而衰减。因此,这种技术的作用距离受到限制,一般为 20km 左右,常用于近岸水下地形测量作业。

（三）水下声学定位法

水下声学定位法是近30年来发展起来的一种海洋测量定位手段。其原理是在某一局部海域海底设置若干个水下声标，首先利用一定的方法测定这些水下声标的相对位置，然后在确定船只相对陆地上大地测量控制网位置的同时，确定船只相对水下声标的位置，依这样同步测量的处理结果，就可以确定水下声标控制点在陆地统一坐标系统下的坐标。实施定位时，水下声标接收测量设备载体（测量船或水下机器人）发出的声波信号后发出应答信号（也可以由水下声标主动发射信号），人们通过测定声波在海水中的传播时间和相位变化，就可以计算出声标到载体的距离或距离差，从而解算出载体的位置。

水下声学定位法的工作方式主要有长基线定位和超短基线定位。长基线定位原理（图3-15）是：通过安装在船底的一个换能器向布设在水下、相距较远的3个以上水下声标发射询问信号，并接收水下声标的应答信号，测距仪根据声速和声信号的传播时间计算出换能器至各声标的距离，从而确定船位坐标。长基线定位的定位精度为5～20m。短基线定位原理是：在船底安装由3个水听器组成的正交水听器阵和1个换能器，在海底布设1个水下声标，通过测定声标发出的信号到不同水听器之间的时差或相位差计算测量船的位置。超短基线定位原理与短基线相同，只是3个正交水听器之间的距离很短，小于半个波长，只有几厘米。

图3-15　中海达i Track-LB系列长基线水声定位系统

三、水深测量

水深测量方法包括测深杆测量、测深锤测量和回声测深等，回声测深方法又分为单波束回声测深和多波束回声测深。本节重点介绍回声测深的两种方法。

（一）单波束回声测深

单波束回声测深属于"点"状测量。当测量船在水上航行时，船上的测深仪可测得一条连续的剖面线，即地形断面。根据频段个数，单波束测深仪分为单频测深仪和双频测深仪。我国于20世纪90年代初开始广泛采用数字化测深仪进行水深测量，使得水深测量的数字化、自动化成为可能。单波束水深测量自动化系统包括数字化测深仪（图3-16）、定位设备（通常为GPS）、数据采集和处理设备、数据采集和处理软件。在有较高精度要求的测量中，还使用运动传感器实时测量船舶姿态，并通过软件对测得的数据进行姿态改正。在自动化测量系统中，测深仪测得的水深数据和GPS测得的定位数据通过RS232接口传输到计算机，计算机通过数据采集软件将收到的数据形成一定格式的电子文件存储到计算机硬盘。外业测量结束后利用数据处理软件剔除假水深、加入仪器改正数和潮位改正，形成水深数字文件，再由软件的绘图模块驱动绘图机自动成图。

（二）多波束回声测深

20世纪70年代出现的多波束回声测深系统属于一场革命性的变革，深刻地改变了海洋调查方式及最终的成果质量。多波束回声测深属于"面"测量。它能一次给出与航迹线相垂直的平面内成百上千个测深点的水深值，所以它能准确、高效地测量出沿航迹线一定宽度（3 ～ 12 倍水深）内水下目标的大小、形状和高低变化。它把测深技术从原来的点线方式扩展到面状方式，并进一步发展到立体测图和自动成图，从而使水下地形测量技术发展到新的水平。多波束回声测深系统由发射接收换能器、信号控制处理器、运动传感器、电罗经、数据采集和处理计算机组成（图3-17）。其工作原理（图3-18）是测量每个波束声波信号的往返时间和反射角度，结合定位数据、测量船的姿态数据、声速数据来计算每个波束测得的水深。

图3-16　海鹰 HY1601 单波束测深仪系统

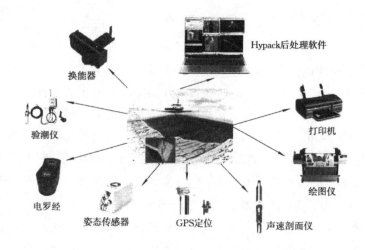

图 3-17　多波束回声测深系统的组成

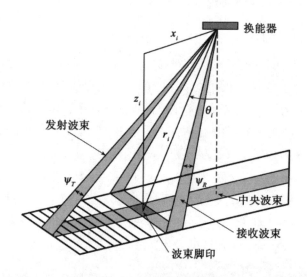

图 3-18　多波束回声测深过程示意

目前，国际市场上有多种型号的多波束回声测深系统，其波束或测深条带的生成原理也不尽相同，主要有单一窄波束机械旋转扫描法、多指向性接收阵列法、单波束电子扫描法、发射和接收端电子多波束形成法、接收端电子多波束形成法、相位比较法（相干法），以及上述方法的组合方法。我国水下地形测量实践应用比较多的多波束主要有美国 RESON 公司生产的 SEABAT 系列多波束、德国 ATLAS 公司生产的 FANSWEEP 系列多波束、挪威 SIMRAD 公司生产的 EM 系列多波束和英国 GEOACOUSTIC 公司生产的 GEOSWATH 多波束（苏程，2012）。以上这些多波束在有效覆盖宽度内的测量精度满足我国现行水运工程测量规范对测深的精度要求，以及国际海道测量组织（International Hydrographic Organization，IHO）对特级测量（港口、泊位及有最小富余深度要求的航道区域的测量）精度的要求。

第五节　室内定位

面向区域的定位技术是一个前景广阔的研究方向，而室内定位是其中的典型代表，因为它具有定位面积小、多路径传播严重、定位环境易发生改变等特点。对于室外环境而言，目前已经有卫星定位或移动基准站定位。但对于室内而言，一方面卫星信号因无法穿透建筑物而失去作用，另一方面流动站的定位精度较低，无法满足室内定位精度的要求，再加上室内环境存在多路径效应及人员走动所带来的不可避免的干扰，使得室内定位的效果很难同时兼顾精度和稳健度，因此寻找一个适用于室内定位环境的定位系统，已经成为业界的研究重点。

目前，基于无线传感器网络（wireless sensing network，WSN）和无线局域网（wireless local area network， WLAN）等面向区域的定位技术越来越受到研究者的关注。无线传感器网络的目标就是将分散且独立的传感器节点通过无线方式连接起来，组成一个分布式的无线传感器网络，它可以针对环境信息适时做出自我调整，以实现使用者和工具的互动。而无线局域网的思想则是通过现有的接入点和无线网络提供目标的位置进行估计。环境信息中很重要的一点是空间位置信息，如果可以获得节点的当前位置，那么许多实用的个性化功能就能实现。

一、室内定位的特点

与传统的卫星定位及蜂窝定位技术不同，室内定位的环境范围较小、直达波路径缺失严重、信道非平稳。室内定位技术在定位精度、稳健性、安全性、方向判断、标志识别及复杂度等方面有着自身的特点。

（一）定位精度

定位精度是一个定位系统的最重要指标，尤其是对于相对狭小的室内环境而言。近年来的研究工作开始追求更高的点位精度，如室内机器人定位就要求定位精度必须满足机器人在房间内自由运动的要求。更高精度的定位信息会带来更大的便利——若能普及廉价的高精度室内（或区域）定位技术，则现在工业自动化生产的效率会大幅度提高。

（二）稳健性

对于室内环境，目标位置的相对改变程度往往很大，这就要求定位技术具有很好的自适应性能，并且拥有很高的容错性。这样在室内环境并不理想的情况下，定位系统仍能提供位置信息。此外，系统稳健性的提高也可以减小维护的难度。

（三）安全性

所有的定位系统都必须注意安全性问题。对于室内定位而言，很大一部分应用需求都是针对个人用户的，而私人信息往往不愿被公开，这就使得室内定位系统在面向个人用户时必须满足信息交换的安全性要求。

（四）方向判断

室内定位的方向判断问题与卫星导航的方向判断问题一样，都是要在判断出目标的方位后，进一步判断目标未来的运动趋势。该问题包括运动时和静止时的方向判断。

（五）标志识别

室内环境往往具有一些"标志性"目标，如门牌、办公桌等，利用这些标志自身的特点，可以大大提高定位精度，因此一个好的室内定位系统应该具有完善的标志识别功能。

（六）复杂度

室内定位的应用特点是规模小，应用对象是个人，因此室内定位系统的复杂度应该较低（不能使用大量的硬件设施，最好能利用现有的硬件基础），并加入先进的算法来完成定位，只有这样才能将室内定位技术推向应用领域。此外，定位的实时性也要求定位算法不能太复杂。

二、室内定位原理

室内定位所用到的测量原理，大致可以分为三角测量原理和基于接收信号强度指示（received signal strength indication，RSSI）的测量原理。

（一）三角测量原理

1.时差测量

在时差（time-of-arrival，TOA）测量中根据测量的单程传播时间便可以计算出测量单元和信号发射机之间的距离。该方法需要所有被用到的固定和移动单元具有精确的时间同步。时差测量方法主要有几何法和代数法两种。几何法如图3-19所示，该方法根据通过 3 个基准站测得的信号往返时间得到 3 条双曲线，其交点即为移动目标的位置。

代数法则是通过解一个关于移动目标与基准站的欧氏距离的非线性方程组来得到移动目标的坐标，即

$$r_i(x) = \| x - x_i \| + e_i \ （i = 1，2，\ldots，n）$$

$$（3-20）$$

式中，$r_i(x)$ 为目标与第 i 个基准站的时差测量值；n 为基准站个数；e_i 为噪声，通常视为服从均值为 0 的高斯分布。

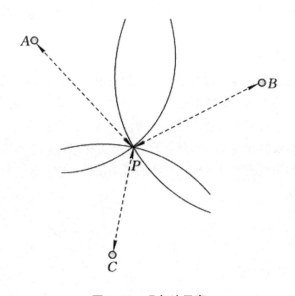

图 3-19　几何法示意

当 n ≥ 3（二维定位）时，式（3-20）为超定方程组，因此没有能直接给出精确闭式解。常用的替代算法有泰勒级数展开法和最陡下降法，虽然直接求解方法在拥有足够精度的初始值时可以获得最优的估计解，但其计算量过于庞大，且不一定收敛于局部最小点。另一类满足实时处理要求的替代算法是通过线性化寻找近似闭式解方程，最早是针对信号到达时间差（time difference of arrival，TDOA）测量模型提出的，线性化后的方程既可以直接通过最小二乘方法求解估计量，也可以通过方程相减的方式消除变量后再间接用最小二乘法求解估计量。第三类方法是通过最小化非线性误差代价函数平方和的方法来求解目标位置，其常用算法有最小二乘法、最近领域法和残差加权法等。

实现时差测量单位的最小系统需要 3 个基准站，对各个基准站之间的时间同步要求比较苛刻。例如，厘米范围的位置精度要求其绝对同步时间要远远小于 1ns，这

使得应用时差的硬件平台往往造价昂贵。

2. 信号时间往返测量

信号时间往返（roundtrip time of flight，RTOF）测量有着与时差测量相同的定位机制。在信号时间往返系统中，绝对时间同步可以被要求较低的相对时间同步代替，而测量单元尝试用共用雷达。应答器回应询问雷达信号，并且测量一个完整的信号往返传播时间。例如，当测量单元和应答器均具有精度为的石英时钟源时，应答器中 1ms 的处理时间会使测量值产生数米的变化。一般来说，在信号时间往返系统中，要么具有一个较好的时钟同步，要么就要求处理时间非常短。采用调制反射方法可以减少系统同步方面的问题，但相应的信号损耗也会增大，这使其只限于应用在短距离定位场合。

3. 信号到达时间差测量

信号到达时间差测量是通过测量流动站的发射信号到达多个接收站的时间差来对流动站进行定位的方法。其基本原理是：一组信号到达时间差测量值确定一对双曲线，该双曲线以参与该信号到达时间差测量的两个接收基准站为焦点，需要定位的流动站就在这对双曲线的某一条分支上，这样通过求由两组信号到达时间差值确定的两对双曲线的交点就可以得到流动站的精确位置。信号到达时间差测量的几何示意如图 3-20 所示。

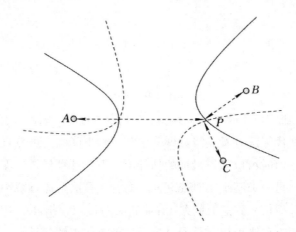

图 3-20　信号到达时间差测量的几何示意

信号到达时间差的定位方程组为

$$R_{i,j} = \sqrt{(x_i - x_0)^2 + (y_i - y_0)^2} - \sqrt{(x_j - x_0)^2 + (y_j - y_0)^2}$$

（3-21）

式中，（x_i，y_i）和 x_j ' y_j 代表任意两组基准站的坐标；（x_0，y_0）是流动站的坐标；

R_i，是距离差的真实值，在实际计算中用测量值代替。式（3–21）也为非线性方程，可通过泰勒级数展开近似为线性问题。

4. 到达角测量

到达角（angle of arrival，AOA）测量通过测向仪来计算位置，只要测量出目标（移动终端）距离两个基准站的信号到达角度，就能确定其位置。虽然在理论上讲这种信号到达角度的测量在基准站与移动终端均可进行，但侧向时需要采用定向天线，而移动终端不便采用定向天线，因此到达角测量一般是在基准站上进行的。到达角测量需要架设定向天线或天线阵列，因此这种方法的精度受到测量孔径的大小和非直达波等因素的限制。

（二）基于接收信号强度指示的测量原理

采用基于接收信号强度指示的测量技术的定位系统有两类定位方法：一类是基于信号传播损耗模型的定位方法，另一类是基于接收信号强度指示指纹库的定位方法。

在基于信号传播损耗模型的定位方法中，一般依赖的事实是自由空间的信号传输损耗与距离平方成反比。然而在实际情况中，这个信号传播损耗模型并不能直接套用，这是因为根据发射和接收功率之差来计算距离将很难得到正确的结果。在室内环境中，多路径效应的影响很大。为了解决这个问题，需要一个先进的传播模型，或者通过实际测量得到目标区域内实际的场分布。基于接收信号强度指示的测量主要优点在于大多数现代化的无线模块已经提供了对它的测量功能。同时，误码率（error rate，ER）可以被用来估测信号的衰减。因此，在无线通信系统中实现一个局域定位系统往往并不需要专有硬件。已经实现的基于接收信号强度指示的定位系统是西门子神经元蜂窝定位系统。该系统通过使用现有的无线语音或数据基础设施来降低成本。其网络适配器周期地对各个频带进行扫描，一旦收到的功率小于某个阈值便开始切换信道。在定位过程中，无线器件将测到的功率发给每个基准站，位置计算引擎随后对每个基准站的场强进行映射，从而给出实际测量得到的位置。该系统的优点是可以与标准的通信系统集成在一起而不需要另外的硬件。此外，Motorola 的基于接收信号强度指示的分布式定位引擎也可以获得不错的定位效果。

基于接收信号强度指示指纹库的定位方法的定位系统在室内定位受到反射、多路径影响的情况下，收到的效果较好。

三、室内定位技术分类

室内定位涉及很多技术标准及学科，因此从不同的角度入手，其有不同的分类。

（一）按定位位置信息分类

可将室内定位分为物理位置定位、符号位置定位、绝对位置定位和相对位置定位。在物理位置定位中，位置信息用二维或三维坐标的形式表示，如度、分、秒坐标系或通用墨卡托网络坐标系；绝对位置定位通过使用与其他系统共享的参考节点或网络实现位置信息的显示；相对位置定位则使用其自身建立的位置参考框架，通常通过寻找邻近参考节点来实现定位和位置信息的显示。

（二）按传感器的拓扑结构分类

室内定位可分为远程室内定位、自定位室内定位、间接远程室内定位和间接自定位室内定位。

（三）按所使用的测量信息分类

室内定位可分为基于信号到达时间的室内定位、基于信号到达时间差的室内定位、基于信号到达角的室内定位及基于接收信号强度指示的室内定位。基于时差的室内定位需要节点间的同步时间精确，而且无法用于松散耦合型的定位；基于信号到达时间差的室内定位受到超声波传播距离限制（超声波信号传播距离仅有50～75cm，因此网络节点需要密集部署）和NLOS问题的影响；基于信号到达角的室内定位易受外界环境影响，而且需要额外的硬件，在硬件尺寸和功耗上可能无法用于无线传感器网络节点。

（四）按是否基于测距分类

室内定位可分为基于测距的定位机制室内定位和无须测距的定位机制室内定位。目前使用各种估算法来减小测距误差对定位的影响，包括多次测量、循环定位求解，这些方法都要产生大量计算、通信开销，因此基于测距的定位机制虽然在定位精度上能满足要求，但并不适用于低功耗、低成本的应用前提。相反，无须测距的定位机制得到了学界的很大关注，如DV-Hop、凸规划及MDS-MAP等就是典型的无须测距的定位算法。

四、常见的室内定位技术

（一）红外线室内定位

红外线是波长介于微波与可见光之间的电磁波，波长在770nm～1mm之间，在光谱上位于红色光外侧。用于红外线室内定位的红外线光谱部分的中心波长通常为830～950nm。

红外线室内定位通常由两部分组成，即红外线发射器和红外光学接收器。通常，红外线发射器是网络的固定节点，而红外光学接收器安装在待定位目标上，作为移动终端。红外线室内定位的优点是定位精度高，反应灵敏，单个器件成本低廉。但它的缺点也显而易见：第一，光线直线传播，使得红外线室内定位受限于视距定位；第二，红外线在空气中衰减很大，因此它只适用于短距传播，限制了系统的应用范围；第三，阳光或其他光源也可能对其产生干扰，影响红外信号的正常传播。基于以上特点，实际应用上存在着一定的局限性（罗庆生等，2003）。

（二）超声波室内定位

超声波是指超出人耳听力阈值上限 20kHz 的声波，可在固、液、气三种形态的弹性介质中传播。超声波在空气中的振荡频率较低，用于室内定位的超声波频率通常只有 40kHz。超声波波速会随着温度 T 的升高而加快，关系式为

$$v_s = 331.45 \sqrt{1 + \frac{T}{273.15}}$$

（3-22）

超声波定位的优点在于定位精度相对较高，单个器件结构简单。但它的缺陷也很明显：超声波的反射、散射现象很普遍，在室内尤其严重，有着很强的多路径效应。此外，超声波在空气中的衰减也很明显，需要铺设大量的硬件网络设施，系统成本很高。通常很少有仅采用超声波作为测量手段的定位系统，往往需要将其与其他方式结合起来实现定位。

（三）蓝牙室内定位

蓝牙定位是一种基于接收信号强度指示的定位方式，与其他室内定位技术相比，蓝牙手机定位具有成本较低、使用方便等优点，虽然定位精度不高，但是在很多应用中都可以接受。当前蓝牙硬件成本已下降到了比较合理的水平，在手机和计算机上使用非常广泛。传统的蓝牙设备体积小，便携式笔记本、手机等移动终端里大多集成有蓝牙模块，因此基于传统蓝牙的室内定位技术具备了推广普及的基础。理论上，只要室内范围安装有合适的蓝牙局域网接入点，并将网络模式设置为多用户环境下的基础网络连接模式，则当移动终端的蓝牙功能开启时，系统就能够获取当前用户的位置信息。不仅如此，采用蓝牙技术实现室内短距离定位时，能迅速发现并连接设备，并且信号的传输不受视距的影响。

通常基于蓝牙的定位系统采用两种测量算法，即基于传播时间的测量算法和基于信号衰减的测量方法。对于前者，由于室内环境多变，所以存在多路径效应，为了减少误差必须采用纳秒级的同步时钟，但这在实际应用中很难实现。对于后者，

又存在两种截然不同的思路：第一种思路是完全根据理论公式（即无线电信号能量的衰减与距离的平方成反比）进行计算，但由于实际应用时信号的衰减是受多种因素影响的，并非只取决于距离，所以仅根据理性化的模型推导出来的公式进行定位，结果往往不尽人意；第二种思路则是基于经验的定位方法进行计算，在定位前需要事先测定目标区域内多个参考点的信号强度，并将这一系列数据建库，实际定位时，仅需将移动终端收到的信号强度与上述数据库进行匹配，即可完成定位，这种方法的定位精度与数据库的翔实程度密切相关。

（四）射频识别室内定位

射频识别是指通过射频集成电路发送电磁波信号并进行采集和存储的技术。射频识别室内定位技术主要由射频识别标签、射频识别阅读器两部分组成，是一种非接触式的自动识别技术。射频识别阅读器接收来自射频识别标签的信号，二者之间的通信则使用特定的射频信号及相关协议完成。射频识别标签又可以分为被动和主动两类。

主动射频识别标签是一个小型的信号发射器，当接收到询问信号时它能主动发射身份识别等信息。其优点在于仅拥有较短的天线，但同时拥有较大的信号覆盖范围。

被动射频识别标签的工作不需要电源，而是通过射频识别阅读器发射的射频信号进行驱动的，它会向射频识别阅读器返回应答信息。被动射频识别标签是传统条形码技术的替代品，相较于主动射频识别标签，其具有质量更轻、体积更小和成本更低等优点。但被动射频识别标签的传输距离非常有限，通常只有 1 ~ 2m。

（五）Wi-Fi 室内定位

Wi-Fi 是基于 IEEE802-11 标准的一种无线局域网，具有高带宽、高速率、高覆盖度的特点，并且受非视距（non-line-of-sight，NLOS）影响极小。在中短距离的应用范围内，Wi-Fi 具有无可比拟的优势。IEEE802-11 标准目前广泛应用于高速无线宽带网络的架设，主流 3C 无线网卡均为基于此系列的产品，因此对于 Wi-Fi 定位系统来说，硬件平台已经非常成熟。

对于室内环境而言，Wi-Fi 的多路径效应依然不能避免，因此基于信号衰减模型的定位方法无法使用。Wi-Fi 定位系统通常采用的是基于机器学习的定位方案，这种定位方案分为两个阶段：离线阶段，采集足够的训练数据，建立环境模型，得到 Wi-Fi 信号的分布情况；在线阶段，采集实时数据，导入已经建立的模型，得到当前的定位结果。

（六）Zig Bee 室内定位

Zig Bee 由"Zig"和"Bee"两个单词组成。"Zig"表示"之"字形的路径，"Bee"表示蜜蜂。Zig Bee 无线传感器网络技术就是通过模仿蜜蜂跳舞传递信息的方式，利用网络节点之间信息的互传，将信息从一个节点传输到远处的另外一个节点。

Zig Bee 是一种低速率无线通信规范，它基于 IEEE802.15.4 协议的物理层和 MAC 层协议。Zig Bee 的网络层、应用层及额外开发的安全层协议由 Zig Bee 联盟规定。

Zig Bee 既非常适合无线传感器网络组建，也非常适合室内定位应用。目前，Zig Bee 联盟已经针对定位应用开发了许多成熟的解决方案，如 TI 公司推出了带硬件定位引擎的片上系统 CC2431。CC2431 的工作原理是：首先根据接收信号强度指示与已知信标节点位置，准确计算出待定位节点位置，然后将位置信息发送给接收端。相较于集中型定位系统，基于接收信号强度指示定位方法对网络吞吐量与通信延迟要求不高，在典型应用中可实现 3 ~ 5m 的定位精度和 0.25m 的分辨率。

（七）麦克风室内定位

麦克风阵列是指由一定的几何结构排列而成的若干个麦克风。它可以从所需要的方向采集声波，同时抑制其他方向的声音和环境噪声，具有很强的方向选择性。

麦克风阵列定位技术基于阵列信号处理。阵列信号处理最重要的任务就是确定波到达方向，而麦克风阵列的方向特性使其可以应用于定位领域，即声源定位。目前麦克风阵列定位技术可以分为以下几类：

1. 基于时延估计的定位技术

该方法通过获取麦克风阵列各节点之间的相对时延估计值来估计声源到各个阵元的距离，然后计算声源的位置。此类定位方法常采用广义互相函数法。

2. 基于信号到达时间差的定位方法

该方法是一种双步定位方法，首先估计信号到达不同麦克风之间的时间差，再乘以声速以得到距离差，进而通过几何关系确定声源的位置。

3. 基于最大输出功率的可控波束形成技术

该方法采用波束形成技术，其思路是对麦克风所接收的声源信号进行滤波，并通过加权求和形成波束，进而在整个空间内扫描，通过搜索声源可能的位置来引导该波束，最终使波束输出功率最大，该点就是所求的声源位置。

4. 基于高分辨率谱估计的定位技术

现代信号处理的发展涌现了众多高分辨率谱估计算法，大致可分为三类：第一类是基于线性预测的超分辨率算法，如最小方差谱估计、谐波分析法、最大熵法等，这是将时域谱估计方法推广到空域后得到的一系列算法，由于此类算法的前提是信号源在空间上是连续分布且为平稳的随机过程，故大大限制了其在真实环境下的应用；第二类是基于特征子空间类的超分辨率算法，如多重信号分类算法、旋转因子不变算法等，此类算法通过对阵列的接收数据进行分解（如奇异值分解），将其变为两个相互正交的子空间，一个为信号子空间，另一个为噪声子空间，再通过子空间分解便可找到分辨率很高的空间谱峰；第三类是子空间拟合算法，如最大似然、加权子空间拟合、多维多重信号分类算法等，此类算法的最大特点为在相干源情况下仍可进行有效估计，但其运算量很大，实时性不好。

（八）移动机器人同步定位与地图创建室内定位

移动机器人同步定位与地图创建（simultaneous localization and mapping，SLAM）主要用在机器人定位领域，是一个自适应室内定位系统。移动机器人同步定位与地图创建是指机器人在一个未知的环境中，从一个未知的位置开始，通过对环境的观测，递增地构建环境地图，并同时运用环境地图实现机器人的定位。目前，可以采用单个电荷耦合器件（charge coupled device，CCD）摄像头和里程计组合的方法来实现移动机器人的同步定位与地图创建。首先从多个不同角度获取同一场景的多幅连续影像，利用连续影像相邻两帧进行变化检测，以此来反求拍摄时相机头的旋转角度，在里程计信息的辅助下得到机器人的位置姿态；然后在此基础上，利用三角法计算特征点在当前机器人坐标系中的坐标位置，进而创建地图。该方法最大的干扰就是要求所拍摄的影像中不能有移动目标，如果有，必须去除移动目标才能进行解算，所以在实际应用中需要较多的人工干预。但它最大的优势就是成本低，节省了价格昂贵的激光与惯导设备。武汉大学的胡庆武教授基于这种方法提出了融合序列影像来辅助定位测姿系统（position and orientation system，POS）的方法，通过双目影像运动分析获取载体的位置与姿态元素，可保证载体的定位精度与定位测姿系统的精度一致。

综上所述，目前国内外研究者们提出了蓝牙、红外线、射频识别、无线局域网、超宽带、超声波等室内定位技术及应用系统，但由于大型公共建筑、场所（飞机场、体育馆、大型商场等）内对精确定位的需求高，室内定位移动基准站精度有限，卫星导航定位信号易受墙壁的阻隔且不能区分楼层等，因此当前室内导航技术需要解决定位精度问题和建设成本问题。不同的室内定位技术根据其定位性能有一定的应用局限，还没有一种普适化技术能满足当前所有的室内定位服务需求。表3-3、表3-4和表3-5为各室内定位技术的优势、局限性及综合适用场所。

表 3-3　各室内定位技术的优势

定位技术	优势
伪卫星	抗干扰性强，定位精度高，可达亚米级，定位精度小于 10cm
超宽带脉冲	功耗低，系统复杂性低，抗干扰性强，定位精度高，可达厘米级，为 10cm
Wi-Fi	覆盖广，信源多，系统可复用，部署灵活，定位精度为 3 ~ 5m
蓝牙	功耗低，成本低，定位精度高，部署简单，定位精度小于 2m
射频识别	标签成本低，功耗低，可以对标签内容进行读写，定位精度可达米级/亚米级
地磁定位	无须预先铺设信号源，硬件投入成本为 0，地磁信号稳定性好，定位精度高，可达 1 ~ 3m

表 3-4　各室内定位技术的局限性

定位技术	局限性
伪卫星	设备、部署和运营维护成本高
超宽带脉冲	基准站之间需要同步，难以实现大范围室内覆盖，且手机不支持，部署成本非常高
Wi-Fi	安装维护成本高，能耗高，抗干扰性差，有延迟
蓝牙	部署和运营维护成本高，覆盖距离短，信号在复杂环境下易受干扰
射频识别	作用距离短，安全性低，定位精度易受环境影响
地磁定位	技术门槛高，前期构建地磁基准图数据库工作量大

表 3-5　各室内定位技术的综合适用场所

定位技术	适用场所
伪卫星	机场、露天矿、城市监控、精准测量
超宽带脉冲	较高精度测量及需要较高精度定位的场所
Wi-Fi	机场、商场等
蓝牙	通常的小范围场地、停车场、工厂、医院等
射频识别	物流、管廊
地磁定位	商业中心、会展中心、地下停车库等

　　如读者想详细了解各室内定位技术的细节内容，请参阅其他介绍相关方法的书籍。国内外室内定位技术的研究现状、过程、主流技术及各种方法对比特点，可以参考阮陵等（2015）的观点。

　　另外，关于其他涉及地理空间信息定位方面的内容，如卫星遥感定位、航空摄影和倾斜摄影及无人机航飞摄影定位、三维激光扫描定位等。

第四章 信息化测绘地理信息采集与处理

测绘地理信息数据种类有很多（如影像、矢量等），其中矢量数据是地理对象最主要的信息载体，因此本章主要阐述矢量数据的采集与处理。

第一节 地理信息采集的信息化特征

地理空间信息是反映地理实体空间分布特征的信息，其主要内容包括位置信息、时间信息和属性信息。地理空间信息的采集、处理与更新是地理信息系统的关键，也是瓶颈。现代遥感技术、GNSS、三维激光扫描技术、数字测图技术，以及最近几年兴起的无人机航空摄影测量、倾斜摄影测量等空间数据采集技术构成了地理信息系统数据采集与更新技术体系。

与数字化测绘相比，信息化测绘是面向地理对象的要素级数据采集，采集的内容更丰富、更全面，适用于测绘成果信息化、地理信息数据库更新、地理信息服务等需求，不像数字化测绘仅以图幅为单位采集地理对象的几何信息。

下面详细介绍一下信息化测绘需要采集的主要信息。

一、位置信息

位置信息是指地理要素在地理空间框架内空间位置的分布关系信息，可以根据大地参照系定义，如（大地经纬度）坐标、高程，也可以定义为地理要素之间的相对位置关系，如空间上的相邻、包含等。为了精确描述物体的空间位置，通常借助数学方法，建立各种各样的坐标系来描述物体的位置。通过各种定位技术直接获取位置信息的相关介绍请参考本书第 4 章。

除了直接获取位置信息外，根据空间尺度的不同，空间数据的获取方法也有所不同。不同尺度空间数据对点位精度要求不一样，一般来讲，尺度越大，精度要求越高，尺度越小，精度要求越低。根据不同尺度要求，可以选择不同测量方法。我国规定 1：500 至 1：100 万 11 种比例尺地形图为国家基本比例尺地形图，其中，中比例尺地形图一般由国家专业测绘部门采用航空摄影测量方法成图，小比例尺地形图一般由中比例尺地图缩小编绘或者采用航空摄影测量方法成图，而城市和工程建设一般需要大比例尺地形图，比例尺为 1：500 和 1：1000 的地形图一般用平板仪、经纬仪或全站仪等仪器全数字化测绘，也可采用 GNSS 网络 RTK 测图。

随着大比例尺数据的覆盖范围越来越大、数据源越来越丰富，自动缩编或多源信息自动综合也正逐渐成为信息化采集的重要手段之一。

二、时间信息

基准时间是将空间数据生产统一在一个时间基准内的共同时点，统一作业时间是空间数据动态更新的时间基础。空间数据时间信息的采集一般由辅助采集器（计算机或者平板电脑）时钟进行。采集器时钟实时或者定时通过无线电波、网络、卫星等方法进行授时，保持时间信息一致性。采集器时钟一般固化性较差，时间信息容易受人为因素改动。针对这种情况，许多采集软件（如 EPS）将时钟固化到软件加密锁内，人工无法随意修改，定期进行时间核对修复，以保证时间采集信息的一致性。

信息化测绘要求实现地理信息库要素级的更新，因此与数字化测绘相比，地理要素需要扩展创建时间（指采集时间，即将地理要素录入计算机的时间）、修改时间、入库时间、出库时间、消亡时间等时间属性（将空间对象的诞生时间记录到空间对象的属性信息中，如房屋建成时间），以便实现地理要素的全生命周期管理。时间信息的采集一般由采集工具自动记录。

三、属性信息

地理要素的属性信息是对空间对象自身特征的语义性描述，如用地界线，除具有地理要素的分类编码属性外，自身还具有描述至东、西、南、北四个方向边界的四至信息，以及权利人、用地性质信息等属性。属性信息与空间对象二者不可分割，否则属性信息就会失去任何意义。例如，一块宗地具有很详细的属性信息，如果没有任何空间位置信息，将无法定位，无法查询周边空间情况。属性信息根据实体自身的不可删除性，可以分为基本属性与描述属性两类。基本属性（如分类代码）不可删减，否则实体信息将失去意义；描述属性则具有可扩展性，可以任意扩充、删减。位置信息也是基本属性信息，但因其空间特殊性而单列了出去。

属性信息的采集一般是调查录入，也可接入传感器数据，但需要预先定义好通信协议。

从以上叙述可以得知，信息化测绘的数据采集与传统测绘相比有如下显著的特征：

（一）面向地理要素采集，采集的内容更丰富、更全面

信息化测绘提供的是地理信息服务，这就要求地理数据采集必须是要素级的。采集的内容，除定位及几何特征等定量信息外，还大量增加了定性信息（如对象的分类）；除图形信息外，还增加了大量的属性信息，而且随着应用的不同，属性信息也有很大的不同；除静态信息外，还增加了大量的动态信息（如移动对象、流量等）；除实体对象自身的信息外，大量增加了对象间关系信息；除空间信息外，增加了时间信息；除特指的位置对象外，还有模糊概略的位置信息（如地名等）；为了最终的应用，还经常采集辅助对象（如道路中心线、小区范围线）信息；为了一库多用，同步更新，往往还需要将对象的信息一次性采集全。

（二）采集的方式更灵活多样

针对不同需要，除了精准定位，也可粗略定位；除了定位测量，也可只做定性调查；既可只有专业队伍测绘，也可全民测绘；既可现场新测，也可用网络等资源修编。

（三）采集的成果要求更高

信息化测绘阶段与数字化测绘阶段最本质的区别就在于对成果的要求（这里尤指矢量数据）不同。数字化测绘阶段的主要成果是数字地图，满足制图要求是对成果的最主要的要求；在信息化测绘阶段的主要成果是地理要素，要求必须保证空间对象信息的完整、正确、合乎逻辑、可回答问题。数字化测绘阶段为了满足出图要求，不得不在图面上增加很多"碎图"，但是却增加了大量的无效信息，无法满足地理要素的进一步应用要求。数字化测绘的成果是用来"看"的，信息化测绘的成果才是用来"查"的。

（四）数据结构及数据组织更复杂

以 EPS 为例，EPSW 是数字化测绘阶段的电子平板代表，到信息化测绘阶段已经逐步演变成地理信息工作站。作为电子平板定义的四个基本地物，如点、线、面、注记，已经演变成四种空间对象，并通过层、数据集、工作空间将其有机组织起来。每个地物对象包括分类编码，隶属于某一层，每层有对应的属性表。每个数据集包括一个模板，用以描述每个分类编码的符号与行为规范，EPS 通过多个对象统一的"组标识"管理组合对象。除此之外，EPS 通过"引入"的方式，兼容支持数字正射影像图、数字高程模型、数字表面模型（digital surface model，DSM）、点云模型等地理对象。

第二节　地理信息采集的标准化与模板固化

空间信息是借助于空间载体（图像和地图数据）进行传递、描述和表征的，信息传递与交换过程，必须充分考虑数据标准化和数据规范化，以保证信息传递过程的无异化。信息化测绘阶段要求地理信息从采集端开始就要面向地理要素对象进行表达和存储，因此所采集的数据信息要满足一定的信息化规范要求，并且要有强有力的技术手段保证规范能够得以执行。数据规范处理是标准化过程，而强制标准化则通过模板固化进行。

一、地理数据的采集标准

地理要素分层分类编码标准是地理数据采集最重要的标准。《地理信息分类与编码规则》（GB/T25529—2010）及《基础地理信息要素分类与代码》（GB/T13923—2006）是我国现行的地理要素分类编码标准。

分类编码是地理要素的重要标识之一，编码系统的不一致极大地阻碍了地理信息系统之间的数据交换，影响信息的无缝传递，进而影响数据采集软件与建库系统的交换，对数据动态更新造成新的数据异化。因此，设计一套科学编码体系，使数据生产平台与基础空间数据库基于同一数据标准体系，实现数据共享，具有极大的应用价值，也能保证动态更新顺利进行。

二、模板与标准化

在测绘地理信息软件中，通常用模板技术来实现和固化某一项工程所制定的数据采集标准，使标准得以有效、高效、正确地执行。模板的准确定义可以描述为"空间地理对象行为规范的固化表达"，它把数据标准（要求）、质量标准（要求）、技术设计等"技术规则"进行了固化，为数据的规范化、标准化提供了有力保证，实现了生产作业与技术规则制定的统一，所有生产者都按制定的技术规则作业。

模板是在 1994 年由山维科技公司在 EPSW 电子平板软件中提出的概念与方法，其主要内容包括地理数据表结构定义、数据分层分色方案、编码体系及符号化描述定义、数据转换对照表、出图设置、坐标系与比例尺、系统环境用户化设置及用户扩展属性表定义。模板技术是测绘地理信息软件使用的基础，是从事地理信息行业技术人员必须掌握的技术之一，不能深刻理解模板的原理和实质，就不能深刻理解地理信息的数据要求，也无法把握地理信息的针对性，最终无法提供地理信息数据服务。

地理信息系统模板的概念与图形系统模板的概念有所不同。例如，CAD软件中有一个模板文件，也可称为"种子"文件，其中包括了层、符号的定义，但在同一层上的符号不再分类（如代表不同类型道路的两条线无法放在同一图层），没有"地理信息编码"的概念；而地理信息系统的模板则要求必须是同一层、同样符号，完全可以根据对象的分类进行编码。类似于在CAD中，只能看到"某层内的某种线"，如果同样符号的两条线代表不同对象，则无法区分；而地理信息系统模板将编码作为分类，符号只是一种辅助表达方法，同样的线可以代表不同的地理对象类型。

地理信息系统要处理和管理多种类、多领域的数据，涉及的地理要素繁多，数据量大。模板的作用包括：一方面在于要保证系统自身运行规范统一、一体化，生产的数据符合国家、地方、甚至企业的标准；另一方面通过模板实现标准化也是系统与外部进行数据交换的基础，所以模板固化了符合我国国家及行业标准要求的标准体系，包括地理信息分类与编码标准及质量检查等各类空间信息的数据格式标准等。

地理信息系统的采集软件通过特定语言，将上述图式标准规范进行规则化、参数化表达，形成的数字化标准即为模板。其内置在软件中，程序在运行时动态获得模板中一系列预定义的参数规则（标准），控制系统面向信息化的数据采集、处理（转换、缩编、监理）整合、建库与更新等各环节进行操作，执行既定标准，称为"模板控制技术"。

模板控制技术实现了数据生产与技术标准的自动严密结合，同时也使得数据生产者与制定各种技术要求相分离，因此有效地保证了生产质量。

一个模板定制完成后，不同作业者在此模板基础上完成的数据工程都符合同样的标准。也就是说，模板控制技术强制了标准的实施，而模板又是开放的，当标准发生变化，只需按新标准修改模板再作业即可。不同行业的用户都可根据本行业的标准规范灵活定制满足不同标准的模板，以解决和适应不同地区不同特点的地理信息处理要求，使系统在不同环境下的应用变得灵活而不失规范，适用性强。

模板控制技术不但保证同一生产过程的不同作业者使用同一模板作业，达到作业成果的统一，实现标准化的规模生产，而且在不同生产过程都能保证执行统一的既定标准，如外业、内业、建库等使用统一的模板，从源头上保证了数据的一体化生产，简化了生产流程。

三、模板的主要内容

在模板中，可以定义地理数据的分类编码、分层、颜色、线型、比例尺、图式符号、坐标系统、投影信息、属性数据结构、图幅分幅方案、图号计算公式、数据转换方案、数据检查方案、缩编规则等标准内容，记录并保存地理信息系统数据采集及处理所必需的一系列初始条件。

下面重点介绍模板中必须定义的主要内容，即要素分类、注记分类及图式符号定义。

（一）要素分类

在测绘地理信息领域，如果空间对象只有空间位置和几何形状信息，则无法实现空间对象的利用与管理，因此需要对空间对象进行属性信息的"描述"。每个空间对象都有其不同的特性，除了位置不同、形状不同、应用环境不同、价值不同外，历史沿革甚至也不同。但不同的空间对象又存在很多"共性"。首先需要对其进行分类，如分为"高速路""路灯""房屋"与"河流"等，就形成了空间要素分类；其次，需要对不同分类进行共性的描述结构定义，如"道路名称""路灯管理机构"等。以上统称为地理空间采集要素分类定义。空间地理对象因为其可视化、面向专题应用的特点，其分类规则也显著不同。例如，道路"限速牌"对象，在研究全国地理国情专题时不关心，所以不需要采集，因此也不需要在模板中定义；而对于导航地图专题研究来说，"限速牌"是司机在驾驶过程中非常关心的对象，所以就需要在模板中定义并采集。

制作模板时，可以将国家标准规范《地理信息分类与编码规则》及《基础地理信息要素分类与代码》作为地理要素分类编码的基本依据，如表4-1所示。

表4-1　要素分类

Code	Object Name	Layer Name	Type	Line Type	Line Width	Line Color	Filter	Explode	Geo Type
380506	假石山	居民地设施点	0	1	10	7	0	0	0
430101	地铁	铁路	2	2	18	257	0	0	1
310301	建成房屋	居民地	5	3	10	7	0	0	2

关键字段说明如下：

1.Code

要素分类代码，是针对特定的应用解决方案，每个分类要素的唯一标识。符号、属性等信息都是通过这个代码进行关联。例如，表4-1中，380506为假石山的代码。

2.Object Name

要素分类名称，是中文名称，如铁路、居民地等。

3.Layer Name

分层名称，属于地理对象分层，是一种分类。一般同层有一定共性，如道路层、水系层。也可根据应用的需要进行分层，从显示的角度统一进行显示或隐藏。同层的对象应满足拓扑一致性，不可交叉与重叠。

4.Type

符号类型，有 0 ～ 6 共 7 个整数值可选（所有符号类型的详细描述可参见 §4-3 内容）：0 表示点符号，也称为 G 类符号，即以测量的定位点为基础，插入独立符号，符号可以有方位角度，也可以指向北方或者指向图框上方，如指北针、控制点、污水算子等；1 为一般线，也称为 L 类符号，即有颜色、宽度的单色线，如河流边界线等；2 为智能控制线，也称为 LC 类符号，其整体属于线，但绘制符号时可按各种要求控制形状，如围墙，以一条定位线为主线，其符号是绘制一定宽度平行线的同时，每隔 10mm 在平行线间插入平行线间宽的小短线；3 为折线，包括独立线段，也称为 P 类符号，其以折线的端点为定位基础，绘制符号，如电力线，既要在端点插入圆圈子符号（符号内的符号称为子符号或图元），又要由两端点向相对方向绘制箭头图元；4 为框架结构，可以是面或线，也称为 Y 类符号，包含由 YACC 解译的语法规则，以顺序的序列点（称为框架）为定位基础（原定位），可推导计算新定位，根据原定位或新定位插入图元或绘制各种形状，如龙门吊，是将铁轨两端 4 个定位点作为框架，在中间特定位置绘制交叉虚线，框架结构既可以由测量定位点构成，也可以由在定位线上编辑插入的点构成，如路面上的桥，可以在路面的边界上插入几个点作为框架，使路桥浑然一体；5 为面符号，称为 H 类，既可填充图元，也可填充颜色、图案等，填充图元可填单一图元或按一定规则插入的图元群或混合图元群，填充颜色可使用渐变、透明，填充图案可保证像元不变拼合，也可允许缩放；6 为带状变宽类，称为 S 类，是符号内编程生成的符号，需要配置编程用到的要素，如配置斜坡符号，要定义坡顶图元、坡底图元、示坡长线图元、示坡短线图元、转点标识、示坡对应位标识等，程序会自动解译绘制对应符号。

5.Line Type

EPS 数据类型，取值分别为：1 表示点，2 表示线，3 表示面，4 表示注记。

6.Line Width、Line Color

符号中默认的线宽与颜色。如果符号在内部有定义，以内部定义为主。

7.Filter

过滤，表示转换、显示过程中没有内容，如空线、空面、空点、空注记，一般用于子符号或图元。

8.Explode

打散，表示在这个级别的符号需要按照规则打散到下一级，即本级的符号由下一级的符号描述。打散是本级符号拆开到下级符号，本级消失。例如，围墙，可以用边线与"连续短线"的"线"组合，打散后"连续短线"作为独立线，如果继续打散，则拆解为各个短线。

9.Geo Type

几何类型，取值分别为：1 表示点，2 表示线，3 表示面。注记也分为点、线、面方式。

（二）注记分类

注记分类如表 4-2 所示。

表 4-2　注记分类

分类号	层名	串角度	字体	字宽	字高	字隔	字磅	字倾角	字角度	耸肩角度	是否画下划线	字头朝向	对齐方式
100012	高程点	0	方正中等线体	300	300	0	400	0	0	0	0	1	2
300019	居民地注记	0	宋体	320	320	0	400	0	0	0	0	1	0
200012	次要水系注记	0	宋体	530	530	0	400	-15	0	0	0	1	0

关键字段说明如下：

（1）分类号，特指注记的唯一分类代号。

（2）层名，与前同义。

（3）串角度，针对直线排列的字串的方位角。

（4）字体，针对 Windows 操作系统选择的字体。

（5）字宽、字高，是 1/100 毫米数，字体一般都留有无字的空白区，这个数不等于严格的字的覆盖宽高。

（6）字隔，指字的间隔，即从一个字的右下角到后一个相邻字的左下角的距离。

（7）字磅，相当于字的沉重度，表现为笔画的粗细，根据各个字体的规定设定。

（8）字倾角，指字的上下边界平行、字整体倾斜的角度。例如，右倾可理解为一个长方形上边向右移动，直到右边与底边形成相应角度。

（9）字角度，指字串中每个单字的旋转角度。

（10）耸肩角度，指字左右边界平行、字整体倾斜的角度。例如，右耸肩可理解为一个长方形右边向上移动，直到底边与原底边形成一定角度。

（11）是否画下划线，当其为1时，字串下面加一条线作为强调标志。

（12）字头朝向，以定位线为基准，可以选择切线、法线、正北、图幅向上等。

（13）对齐方式，指字串沿线对齐规则，可选0（中心）、1（左上）、2（左下）、3（左中）、4（右上）、5（右中）、6（右下）、7（中上）、8（中下）。

（三）图式符号定义

针对分层分类表中每个编码要素的图式符号，通过多行语句具体描述符号的绘制过程。图式定义参考国家相应比例尺标准，如《国家基本比例尺地图图式第1部分：1∶500 1∶1000 1∶2000 地形图图式》（GB/T20257.1.2017），如表4-3所示。

表4-3　图式符号定义

字段名称	字段含义	说明
Code	EPS 编码	地理要素的唯一编码
Seq ID	序号	顺序不同，显示效果不同
Details	详细描述	解析规则的详细描述

四、模板制作的要点

地理空间数据标准遵循国际、国内的相关规范、标准等准则，但是由于基础空间数据自身特点，需要针对实际应用在国家相关标准规范基础上进行修改，制定本地化基础空间数据标准，这是基础地理信息系统建设的一项重要技术工作，涉及诸多的技术问题，直接影响最终地理信息系统建设的科学性、合理性、有效性和实用性。

模板制作过程中要注意如下几点。

（一）通过深入的需求调查，确定空间数据标准的各项内容

一般需要在对本地基础测绘、城市规划管理、城市规划设计及"数字城市"等其他各部门进行系统、深入调研的前提下，采用问卷调查、会议座谈、资料查阅等多种方法，在参考《基础地理信息要素分类与代码》《国家基本比例尺地图图式第1部分：1∶500 1∶1000 1∶2000 地形图图式》《城市基础地理信息系统技术标准》（CJJ/T100—2017）等的基础上，结合项目的需求，首先制定面向地理信息应用服务的基础地理空间数据内容，在此基础上依次制定编码规则、符号规则、分层规则、属性结构、数据交换与功能要求，整体技术路线如图4-1所示。

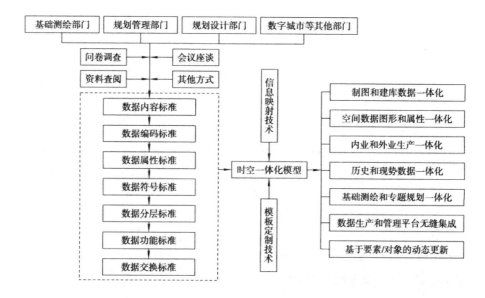

图 4-1 整体技术路线

（二）确定地理数据内容

地理数据内容主要包括三个部分：

1. 传统的测绘要素

传统的测绘要素内容，包括行政区域、房屋、道路及相关设施、植被、铁路、水系、水利设施、管线等，都是必不可少的地理要素内容，这些地理信息的组织和表示方法仍然依据现有的国家图式标准和分类代码进行；

2. 地理信息系统

面向地理信息系统改造而增加的城市基础地理框架数据，如房屋面、道路面、水系面、绿地面、道路中心线等；

3. 特定用户的要素

面向特定用户的要素内容，以需求作为突破口，对信息化测绘的信息进行组织、采集、建库。

（三）确定要素分类代码与图式

分类与编码应与现行的国标或行标有关分类和代码体系兼容，主要的依据标准是《基础地理信息要素分类与代码》和《国家基本比例尺地图图式第 1 部分：1：5001：10001：2000 地形图图式》。数据标准修订时，不应破坏现行标准 GB 代码和 GB 图式的分类与代码体系。代码体系按可扩充性原则进行编码，在保证地理信息要素分类科学、描述准确的同时，为适应地方空间数据采集、生产及图式符号表达等需求，形成具有地方特色的代码及分类体系。

（四）确定各类要素的几何分类

按照地理信息系统空间表达特点，将地理要素表达类型分为点、线、面三种，具体表述如表 4-4 所示。

表 4-4　要素几何分类

分类	说明
点	各种点状要素，包括无向点和注记
线	各种线状要素，包括简单线、复合线、有向点、线条注记
面	由闭合线构成的面状要素

（五）确定各类要素的符号分类

依据各类地理要素空间形态与构造特点，将其分别划归到 G 类（点地物）、L 类（简单线）、LC 类（复合线）、P 类（两点比例线）、Y 类（四点结构）、H 类（规则填充）、S 类（带状变宽）七大类中，并按各自特点设计相应的符号描述规则与动态符号化方法，以实现全部简单地理要素（G、L、LC、H）与复杂地理要素（P、Y、S）的符号化表达。

（六）确定各类要素的分层与颜色

在大类基础上，按照空间类型进行数据分层、分色，以满足数字地图显示或制图的要求。

（七）确定各类要素的属性标准

地物属性包括基本属性和扩展属性，基本属性包括坐标、编码、层名、颜色、线型、创建时间、修改时间等；扩展属性（如房屋的用途、道路名称、单位名称等）可根据实际需求进行扩充。扩展属性以属性列表形式定义，一般由 ID、Feature GUID 加扩展属性组成。

第三节　动态符号化技术

一、传统符号化存在的问题

图式符号是地理信息数据可视化表达的基本图形元素，对地（形）图来讲，即国家（或城市）标准中的图式。符号化就是将地理对象进行形象化展现的过程，颜色、线条、符号、文字都是符号化的具体表现形式。在近20年地理信息技术用于测绘的发展历史中，始终存在着一个严重的问题，那就是在传统技术条件下，测绘成果不能"立即"用于地理信息应用，因而丧失了很多服务于社会的机会。例如，提供的地形图中，等高线穿过房屋、陡坎斜坡时，为保证图面美观需要断开，但是断开的等高线无法进行土方计算。又如，电力线在空中，与地面数据经常交叉，为了图面清晰，电力线只在拐点处表示电杆和走向，电杆之间是没有连线的，在这种地图上显然是无法统计电力线长度的，所以这种空间数据是无法满足城市地理信息系统应用需求的。

另外，在地理信息系统中能够管理高度信息化的数据，但是始终不能自动产生美观易读、满足规范要求的地图。例如，地理信息系统管理着海量的地理信息数据，经常需要以地图形式对外提供服务，但大多数地理信息系统却无法严格按规范生成地形图。又如，需要多层叠加出图时，需要突出主要部分，但次要部分也需要。这时地理数据因为需要完整，就使图面负载很大，就要"处理掉"一些信息。而同一对象既要切除一部分，还要保持信息完整，传统系统几乎都难以实现。

也就是说，满足图面要求的测绘成果不满足地理信息系统信息化要求；满足地理信息系统信息化要求的数据无法输出满足规范要求的地图。究其原因，就是因为没有解决好"地理对象的整体符号化"问题。

虽然每个系统都有符号系统，但都不能全面、完整、彻底解决对象与符号完全一体化问题，导致事实上任何测绘单位都有地理信息数据与图形数据两套成果，互相之间缺少一致性关联，需要各自维护，随着时间的推移，最终甚至没有人能说清楚哪个数据是最新的。

可以说，"符号化"关系到"测绘成果信息化"；解决不好"符号化"，就不可能全面实现地理信息对应用的服务。但是彻底解决符号化的问题是有难度的，主要原因如下：

（一）基于 CAD 开发的平台

其数据结构已经固定，同时又不是专业面向测绘的平台，也不是面向地理信息系统的平台，二次开发到一定程度后就不可能发展了。在一个不是从底层开发的非专业系统上开发的地理信息系统，不可能解决好符号化存在的所有问题。

（二）基于地理信息系统的平台

出图不是其主要目标，在面向测绘生产上有欠缺，也难以适应作业的灵活使用。

（三）符号化需要制图专业与软件专业的综合经验

还要顾及多种应用、满足标准及数据交换，存在较大难度和不确定性。

二、静态符号化与动态符号化

目前的 CAD 软件和地理信息系统软件均能支持简单地理要素的符号化，但对于复杂的地理要素则只能用碎化的图形表示。例如，一些 CAD 软件用图块表达点状要素，用线型库中的线型表达线状要素，用规则填充表达面类要素；一些地理信息系统软件则用预定义的点符号表达点类要素，线面要素表达方法与 CAD 相同。对于大比例尺中常见的桥、台阶、通道、斜坡等复杂地理要素，两者均没有相应的整体符号化方法，只能用碎化的基本图形元素表示，即碎图。碎图只能满足地形图显示与打印需求，无法满足地理信息建库与查询、统计、分析等地理信息应用层面的需求。碎图的存在不仅增加了存储冗余，更严重的问题在于由此带来数据无法同步更新、数据的不一致性等一系列问题。因此，降低了测绘产品的内在价值，缩小了测绘产品的应用范围，成为地理信息数据社会化应用最大障碍。

（一）静态符号化

根据定位信息一次生成符号后，当定位数据变化时，原来的符号不会跟随改变，而需要删除，新的符号需要重新生成。这种符号化的方式为静态符号化。例如，为了表达棚房与砖房的区别，棚房范围线每个角上用平分线画一条短线作为符号。静态符号化生成的短线是一条单独的线，与范围线没有关系。当范围线发生变化时，移动某个角点后，短线就会"孤零零"地留在原地，与范围线脱离。要想正确表达符号，就要删除原来的短线，再在新位置生成一条新的短线。绝大多数数字测图软件都采用静态符号化。

（二）动态符号化

在显示或打印输出时刻，依据预定义的符号规则和地理实体骨架线及其相关信息实时生成图式符号的过程，称为动态符号化。该过程不需要另外独立存储任何符号信息，定位信息发生变化时，符号自然会同步改变。对地理对象的动态符号化支持程度是衡量数字测图软件空间数据信息化程度及绘制地形图自动化程度的重要标志，尤其在大比例尺成图时更明显，因其需要表达的图式符号特别多。

动态符号化解决了国家或城市基本地形图中"碎图"的问题，使生产的测绘数据即地理信息，在制图层面完全满足动态打印出图需求，在地理信息系统层面又完全满足地理信息数据建库与应用的需求，所以可以毫不夸张地说，动态符号化彻底解决了测绘成果的信息化问题。

三、动态符号化的技术基础

（一）需要有以地理对象信息为参数的符号规则

地理对象可用的信息包括各个序列点的坐标、对象的属性等，可分为基本属性与扩展属性。坐标信息是每个对象必然有的属性，称为基本属性，约定用<>表示，如< X >< Y >等；其他属性，如道路名称等不同对象单独定义的属性，称为扩展属性，约定用 [] 表示，如 [道路名称]。一般在模板的符号描述规则中会用这些属性控制符号的显示，如"L0.5"表示沿线左偏 0.5mm、"T，0，0，[道路名称]"表示在相对定位点的（0，0）位置上注记道路名称。

（二）快速大量运算的能力

地理空间数据量大且复杂，动态符号化要求随时浏览显示，对运算速度要求高，所以符号化过程的算法极其重要。

（三）交互界面的适应性

无论显示、打印、分割文件等，符号的表现与图廓、绘图、绘图范围、比例尺、绘图纸都有关联。因此，符号化也要兼顾这些方面，称为辅助规则。

（四）对象图形特征描述规则与存储

对线、线上的点、线上的符号进行特殊化处理等，需要在对象上加强描述，包括数据与绘制方法规则。除此之外，可能还需要在几何点上和对象上加入"图形特征"数据结构，支持符号的精细化和个性化处理。

四、动态符号化的符号类型

依据地理要素空间形态与构造特点，地理要素的符号类型可分为 G 类（点地物）、L 类（简单线）、LC 类（复合线）、P 类（两点比例线）、Y 类（四点结构）、H 类（规则填充）、S 类（带状变宽），共计七大类，如表 4-5 所示。

表 4-5　符号分类

几何类型	符号类型	代码	类型说明	图示举例
点	地物点类	G	G类，指具有一定大小、颜色和方向的点状符号，如控制点、路灯	
线	简单线类	L	L类，指具有一定线型、宽度和颜色的实线	
	复合线类	LC	LC类，按一定步距连续均匀地插入基本绘图指令、图元或文字而形成的线性符号，又称线性均分类或循环类，如陡坎、小路、围墙	
	两点比例线类	P	P类，根据两个基本点定位的、与基线平行并可按基线长度比例缩放的线性符号，如电力线、广告牌	
面	规则填充类	H	H类，在指定范围线内按一定规则均匀填充的面状符号，如果园、建筑物	
	四点结构类	Y	Y类，由4个基本点定位的、可按双线性变换规则自由缩放的面状符号，又称四点类，如木板桥、龙门吊	
	带状变宽类	S	S类，由左右（或上下）边界线界定的、可在纵向规则填充的带状变宽类符号，如斜坡	

五、动态符号化过程中的个性化处理

按模板中的符号分类与相应的符号描述规则可以实现大部分地理对象动态符号化效果，满足地形图正确表达需求，但完全按这种看似标准化的方法却无法解决个性化问题。在长期生产实践中，人们发现并总结出具体地理对象符号化时的个性化问题，并逐渐认识到，这些所谓的个性化问题其实也是符号化过程中的普遍性问题，只是此前未被广泛地发现而已。为表述方便，将其称为"动态符号化过程中的个性化现象"，下面介绍常见的八类个性化现象及具体解决方法。

（一）类点地物属性标注位置的个性化

地形图中一般要求将高程点、控制点、属性点的属性值按预设偏移量动态标注在点位右侧，但这样做难免会造成图形间相互压盖的不合理现象，轻则影响图面美观，重则导致图面误读。此类现象称为 G 类点地物属性标注位置的个性化（图 4-2）。动态符号化要实现在不破坏对象整体性（不打散为碎图）的前提下，允许点地物属性标注依据图面情况随机移动。

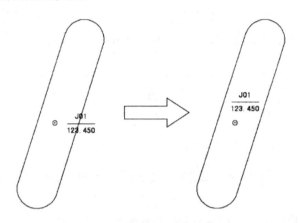

图 4-2　G 类点地物属性标注位置的个性化

图 4-2 中，左侧位于花坛内的图根点标注为原始位置，压盖花坛边线；右侧为正确处理后的图面。移位后的属性标注与图根点仍然是一个整体。

（二）LC 类复合线型宽度的个性化

简单实线变宽，几乎所有图形软件都支持，但复合线的线型变宽就是一个难题。以围墙为例，大比例尺地形图中围墙的宽度是需要表达的，尽管一般情况下围墙的宽度约等于 0.4m，但确有 0.25m、0.5m 或更宽的围墙存在，为每种宽度围墙定制一个线型不科学，实际也不可能。此类现象称为 LC 类复合线型宽度的个性化（图 4-3）。动态符号化允许在对象基本属性中设置具体线地物的线型宽度，有效地解决了动态符号化过程中个别地物线型随机变宽的问题。

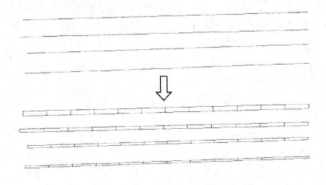

图 4-3　LC 类复合线性宽度的个性化

图 4-3 中，上半部分是四条围墙的骨架线，下半部分表现不同宽度的符号化后

图形。

3. LC 类复合线型起点位置的个性化

按标准步距从线头开始绘制的线型符号在特别情况下会出现图面冲突问题，如间距较小，同向平行绘制的坎线的坎毛容易叠加在一起，出现图面表达错误。此类现象称为 LC 类复合线型起点位置的个性化（图 4–4）。

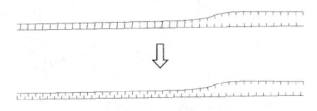

图 4–4　LC 类复合线型起点位置的个性化

图 4–4 中，上半部分是两条相向陡坎的错误符号化表达，下半部分是线型绘制起点调整后的正确符号化表达。

（四）LC 类复合线型步距的个性化

按标准步距绘制虚实交替线型，几乎所有图形软件都能较好地支持，但这种方法对于目前广泛存在的城市高架桥墩柱的图形化表达却无能为力。按规范要求，孤立的高架桥墩用实线表示，完全被桥面覆盖的高架桥墩用虚线表示，而对于部分被桥面覆盖的高架桥墩，被覆盖部分用虚线表示，未被覆盖部分用实线表示。此类现象称为 LC 类复合线型步距的个性化（图 4–5）。动态符号化要实现具体虚实交替线型可按线段（这里的线段是广义的，包括被特征点分割的多点线）而不是按步距交替绘制，从而彻底解决此类图面表达的难题。

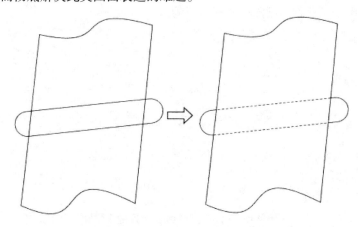

图 4–5　LC 类复合线型步距的个性化

图 4-5 中，左侧是被桥面覆盖的桥墩全用实线绘制，不符合规范要求；右侧桥墩被覆盖部分用虚线绘制，为正确表达。处理后的桥墩整体性未变。

（五）P/Y 类节点图元插入的个性化

大比例尺地形图中标准公路桥（Y 类）的两端各有两个呈"八"字的示意圆，但是如果某一端连接了一个建筑物（如桥头堡），则该点就不能再插入图元了；低压电力线（P 类）每个节点都要有一个小圆表示电线杆，但如果某电力线端点入地、入房或连在变压器上，则该点就不能再插入表示电线杆的小圆。此类现象称为 P/Y 类节点图元插入的个性化（图 4-6）。

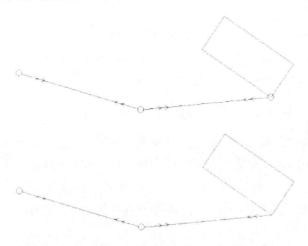

图 4-6　P/Y 类节点图元插入的个性化

图 4-6 中，上半部分是电力线一端入房的错误符号化表达，下半部分是入房电力线的正确符号化表达。

（六）H 类面状地物填充密度的个性化

按标准纵横间距均匀填充面状地理要素（如旱地、林地），当面积非常大时，图面会显得过于厚重，有失美观。规范中对于此类情况允许适当调节填充密度，以期达到较好图面效果。此类现象称为 H 类面状地物填充密度个性化（图 4-7）。动态符号化技术有效地解决了个别地物填充密度随机变化问题。

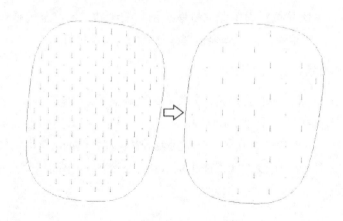

图 4-7　H 类面状地物填充密度的个性化

图 4-7 中，左侧是填充密度未经调整前的稻田地，由于面积过大，图面显得过于厚重；右侧是填充密度调整后的正确符号化表达。过程中面状稻田的整体性未变。

（七）S 类带状变宽类地物纵向填充步距的个性化

按标准步距纵向填充的带状变宽类地物（如斜坡），当地物跨度非常大时，图面也会显得过于厚重，有失美观。规范中对于此类情况允许适当调节填充步距，以期达到较好图面效果。此类现象称为 S 类带状变宽类地物纵向填充步距的个性化（图4-8）。动态符号化需要解决符号化过程中个别地物填充步距随机变化问题。

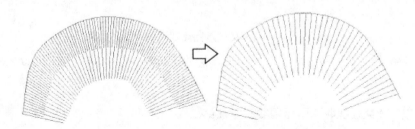

图 4-8　S 类带状变宽类地物纵向填充步距的个性化

图 4-8 中，左侧是填充密度未经调整前的超大斜坡，图面显得过于厚重；右侧是填充密度调整后的图形，过程中斜坡的整体性未变。

（八）同一地理要素符号样式的个性化

在城市管线图中，同类管线（如排水线）中，探明管线用实线表示，推测管线用虚线表示；在土地利用图中，面状图斑使用统一编码，即属于同一类地理要素，但不同地类（如农田、建筑、水系）的面状图斑要求用不同的符号表示。此类现象称为同一地理要素符号样式的个性化（图 4-9）。动态符号化技术实现了根据具体地物属性值自动选择预设的线型（点类、面类）符号，有效地解决了动态符号化过程中同一地理要素（同一要素编码）符号样式随机变化问题。

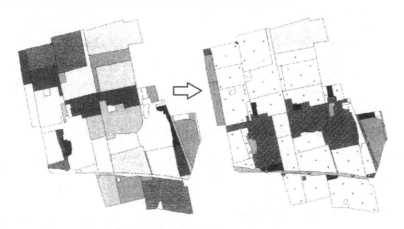

图 4-9 同一地理要素符号样式的个性化

图 4-9 中，左侧是用骨架线绘制的同一编码的土地图斑面，右侧是根据地类属性值动态配置的符号化表达。过程中图斑面的整体性未变。

六、依附于节点的空间特征信息在动态符号化中的作用

符号分类充分考虑了地理实体空间形态与构造特点的全局性，而动态符号化过程中要实现符号化结果能够符合标准地形图出图要求，还必须考虑地理实体空间特征的局部构成。例如，用一条闭合线表达的斜坡，符号过程中就需要知道坡上线部分与坡下线部分在哪个节点分离（转折点）、复杂斜坡的分水线和合水线有多少个、如何表达等。为此，动态符号化技术将依附于地理实体坐标点的局部空间特征信息、按用途进行分类，并将生产过程中采集的各种空间点位标志信息（共计 16 种）记录在坐标点的基本结构中，用以指导动态符号化过程中的软件行为，如表 4-6 所示。

表 4-6 空间点标志说明（部分）

序号	代码	标志名称	标志说明与用途
1	O	起点 （Origin Point）	LC 类符号绘制的起点，一条线中可以有多个起点
2	T	转折点 （Turn Point）	结构类、带状变宽类地物骨架线中左右或上下边线的分界点
3	F	特征点 （Framework Point）	结构类地物的符号定位点，斜坡类地物的分水线、合水线配对点
4	B	断点 （Break Point）	线状地物骨架线中不需绘制内容（跑空）的起止点

续表

5	E	平滑点 （Erase Point）	P、Y 类骨架线中禁止插入点符号的节点
6	L	接边点 （Link Point）	也称连接点、接驳点，主要用于标识由裁剪而产生的线地物端点；该点往往没有实际意义，如电力线被裁剪，其端点就不可能是电杆点

七、动态符号化技术解决的数据生产与应用实际问题

动态符号化技术有效解决了测绘生产与地理信息应用中诸多实际问题，主要体现在以下四方面。

（一）生产效率与数据质量问题

采集数据时，可以只关注地理要素骨架线采集与属性信息采集，地物的符号化完全自动化，杜绝了"碎图"存在，提高了数据的信息化程度。当地物骨架线被修改后，符号化细节也随之发生改变，明显提高了生产效率，增强了数据质量。

（二）数据转换问题

测绘生产的数据经常要转换成 DWG、DGN、SHP 等常用软件的数据格式，动态符号化技术使完全用"要素骨架线＋属性"表达地理要素成为现实，而这种数据转换为其他格式数据更方便，并且可做到转换过程中信息无损。实际上动态符号化技术在系统中有两大作用：一个是本节中讨论的图形表达层面，即符号化问题；另一个是跨平台数据转换问题，后者将作为专题进行讨论。

（三）地理信息应用问题

在动态符号化技术的支持下，地理信息系统里的数据完全面向对象，杜绝了"碎图"存在，可以直接用于统计、查询、分析等地理信息应用需求。用这种数据建成的地理信息系统数据库，在同时拥有上述优点之外，还有数据库数据标准化程度高、数据信息密度高、数据总量小、数据更新维护方便等特点。

（四）梯次比例尺数据综合与缩编（以下简称缩编）自动化问题

自动缩编一直是地图缩编追求的终极目标。显而易见，完全只有骨架线形式的数据使地图缩编自动化更容易实现，使从基本比例尺数据缩编到下一级比例尺数据的生产成本能够大幅降低。

八、动态符号化技术对跨平台的支持

动态符号化技术不只为自身系统服务，还可以被嵌入多种形式的组件，通过第三方软件提供的开放性接口，植入对方系统，发挥软件运行时显示与打印过程中动态符号化作用。目前使用 EPS 动态符号化技术的有 Arc GIS 应用（Arc Syml）、Auto CAD 应用（Auto CAD Syml）、Oracle Spatial 应用（Oracle Syml）及 Super Map 应用（Super Map Syml）等，已经在生产中得到广泛应用。

第四节　跨平台数据转换技术

每一个地理信息系统或 CAD 平台软件都有符合自身特点、满足自身需求的专用数据格式，数据格式多样性是测绘地理信息产业发展的必然结果。虽然不同系统的数据格式对同一地理实体表述的方式存在差异性，但表达的内容或信息却存在一致性，当需要建库时，异构不同格式的数据必须转换成为统一格式的数据。但是，严格说来，数据结构组织不同，特别是地理信息对象定义不同，完全实现互相转换是很困难的。

地理信息系统前端采集及处理系统中地理数据的特点首先是面向外业数据采集与内业处理，产生的数据必须可以输出为 Arc GIS、DWG 等格式的数据。面对众多的数据格式，必须设计一种所含信息比较全面甚至有些冗余的数据结构，再加上信息映射机制，解决跨平台异构数据转换这一技术难题。这样的一种数据结构模型是一种能够充分满足地理信息系统关于地理信息描述需求的、具有开放性特点的、面向对象的结构化模型。信息映射机制的理念基础是"符号为信息的嵌套与组合"，数据转换的核心工作就是符号的组合与分解，跨平台转换的过程就是"符号的信息逐级分解与取舍"的过程。

动态符号化对象的定位信息不变，符号可以万变。用不同的符号嵌套组合，可实现不同的符号效果，而不同的符号效果，可与转换的对象相适应。因此，动态符号化技术是信息映射机制和数据转换的核心支撑技术。

一、面向信息映射的数据结构模型

本节以 EPS 地理信息软件为例来阐述面向信息映射的数据结构模型。

（一）EPS 数据结构模型的信息分类

生产需求是地理信息系统采集软件进行数据结构设计时的主要出发点，信息分类是其数据结构设计的重要手段。要建立一个科学的数据模型，科学的信息分类是

前提和基础。EPS 数据模型从行业需求出发，将表征地理实体的信息分为要素分类编码、数据标识信息、图形信息、图形特征信息、属性信息、时态信息、工程信息、外部信息八类，涵盖了有关地理数据实体客观描述及生产维护等的方方面面，如表4-7所示。

表 4-7　地理要素信息分类

序号	分类名称	分类说明
1	要素编码 （Feature Code）	地理要素的分类标识代码，即要素分类编码
2	数据标识信息 （Object ID）	实体对象在数据空间中的唯一性标识信息，数据标识一旦生成，在数据生命周期内保持不变
3	图形信息 （Graphics）	描述实体对象的地理空间位置与基本几何形状的图形化信息，如点状地物的空间位置与方向、线状或面状地物的空间位置与基本几何形状（骨架线）
4	图形特征信息 （Symbol Reference）	用于基于骨架线形式的地理要素动态符号化显示的个性化特征信息，如转点、断点、关键点等与空间点位相关的标识信息，以及调整面状填充效果的参数等
5	属性信息 （Attribute）	描述与实体对象自身特征及社会应用等相关的数量、质量、状态的信息，如房屋的结构、层数、权属、年代等
6	时间信息 （Date Time）	实体对象的生成、修改、入库、更新等信息
7	工程信息 （Project ID）	通过工程编号可以获得有关数据来源信息，如生产者、检查者、施测方法、仪器设备等
8	外部信息	数据转换过程中，从其他数据文件读入的、未经本地化的、原生态属性信息

（二）EPS 数据结构模型框架

EPS 数据结构模型由四部分构成（图 4-10）：空间信息结构描述、基本属性结构描述、扩展属性结构描述与外部信息结构描述。

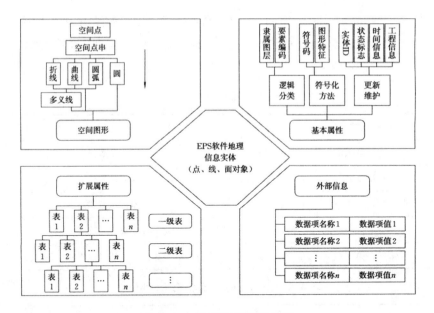

图 4-10　EPS 数据结构模型

1.空间信息结构描述

用于承载描述实体对象地理空间位置与基本几何形状等图形化信息的数据结构，决定实体对象是否存在及其存在的骨架信息部分。

2.基本属性结构描述

用于承载描述实体对象逻辑分类、图形特征、时态信息、工程信息等各类对象共有的公共数据结构，是属性数据结构中与对象自身相关的固化部分。

3.扩展属性结构描述

用于承载可由用户自我定义、自我解释、格式统一、管理规范、关于地理实体专业管理与应用层面属性信息的数据结构，是属性数据结构中与具体应用相关的随机部分。

4.外部信息结构描述

用于承载数据转换过程中，从其他数据文件读入的、未经本地化的、原生态属性信息，外部信息数据运行时刻产生、没有固定形态、不作为永久性保存，是属性数据结构中与具体功能相关的临时部分。

（三）EPS 数据结构模型要素

1.空间点

EPS 中的空间点由一个空间点结构描述（表 4-8），有别于传统地理信息系统软件，EPS 空间点结构不但包含空间点三维位置信息（X，Y，Z），还包含空间点属性信息（Name，Flags）。其中，空间点标志（Flags）是一个可容纳 16 种信息的组合值。在 EPS 系统中，空间点标志非常重要，是 EPS 数据能够完全动态符号化得以实现的基本支柱，其信息如表 4-9 所示。

表 4-8 EPS 空间点结构

结构成员	数据类型	名称	用途
X	双精度数值	点位 X 坐标	空间位置维度
Y	双精度数值	点位 Y 坐标	空间位置维度
Z	双精度数值	点位 Z 坐标	空间位置维度
Name	字符串	点名	记录外业采集点名称或地物简码
Flags	16 位短整型数值	空间点标志	用于描述空间点来源、性质及地理实体空间特征等信息

表 4-9 EPS 空间点标志描述（部分）

序号	标志名称	标志说明	用途
1	Survey Point	实测点	使用测量设备实际观测获得的坐标点，测量成果验收中往往要统计实测点在图幅中的比例（其他点有解析点、插入点、接边点等）
2	Turn Point	转折点	结构类、带状变宽类地物骨架线中左右或上下边线的分界点
3	Frame Point	特征点	结构类地物的符号定位点，斜坡类地物的分水线、合水线配对点
4	Link Point	接边点	也称连接点、接驳点，主要用于标识由于裁剪而产生的线地物端点；该点往往没有实际意义，如电力线被裁剪，其端点就不可能是电杆点

2. 空间线描述

线型、点列是空间线表达的主体，简单线、多义线、多线是空间线存在的具体形式。

（1）线型。EPS 线型包括直线、曲线、圆弧、圆、椭圆弧、椭圆共计六种，能够满足测绘、制图等各方面需求。

（2）点列。EPS 点列是指一系列有序的空间点集合，闭合的点列被称为线环或面环。一个 EPS 点列至少有一个点，最多不设上限，可以满足小比例尺多达数万点等高线、数百万点土地图斑面的表达需求。

（3）简单线。EPS 简单线为单一线型的点列。

（4）多义线。EPS 多义线为含有多个线型（直线、曲线、圆弧）的点列，主要用于表达大比例尺地形图中带圆弧的建筑物轮廓线。

（5）多线。EPS 多线为被一个或多个断点标志分割的点列，主要用于表达小比例尺地形图中的水系。

3. 实体对象分类

EPS 中的实体对象包括用于地理信息表达的点、线、面、文字注记四种基本对象，与主流软件 Auto CAD 兼容，或与专题图制作需求的图块、组等复合对象兼容。

（1）点对象：由一个点列构成的、表征点状地理信息实体的图形对象。EPS 的点对象可以拥有多个节点。因为第二个节点一般作为属性标注的位置，所以 EPS 点对象的属性标注是可以移动的，从而实现在满足图面需求的状况下保证对象的完整性，这一点是 EPS 对点对象描述的创新。

（2）线对象：由一个点列构成的表征线状地理信息实体的图形对象。因为 EPS 空间线支持多义线、多线，所以 EPS 线对象可以表现为单一线型、单一弧段以外的复杂形式。

（3）面对象：由一个点列构成的、表征面状地理信息实体的图形对象。因为 EPS 的一个点列中可以有多个面环，所以 EPS 支持带岛的复合面。EPS 复合面中岛的数量没有限制，在土地利用图中，一个图斑中的岛往往多达上万个。

（4）文字注记对象：由一个点列构成的、主要用于图面标注的文字注记对象。因为 EPS 文字注记对象拥有一个点列，而不是一个点，所以 EPS 可以支持各种复杂形式的弧段注记。

（5）图块：首先将多个基本对象捆绑成一个紧密型图形集合，构成一个图块定义；然后将图块定义附加到一个点对象上，形成一个具体的用图块表达图形的点对象。一个图块定义可以画出多个点对象。EPS 的图块主要用于专题图制作或与 Auto CAD 进行数据交换。

（6）组：将多个基本对象捆绑成的一个可协同操作的松散对象集合。EPS 中的组主要用于专题图制作或与 Auto CAD 进行数据交换。

4. 实体对象图形特征信息

EPS 中实体对象图形特征信息是指用于基于骨架线形式的地理要素动态符号化显示的个性化特征信息，如转点、断点、关键点等与空间点位相关的标识信息。图形特征信息的提出与使用是 EPS 数据描述技术的一大特色。

5. 实体对象基本属性

EPS 中实体对象基本属性是指空间实体对象基本结构中预定义的点、线、面对象（包括注记）共有的属性信息，主要包括对象的逻辑分类信息、状态信息、时间信息、更新维护信息四部分。基本属性最大特点是其内容存在于对象的基本结构中，进行访问、查看、编辑处理时，方法直接、可用性好、效率高。

6. 实体对象扩展属性

EPS 中实体对象扩展属性是指根据具体应用由用户自我定义、自我解释、格式统一、管理规范的，有关数量、质量、状态的描述性属性信息。扩展属性数据以字段、记录的形式存在于数据库的数据表中，使用时动态读取。EPS 扩展属性字段类型可以是数据库层面上的任何数据类型，包括字节流、长二进制字段，可以存储文档、图片、三维立体模型等大型多媒体数据。

7. 实体对象序列属性

EPS 中实体对象序列属性是指一系列描述同一对象的、存储在同一属性表中的、沿时间有序或沿空间有序的属性记录，如沉降点各个时期的观测记录（沿时间有序）、地质钻孔不同地层的描述记录（沿空间有序）。序列属性又称工程记录，其扩充与管理是 EPS 系统扩展至与测绘有关联行业的数据结构层面的支持技术，广泛应用于诸如沉降点分期观测数据描述、地质钻孔的地层数据描述、水文观测数据描述、气象观测数据描述等测绘活动中。

8. 实体对象级联属性

EPS 中实体对象级联属性是指描述具有多层结构整体关联事物的一系列不同格式、不同用途的属性记录集合，又称树视属性。级联属性的特点是从一点开始，逐层展开，分级联动。表现在数据库层面，就是子表不断拥有子表的概念。例如，在房产专业中，丘、楼、层、户、人是一条典型的数据链，日常工作中经常关注丘图中的哪一座楼、楼房有多少层、楼层中有哪些户、户中有哪些人（权属主）等，此即树视级联属性模型的典型应用。

9. 实体对象外部信息

EPS 中实体对象外部信息是指系统读取其他平台格式数据时，未转化为系统基本数据结构、属性记录结构形式的原生态属性信息。转化前，系统并不知道正在被读取格式的数据中有无属性信息、有多少、都是什么类型，为此，系统在实体对象数据结构中预留了一个长度可变的缓冲池，用于记录以<属性名，属性值>形式存在的串行化数据。系统提供针对外部信息的显示、查询、统计等应用功能，但不提供编辑、修改功能，以便保持数据的原始性。系统提供多种形式的自动化与交互功能，用于实现外部信息与内部信息（基本结构、属性表记录）的转换。系统通过提供对象级缓冲池保存未经转化的外部信息的方法，简化了其他数据格式导入的过程，为系统直读外部格式数据提供了技术手段。

二、数据结构模型中信息组织技术

与一般一对一对象层面上的数据转换模式不同，EPS 能够实现一对多的、细化到信息层面上的数据转换。这一目标的实现得益于 EPS 数据结构模型中的有关信息组织技术。

符号描述中，将符号部件组合成组件式符号，在 GIS/CAD 软件中并不鲜见。

EPS 符号也是一种组件式符号，但其不同的是：EPS 符号中的"组件"不是纯图形化的所谓符号部件，而是具有自我存在意义的地理要素子类。为表述方便，下面将地理要素类别使用"编码"或"主码"替代，相应地称地理要素子类为"子码"。EPS 符号中"组件是子码"这一微小变化，使得 EPS 符号化技术超出了传统的图面表达应用范畴，延伸到跨平台数据转换应用领域中。

从数据转换意义上讲，EPS 中符号组件化的更贴切表达应该是"要素组件化"。

（一）组件化

EPS 任何一个主码在符号层面都可以表现为另一组子码的组合。

（二）嵌套式组件化

EPS 子码组合是分级的，即一个子码可以进一步表示为更微观层面子码的组合，呈现出逐级嵌套的模型。

（三）打散

将主码图形拆解为子码图形的过程，或将主地物拆解为子地物的过程，称为打散。

（四）可控打散

多级嵌套的主码在打散过程中，并不一定进行到底，而是根据转换技术方案，打散到满足需要的层次。

可控打散嵌套式组件化符号表达模型是 EPS 数据结构模型的重要组成部分，在 EPS 跨平台异构数据转换中具有不可替代的作用。

三、信息映射原理与数据转换方法

在具体的应用中，将构成主码符号部件的子码赋予是否打散和是否过滤两个简单标志，全面实现"符号为信息的嵌套组合"理念，"信息映射"就此产生。符号的设计按"被转换的信息"嵌套组合，转换时根据过滤与打散分解到被转换的信息为止，只有这样才可以保证"无缝转换"。

打散就是要把整体分解，过滤就是要把目标系统所需要的内容（信息）留下，此即"信息映射"的基本含义。数学上，最简单的"映射"是"一对一"。"一对一"形式的转换不仅理解容易、操作简单，更重要的是能够做到转换过程中"无损"。EPS 通过引入子码、嵌套、打散等概念，在符号化技术层面将系统间复杂的对照关系拆解为简单的"一对一"对照关系，最终实现了跨平台异构数据信息无损转换的目标下面通过三个图示说明信息映射与 EPS 数据转换等技术的原理（图 4-11）；

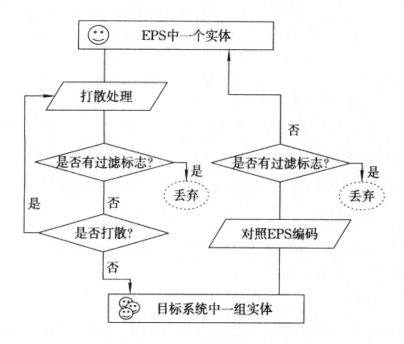

图 4-11　EPS 信息映射过程

（一）在正转过程中（EPS 到目标系统）

EPS 实体首先根据打散规则被分解为多个一级子码对象，如果子码有过滤标志，则将其丢弃；对留下的子码判断是否继续打散，如果是，则进行打散处理，否则直接换成目标系统编码转入对方系统。

（二）在逆转过程中（目标系统到 EPS）

将读入的对方实体编码对照 EPS 编码，判断该 EPS 码是否有过滤标志，如果有则丢弃，否则转入 EPS。

图 4-12 以单线铁路为例详细描述了 EPS 与 Arc GIS 的映射关系。

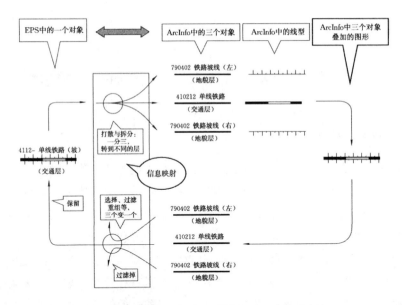

图 4-12 EPS 组合类信息映射原理示意（实例）

基于信息映射机制的数据转换技术，不仅实现了 EPS 与目标系统进行信息无损的数据转换（图 4-13），还实现了以 EPS 为中转枢纽，完成其他系统之间类似的转换。信息映射机制实现了地理信息在不同形态（数据格式）中的自由流转。

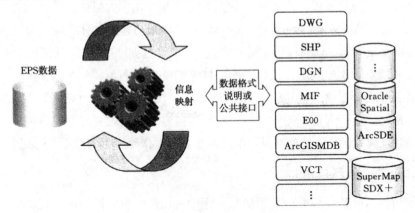

图 4-13 信息映射机制实现数据无损转换

第五节　空间数据库图库一体化及动态更新技术

一、图库一体化技术

在数字化测绘阶段，生产数字地图是测绘单位的主要工作。数字地图一般以分幅方式进行作业和管理（尽管某些软件也支持使用关系数据库分幅存储地图，但这充其量只能叫图库，而不是严格意义上的空间数据库），为了给基于空间数据库的地理信息系统提供数据，必须要经过大量的数据处理和检查工作，才能将生产阶段的成果数据转换成能被地理信息系统使用的地理数据。进入信息化测绘阶段，地理信息服务成为测绘单位的主要工作，使用关系数据库管理空间数据成为数据生产和管理的主流方式，空间数据库成为地理数据生产和地理信息应用的基础，空间数据库的建设、更新及日常维护成为很多单位的主要工作。

图库一体化是指测绘生产的图形数据库与地理信息应用数据库为一个整体数据库，它实现了从地理数据测绘生产到地理数据入库的完整衔接，测绘生产的地理数据就是满足空间数据库入库要求的数据，不需要再花费大量的人力、物力进行专门的数据入库工作，实现了测绘建库的一体化。测绘与建库一体化的前提一定是前端测绘与后台建库的数据结构是完全一致的，即一套数据结构既满足测绘生产的要求，也满足地理空间库的要求。支撑图库一体化的基础是利用"关系数据库"模型存储空间对象。无论测绘前端还是管理系统后端，要使得任何空间对象都可以完整地在关系数据库中进行表达。同时，符号化技术可以使测绘过程与空间数据库展现使用同样的对象规则，从而使测绘过程的图面表达与数据库应用的图形表达完全一致。

二、动态更新技术

空间数据库的现势性是地理信息应用中实用性的保障性指标。现势地理信息的变化需要

经过测量与调查采集，进而将采集的成果按照空间数据库的结构进行规约化，最后在数据库中完成变化内容的更新。这里谈到的更新技术，特指测量调查后对数据库的更新，只涉及数据层面的交互，采集的手段与及时性不在讨论之列。

传统上，数据库更新用"版本"概念，即每间隔一定周期（如一年或半年等），确定一个覆盖整个区域的地理信息数据。间隔期内的要素变化不能及时反映在数据库中，所以基于这种"版本"数据库发布的地理数据，数据的现势性有一定的滞后

期。随着地理信息的广泛应用，很多单位或行业对数据的现势性提出了更高的要求，因此地理数据的提供单位要实时更新数据库，以便随时提供最新的地理信息。

下面将详细介绍一下空间数据库动态更新的相关技术。

（一）要素级更新技术

要素级更新的本质是增量更新，即通过数据比对技术获取变化要素，每次只更新变化部分，这种更新逻辑既能提高更新效率、减少库中冗余，还可以还原数据库中要素的真实变化历史；同时采用增量方式管理历史数据，支持历史回溯与动态回放，实现基于时态的增量更新，允许离线状态下多个更新业务相互独立进行。要素级更新主要基于如下技术实现：

1. 地理要素唯一标识

每个地理对象从诞生起就被赋予一个全球唯一标识 GUID。有了唯一标识，就可以实现其全生命周期的管理。在具体实现中，通过对象标识来识别空间数据库内外的同一对象，再对比两个对象内部内容的变化，确定其是否更新。

2. 时间参考

将时间属性作为空间对象必需的基本属性，在时间维上，将无序的更新业务，统一成先后有序的更新事件，解决更新冲突问题。给每个地理对象增加"创建时间"与"修改时间"字段。创建时间是新增对象的时间，修改时间在新增时与创建时间一样，如果后期修改了相关内容，则记录为修改时间。只要没有删除，从创建时间到修改时间，是原始对象的"存活期"。增加一个"回收站"，将每个删除的对象放在其中。但删除的对象要增加一个"删除时间"字段。删除时间以前及创建时间以后，这段时间是回收站内对象的存活期。

（二）数据更新管理技术

除了初次采集建库，任何地理数据更新的前端作业采集处理，一定是先拥有一个满足以上空间数据库要求的"底板"，在这个基础上进行采集编辑或处理。因此，从数据库中下载完整对象，是采集处理的前期必须工作。有了这个底板，在逻辑上就能完整地解决更新问题，将增加、删除及修改的对象区分出来。

1. 增加更新区域对象

以便在数据出库时记录数据更新范围、出库时间、下载人员、作业人员和更新提交时间等。同时，在下载和编辑过程中，自动记录要素的"出库时间""修改时间"。

2. 数据出库时

自动备份一份原始数据，以便更新时先进行本地离线比对，如地物的点列顺序、属性均一致，则该地物被认定为"未变化"要素，如撤销、拖点后又拖回原位置等。

3. 数据入库时

根据对象的"修改时间"和"出库时间"等信息与库中同一地物进行比对，判断地物是新增、删除还是修改。

（三）时间同步技术

因为各种时间是更新鉴别的关键字段，且采集者人数众多，各不相同，故每个采集者使用的时间系统与数据库使用的时间系统必须严格同步。例如，要使用软件狗自动统一客户端的系统时间，保持与服务器一致。

（四）冲突处理技术

不同的作业采集者对同一对象进行更新操作，其结果一定会有矛盾，如操作时间不同、结果不同、更新提交时间不同等，这被称为冲突。原则上，用绝对的最新操作时间作为最后的结果更新数据库。新增的对象全部保留，删除的对象以更新提交时间为准，修改的对象以最后修改时间为准。更新提交时，若发现已经被更新，则自动下载相关对象人工处理后，再次提交更新。

（五）同步数据解译技术

作业员使用的采集处理更新平台与地理信息管理平台对数据的解译应完全一致，包括符号回放、曲线拟合、属性标注、色彩渲染等。因此，在两个系统中共用一个解译器。只有同步解译技术，才能使用户理解实质的"更新"是什么，否则看到不同表现，会出现错误的判断。

三、地理数据更新技术发展方向

随着地理信息的广泛应用，各行各业对地理数据现势性提出了越来越高的要求，所以地理数据的更新技术也在持续发展之中。未来的地理数据库不但要实现基于区块的地理矢量数据更新，还要实现影像数据的区块更新。影像数据的获取效率在快速提高、成本在逐步下降，因此未来将会是地理数据库的主要数据源。矢量数据和影像数据一起提供现势性更强的地理信息服务，将是未来的发展方向。

另外，随着信息化测绘的推进与普及，以及以提高企业管理效率和精细化管理为目的的现代企业管理理念的推广，充分利用先进的信息技术（如工作流、云计算等技术），通过对测绘生产、管理与服务的各个环节及其相关资源（设备、数据、人员）等进行有效整合与综合利用，构建综合性的、网络化的测绘生产管理体系，逐步实现全覆盖、全动态的企业信息化管理，以及生产能力和服务水平的转型升级，将是未来的发展趋势。

第五章　三维空间数据采集与建模

三维空间信息是地球空间信息的重要组成部分，是当前地球空间信息科学的热点研究领域，也是数字地球和数字城市建设的重要技术基础。三维空间信息技术涉及三维空间信息的获取、处理、可视化及应用的各个方面，国内外许多学者长期进行相关研究，取得了一系列理论和应用成果。三维空间数据获取与传感器、电子、激光、航天等领域的技术发展密切相关，三维空间数据模型与数据结构、图形学、拓扑学等密切相关，而三维空间数据可视化是近几年随着计算机技术、虚拟现实技术和数字城市应用需求发展起来的，这些皆是三维空间信息技术的核心和发展前沿。

第一节　三维空间数据模型

三维矢量模型是二维中点、线、面矢量模型在三维中的推广。它将三维空间中的实体抽象为三维空间中的点、线、面、体四种基本元素，然后以这四种基本几何元素的集合来构造更复杂的对象。

（1）三维线：以起点、终点来限定其边界，以一组形值点来限定其形状。

（2）三维面：以一个外边界环和若干内边界环来限定其边界，以一组形值曲线来限定其形状。

（3）三维体：以一组曲面来限定其边界和形状。

矢量模型能精确表达三维的线状实体、面状实体和体状实体的不规则边界，数据存储格式紧凑、数据量小，并能直观地表达空间几何元素间的拓扑关系，空间查询、拓扑查询、邻接性分析、网络分析的能力较强，而且图形输出美观，容易实现几何变换等空间操作；不足之处是操作算法较复杂，表达体内的不均性能力较差，叠加分析实现较困难，不便于进行空间索引。

一、线框模型

线框建模是利用基本线素来定义实体的棱线部分而构成的立体框架图（图5-1），只存储离散的空间线段，数据结构简单，构造模型操作简便，所需信息最少，对硬件的要求不高，用户容易掌握。

图 5-1　线框建模

线框模型具有一定的局限性。一方面，线框模型的数据模型规定了各条边的两个顶点及各个顶点的坐标，这对于由平面构成的物体来说，轮廓线与棱线一致，能够比较清楚地反映物体的真实形状；但是对于曲面体，仅能表示物体的棱边就不够准确。另一方面，线框模型在描述结构简单的三维物体时比较有效，但描述不规则的三维地物则很不方便，且效率低下。但线框模型是进一步构造曲面和实体模型的基础工具。在复杂的产品设计中，往往是先用线条勾画出基本轮廓，即所谓的"控制线"，然后逐步细化，在此基础上构造曲面和实体模型。

二、面模型

（一）多边形网格

多边形网格是用由多边形小平面组成的网格近似表示物体。四边形和三角形是多边形表示中最常用的形状，三角形是欧几里得空间中最简单的多边形。通过共有的边连接在一起的一组多边形叫作一个网格。

按照需要的精确度，可以用多边形网格逼近任何形状的物体，表示一个物体的多边形个数可以从几十个到几百万个，如图 5-2 所示。多边形网格可以表示任何拓扑的开曲面或闭曲面，在有效的处理算法和绘制这种描述图形的硬件支持下，处理速度也很快，如相交、碰撞检测等。因此，多边形网格是计算机图形学最常用的模型表示方法。

典型方法有不规则三角网、格网、边界表示法等。多边形表示方法的不足之处是这种模型本质上是离散的，要求精度很高时会导致大量的冗余数据，对物体做整体变形非常困难。

图 5-2　多边形网格

（二）参数曲面片

　　参数曲面片表示法与多边形网格相似，只是各个多边形的表面变成了弯曲的曲面，如图 5-3 所示。每一个曲面片都用一个数学公式来定义，根据这个公式能够产生曲面片表面上的每一个点。通过改变曲面片的数学定义就能够改变曲面片的位置及形状，具有很强的交互能力。这种表示方法存在的问题是：①绘制曲面片的效率较低；②从一个曲面片光滑地过渡到相邻曲面片的方法；③一个曲面片不能表示任意拓扑的形状，一个物体需要很多个曲面片共同表示。

　　该方法包括贝塞尔（Bezier）曲面、B 样条曲面、非均匀有理 B 样条（NURBS）曲面等，其在计算机辅助设计（CAD）、制造（CAM）、工程（CAE）中得到广泛应用。

贝塞尔曲面

图 5-3　参数曲面片

（三）细分曲面

　　细分曲面是用低分辨率的控制网格和定义在控制网格上的细分规则来表示光滑曲面，如图 5-4 所示。细分曲面不但解决了计算机图形学中遇到的任意拓扑和一致性表示问题，还保留了传统样条曲面表示所具有的局部性、仿射不变性等良好性质，因此近年来得到广泛的应用，正逐渐成为几何造型的有力工具。

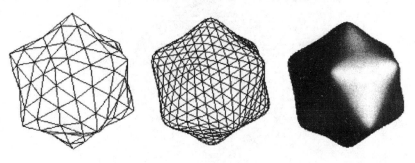

图5-4 细分曲面

三、体模型

（一）构造实体几何

构造实体几何就是把物体表示成一些基本形状（如球、圆环、圆锥、立方体等）后进行线性变换和布尔运算（并、交、差）的结果，即用简单的几何物体组合出复杂的物体模型。将模型表示成一棵树（称为生成树），用叶子节点表示参加布尔运算的实体，用非叶子节点对应布尔运算中间结果或最后运算结果。构造实体几何常用于CAD中，表示机械零件。该模型非常紧凑，保存了整个建模过程。但是，构造实体几何模型难以绘制，从点云模型、多边形网格模型转换为构造实体几何模型非常困难。

（二）空间分解

空间分解就是把物体的空间分解成基本单元（如立方体称为体素），再把每一个体素标记为空或含有物体的某部分。这种表示方法表示了物体占据的三维空间，也是一种体表示法。划分的单元越小，需要的存储空间就越多。体素中保存布尔值（1表示内部，0表示外部），也可以保存密度值。这种表示方法构造简单，进行布尔运算和计算物理属性都很方便。

空间分解的典型方法有八叉树（体素为规则立方体，是四叉树在三维空间的推广）、四面体格网（体素为不规则四面体，是二维三角形网在三维上的扩展）、二叉空间分割（BSP）树等。但是，该方法数据量大，只给出了物体的离散近似表示，主要用于医学领域。

第二节 三维空间数据的建模方式

对于城市三维建模而言,根据建模的基础数据源类型,建模方式大概可分为五类:基于二维矢量数据、基于航空影像数据、基于倾斜影像数据、基于机载点云数据建模,以及车载激光扫描。有关这几种原始数据获取的内容将在后续章节介绍。

一、基于二维矢量数据

使用 3DMAX、Sketch Up、Auto CAD 等软件,通过挤压或拉抽将二维图形拉伸成三维立体模型是最常见的。例如,将二维房屋投影的多边形拉伸成三维建筑模型,然后在侧面贴上数码相机在实地拍摄的纹理图片。早期城市三维建模基本上是这个方式。由于这种方式几乎全部靠人工制作,人工采集大量的纹理图片,需要相当大的劳动力成本,且工作效率低,成本高,故难以大范围普及。

二、基于航空影像数据

利用满足一定重叠度的影像数据可重构被摄对象的立体视觉模型,从而可在室内对被摄对象的形状、大小、空间位置（X，Y，Z）进行测量。早期的数字摄影测量系统主要针对测绘二维矢量数据而开发,目前可与其他建模软件配合作业,可完成三维建模工作。例如,先采集建筑物二维轮廓数据,然后使用专业建模软件拉伸得到三维模型。此时其顶部纹理信息可通过摄影测量系统获得（侧面获取受影像制约）,降低了劳动强度。

三、基于倾斜影像数据

近年发展起来的倾斜摄影测量技术,是通过在无人机上搭载多个传感器从不同角度拍摄倾斜像片,多视角获取大范围、高精度、高清晰影像,利用高强度计算获得密集的点云数据,然后构建三角网模型,并完成自动纹理映射,得到与真实地物完全一致的三维模型。整个过程自动化,劳动成本低,效率高,发展势头迅速,已逐步成为三维数字城市建设的主流。

但是倾斜摄影测量生产的三维数据具有一张皮（即连续三角网）的特点,无法完成对建筑物等要素进行单独查询管理,对数据的落地应用带来一定的挑战。

四、基于机载点云数据

借助于高速激光扫描仪,可迅速获取被测空间物理表面的密集点云数据（三维坐标 x、y、z），通过专门的软件进行数据整合分析、优化处理之后构建实物模型。目前，市面上用于测绘领域的激光扫描设备有机载激光雷达、车载激光扫描仪、地面激光仪三种。

机载激光雷达技术可直接获取被测目标区域的数字表面模型，采用适当的算法剔除表面干扰数据（树木、移动目标等）后，可得到高精度的数字高程模型。地面激光仪主要用于高精度建模，如用于文物古建筑保护、密集管线测量等方面。采用激光雷达技术建立的三维模型精度较高，但激光设备昂贵，工艺复杂，需要较专业的技术人员进行操作，只有少数大型测绘单位有此设备，故推广度低。

五、车载激光扫描

车载激光扫描仪可在行进中快速扫描沿街道两侧各种地物，使用灵活，信息丰富，但工艺不成熟，遮挡问题不好解决，适用于城市部件采集和导航数据采集。

六、各种方式优缺点

各种方式优缺点比较如表 5-1 所示。

表 5-1　五种建模方式比较

序号	生产工艺	工艺特征	优点	缺点
1	二维地形图	基于大比例尺地形图；人工估算楼高；地面建模	灵活；场景简洁；工艺简单	高程精度低；地形整合难度大；劳动密集型；生产成本高；生产周期长
2	航空摄影测量	立体相对提取模型；真正射影像地面；从影像提取顶部侧面纹理	成果类型多；场景真实；效率较高	依赖航摄；侧面获取受影像制约
3	倾斜摄影测量	无人机倾斜摄影；高强度计算	使用灵活；场景真实；全自动化建模纹理贴图；生产周期短；成本低	不利于管理
4	激光雷达	机载激光雷达获取数据；自动提取模型；纹理外拍贴图	高程精度高；自动化程度高；成果类型丰富	设备昂贵；依赖航摄；影像质量差；工艺复杂且不成熟；细节表现差
5	数据采集车	车载激光雷达和相机采集；手工建模	使用灵活；适合城市部件采集和导航数据采集	遮挡问题不易解决；建模工艺不成熟

第三节 纹理模型与纹理映射

为了增加模型的逼真性和现实性，可以在三维模型的灰度图上增加纹理使其成为具有纹理属性的三维模型。其中，图像是纹理数据的一个重要来源。根据纹理图像的外观可以把纹理分为两类：一类是通过颜色的变化模拟三维模型的表面，其被称为颜色纹理；另一类是通过不规则的细小凸凹造成的，称为凸凹纹理。颜色纹理主要用于表现一些表面光滑的物体，凸凹纹理则用于表现外观不平的物体。构造颜色纹理的常用方法是：在一个平面区域上预先定义纹理图案，然后根据一定的变化建立物体表面顶点与平面区域上（纹理图案）点之间的映射关系，即纹理映射。构造凸凹纹理的方法是：在光照模型计算中使用扰动法向量，直接计算物体的粗糙表面。在实际的运用中，只要能够在较短时间内获得比较逼真的效果，哪种纹理都可以。

通常，纹理是通过离散的方法进行定义的，即通过一个二维的数组进行定义，该数组一般代表各种图像（如扫描的像片、航空影像等）。

为了阐述纹理映射，定义两个坐标系统：物体空间为三维物方坐标系，如任意的曲面、多边形等；三维屏幕坐标系是描述立体的三维坐标系，是通过像元坐标(x, y)和深度 z 来表示的一个透视空间。二维屏幕坐标系是三维屏幕坐标系去掉 z 值后的坐标系，是三维屏幕坐标系的一个子空间。

简单地说，纹理映射是一个平面区域与指定的颜色或图像区域之间的映射。因此，平面区域上每一个点都有自己的颜色值。由于纹理只是离散的图像表示，它只是记录了一个颜色矩阵，故为了取得正确的结果，必须建立颜色空间与几何空间正确的映射关系。普通的纹理映射一般有以下两个步骤：

一、纹理数据

获取纹理数据，其可以由外界的数据获取，如扫描的图像，或利用一定的算法生成。

二、二维纹理与三维几何空间

实现二维纹理与三维几何空间的正确映射，即建立(x, y, z)与(u, v)之间关系，从而可以为每一个顶点赋予一个坐标(u, v)。

一般情况下通过仿射变换的方法建立二维的纹理数据（像素空间）与三维的物体空间（三维物方坐标系）之间的映射关系，其一般的公式为

$$[x \quad y \quad z] = [uvq]\begin{bmatrix} a & d & g \\ b & e & h \\ c & f & i \end{bmatrix}$$

$$(5-1)$$

式中，（x，y，z）为三维物方坐标，（u，v）为二维平面纹理坐标，q是一个常数，a、b、c、d、e、f、g、h、i为变换系数。

对于三角形或四边形只需要指定三个点之间的（u，v），即可根据式（5-1）进行求解，从而得出矩阵中各系数的值。

为了给物体的表面图像加上凸凹的效果，即凸凹纹理，可以对表面法向量进行扰动，产生凸凹不平的视觉效果；也可以定义一个纹理函数 F（u，υ），对理想光滑的物体表面 P（u，υ）做不规则的位移。在物体表面，每一点 P（u，υ）都沿该点处的法向量方向位移个单位长。这样，新的表面位置变为

$$P'(u，\upsilon) = P(u，\upsilon) + F(u，\upsilon) \times N(u，\upsilon)$$

$$(5-2)$$

式中，是三维表面在处的法向量。图5-5展示了上述合成曲面的纵剖。

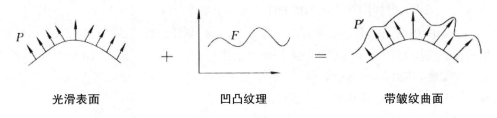

光滑表面　　　　　　　　凹凸纹理　　　　　　　　带皱纹曲面

图5-5　凹凸纹理函数剖面示意

第四节　三维数据可视化

三维可视化就是采用现代图形图像技术，包括影像处理技术、计算机仿真技术、高清晰度显示技术和计算机图形技术等，将三维空间对象以图形图像方式向人们展现出来。三维城市可视化技术涵盖了现实仿真度、展示速度和交互性等几个性能标准，这种技术更贴近人们对于空间对象的认知方式。

几十年以来，随着计算机图形学和图像处理技术的不断发展、计算机图形显示设备性能的提高，以及一些功能强大的开发软件（如Open GL、Direct X、Open Gvs等）的推出，在普通计算机上进行高度真实感三维图形的显示成为现实。

一、三维模形生成流程

在计算机图形显示设备上生成一幅高度真实三维模形，一般需要完成以下几步：

（一）场景描述（建模）

根据被描述对象的几何特征，使用适当的数学模型对被描述对象进行严格的函数描述，从而把被描述对象变成计算机可以接受的事物。

（二）坐标变换和投影变换

坐标变换指对需要显示的对象进行平移、旋转或缩放等数学变换。投影变换指选取投影变换的方式，如透视投影或正射投影。对物体进行变换，可完成从物方坐标到眼睛坐标的变换。其中，透视投影多用于动画模拟及产生真实感较强的图形或图像，正射投影多用于建筑蓝图的绘制，其特点是物体的大小不随视点的远近而变化。

（三）消除隐藏面和隐藏线

在把描述对象显示在计算机屏幕上之前，首先判断该对象的可见面或可见线，对被遮盖的线或面不予显示，从而保证显示对象的正确性。

（四）浓淡处理

选取适当的光照模型，设置光源的位置对物体进行光照和渲染，计算物体的光照程度或阴影面，从而产生较强的立体感。

（五）颜色与纹理的生成

根据物体的材质或自然常识对物体设置一定的颜色或对其贴合一定的自然纹理，从而增强物体的真实感。

（六）绘制和显示

完成了以上各步后，即可选取适当的显示范围，通过一定的设备对物体进行显示或打印输出。以上流程中，场景建模部分涉及的内容比较广泛和复杂，在实际运用中需要根据被描述对象的具体特征和需要描述的精确程度，确定具体的建模方法和数据结构，使其能够被计算机所接受。

层次细节模型

所谓的层次细节模型（level of detail，LOD）是指根据不同的显示对同一个对象采用不同精度的几何描述。物体的细节程度越高，则数据量越大，描述得越精细；细节程度越低，则数据量越小，描述得越粗糙。因此，可以根据不同的显示需求，对需要绘制的对象采用不同的描述精度，从而大大降低需要绘制的数据量，使实时三维显示成为可能。

为了提高场景的显示速度，实现实时交互，层次细节模型具有普遍性和高效性，在飞行模拟和地形仿真应用中得到了广泛的应用。早在计算机发展初期，人们已经认识到层次模型表示的重要性。

层次细节模型是对原始几何模型按照一定的算法进行简化后的一种总称，有时也称为"简化模型"。简化后的模型在几何数量上比原始几何模型的数据量减少了很多，降低了对计算机软件和硬件设备的要求，从而提高了数据处理的速度，缩短了人机交互操作的时间，因此在图形的渲染速度上会有很大的提高。层次细节模型的种类在几何结构上大致分为三种类型：①不连续的层次细节模型；②连续的层次细节模型；③几何结构自身的层次细节模型。地形层次细节模型的构造一般有两种方法，即由细到粗的简化与由粗到细的简化。

（一）基于三角网结构的层次细节模型算法

基于三角网结构的层次细节模型算法有顶点杀死法、进度格网法等。其中，进度格网法的运用最广泛，该算法能够严格控制复杂模型的简化误差，产生较好的图像效果。

（二）基于格网结构的层次细节模型算法

基于格网结构的层次细节模型算法具有数据存储量小、结构简单等优点，在实际的生活中被广泛应用。与基于三角网结构的模型算法相比，该算法要简单一些，而且已经开发出一些著名的算法，如 ROAM 算法。目前，基于格网结构的层次细节模型算法主要有两类，即基于三角形二叉树结构的算法和基于四叉树数据结构的算法。

最近几年，随着计算机图形技术的不断发展，三维图形的渲染工具也越来越多，其中，比较具有代表性的是 SGI 公司的 Open GL、微软公司的 Direct X 和 VRML 语言，以及 Vega 公司和 Sun 公司的 Java3D 等工具。

第五节　三维模型分类与分级

一、三维模型分类

三维模型表现的地理要素可以细分为九大类，分别是建筑物、高架、道路、市政公共设施、植被、水体、地下构筑物、地下管线及其他构筑物，如表 5-2 所示。

表 5-2 三维模型分类

数据类型	代码	数据描述
建筑物	B	建筑物及其附属设施,如建筑物、老虎窗、水箱、门厅、避雷针等
高架	H	高架及其附属设施,如高架、高架护栏、桥墩、路灯、路牌等
道路	R	道路模型
市政公共设施	F	路灯、雕塑、广告牌、电话亭、书报亭等
植被	T	灌木、草坪、树木等
水体	W	喷泉、河流、湖泊等
地下构筑物	U	地下停车库、地下联系通道等
地下管线	P	各种类型管线段、管点设备、检修井和共同沟等
其他构筑物	A	码头、防洪墙等

二、三维模型分级

三维模型分级如表 5-3 所示。

表 5-3 三维模型分级

模型级别	代码	描述	适用范围
白模型	A	没有纹理贴图的三维模型	城市热岛、污染源扩散等三维应用分析
简单模型	B	没有描述模型屋顶和立面等细节信息的三维模型,纹理来自标准纹理库	城市中非重要的地区,如棚户区、市郊区域等
标准模型	C	描述了构筑物主体的基本轮廓和外结构,如外墙体、屋顶、老虎窗、水箱、广告牌、标志牌等,纹理来自现场采集的照片	城市普通住宅小区
精细模型	D	在标准模型基础上增加构筑物细节结构,即表现外业照片中明显可见的结构,如立柱、避雷针、阳台及有明显进退关系的门框和窗框;纹理照片要求有较高的分辨率,精细模型的屋顶纹理要经过修饰	城市中重要的地区,如商业区、政府机关等
超精细场景	E	需要重点加工和处理的局部区域,其中,构筑物模型是在标准模型或精细模型的基础上进行进一步细化,如细化材质并按材质分离几何结构,以便实现类似金属、水、玻璃等特效;另外,在场景中增加道路、树木、植被、路牌、路灯、护栏等模型要素	城市地标性区域或历史保护建筑等

第六节　倾斜摄影测量三维建模技术

倾斜摄影测量是在数字摄影测量基础上发展起来的新技术，与传统数字摄影测量相比，具有如下优势：

（1）倾斜摄影测量能同时从一个垂直、四个倾斜五个不同的角度采集影像，更加真实地反映地物的实际情况，很好地弥补了传统摄影测量只从垂直角度获取的影像中常常出现的遗漏一些死角部位、一些较低地物被较高地物遮挡、获取信息不全的弊病。

（2）基于倾斜摄影测量的三维建模是一种较自动化的三维建模过程。其自动化程度高，生产周期短，还可以对成果模型的高度、长度、角度等相关地物信息进行量测。

（3）倾斜摄影测量的旁向重叠度和航向重叠度很高。一个地物可以在多幅像片中找到，实现了从多个角度呈现地物的三维效果，并且可以得到地物多方位完整的纹理信息。

（4）在数据精度方面，两者平面精度基本相当，但基于倾斜摄影测量技术建立的三维模型精度高于传统数字摄影测量的精度。

一、倾斜摄影测量原理

（一）倾斜摄影测量信息获取

倾斜摄影测量突破传统数字摄影测量的局限性，在飞行平台上搭载多个传感器（图5-6），分别从垂直和倾斜等多个角度拍摄，获取像片，拍摄的同时记录下航高、航速、曝光时间、坐标、姿态等信息，便于后期进行数据处理。

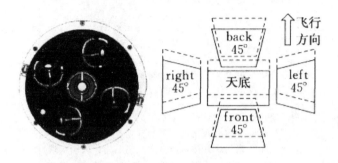

图5-6　多镜头倾斜摄影测量相机

一次飞行可获得航线五个方向的倾斜摄影测量数据，如图5-7所示。

对于单镜头相机传感器，可以采用同航线多次重复飞行方式，获取与多镜头相似的倾斜影像数据。每次飞行设置将镜头设置成指定倾角（一般倾斜45°），按前、后、左、右、垂直5种姿态。单镜头的倾斜摄影测量要求同一航线重复飞行5次，垂直向下获取正射影像，其余4种姿态用于4个不同方向倾斜影像的获取。

在倾斜摄影测量中，航摄时为了保障数据成果的精度，在地面布设控制点。控制点的位置应为目标明显、在航摄影像中能清晰呈现的点，一般为路上斑马线、道路角点、草地角等地方。

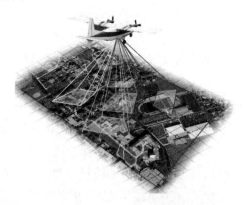

图 5-7　多镜头倾斜摄影测量

目前，飞行平台主要有载人固定翼飞机和无人机两种。载人固定翼飞机载重量大（可以搭载重量大的传感器和定位惯导系统）、飞行姿态稳定，适合于大范围大规模作业。近年来，无人机飞控技术进步很多，飞行稳定性得到提高，故出现了不少无人机倾斜摄影测量平台，其因成本低廉、使用灵活，受到用户的青睐。

（二）倾斜摄影测量数据处理软件简介

倾斜摄影测量数据数据处理技术是随着内业数据处理技术的突破而诞生的。目前，市面上应用较广的倾斜摄影测量数据数据处理软件主要有 Smart3D Capture、街景工厂、Photo Mesh 等。

Smart3D Capture 是法国 Acute3D 公司（已被 Bentley 公司收购）生产的一款基于图形运算单元的三维建模软件，功能强大。通过该软件，用户可以分析高清的影像信息、地图信息、三维模型信息等，能够整理图形数据，实现场景重建任务。其场景重建就像三维打印一样，能利用图片中的数据信息生成三维的模型场景。该软件对数据的处理精准、运行稳定，可以在数分钟至数小时的时间内完成数据处理，支持无人机、街景车、手持式数码相机甚至手机拍摄的影像，应用范围非常广泛，是地图制作、环境测量、工程分析的重要数据采集与分析处理工具。该软件主要分为四个建模过程，即工程准备、空中三角测量加密、模型重建、模型贴图映射。通过对无人机航拍获得的倾斜影像进行整理，形成 XML 格式或者 XLS 格式的文件，将文件导入 Smart3D Capture 软件新建的工程中进行空中三角测量加密计算，生成点云数据，重建三维模型，实现纹理贴图的映射过程。

街景工厂是 Astrium 公司开发的一款快速、全自动化处理任何倾斜影像、街道影像，并生成三维模型的软件，是空间数据自动化处理解决方案——像素工厂产品线的扩展之一。在建模前，对原始影像数据进行处理，形成 CSV 格式文件，记录影像的外方位元素和相机参数，以及影像的导入路径等。在街景工厂中导入 CSV 文件，进行空中三角测量加密处理，通过区域网平差计算得到空中三角测量加密成果。指定工程的建模范围和预设瓦片的大小后，软件自动选择立体相对、点云匹配、不规则三角网的构建与优化、自动关联纹理等操作完成三维模型的自动重建和纹理自动映射。

Photo Mesh 是 Skyline 公司旗下的倾斜摄影测量数据自动批量建模软件，是基于图形运算单元 GPU 的快速三维模型的构建软件。根据摄影测量原理，该软件可以将不同源数据、不同分辨率、任意数据量的像片转化为高分辨率、带有图像纹理的三维网格模型。具体来说，该软件通过对获得的倾斜影像、街景数据、拍摄像片等不同数据源数据进行同名点选取、多视匹配、不规则三角网构建、纹理自动赋予等步骤，最终得到三维模型。该过程仅依靠简单连续的二维图像，就能还原最真实的真三维模型，完全不需要人工干预便可以完成海量城市模型的批量处理。相比传统建模方法，该软件大大减少了人工成本和建模时间，提高了模型精度和拟真度，加速了城市三维可视化进程。导入 EO 文件、配置参数后，软件会自动对影像进行空中三角测量加密处理，自动匹配同名点，从而得到密集三维点云数据；利用数字表面模型对三维场景的表面进行重建，得到数字表面模型数据；根据算法用最优原则选取最佳贴图数据，通过纹理映射为三维模型贴上纹理。

近年来，以美国 Pictometry 公司为代表的机载倾斜摄影测量技术的发展与应用引起了国际社会的普遍关注。Pictometry 倾斜影像处理软件提供了倾斜影像管理工具 EFS（electronic field study），可以结合地理信息数据，对影像进行量测、定位、提取等操作，并对基于影像建立的模型做出一定的分析和可视化。其产品目前已在微软的 Virtual Earth 中得到应用。

（三）倾斜摄影测量数据处理流程

倾斜摄影测量数据处理技术通常包括影像预处理、影像特征提取、区域网联合平差、多视影像密集匹配、数字表面模型生成、真正射纠正生成真正射影像、三维建模等关键内容，其基本原理如图 5-8 所示。

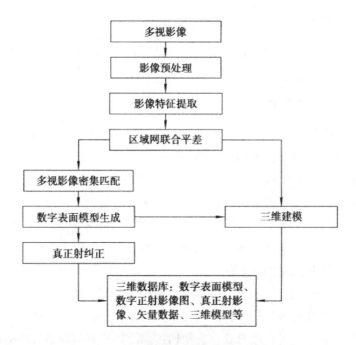

图 5-8 倾斜摄影测量数据处理原理

二、倾斜摄影测量数据预处理

倾斜摄影测量获取的数据包括：①影像数据；②航线；③航空摄影技术设计书；④相机检定及参数报告；⑤控制点分布图；⑥控制点点之记；⑦像片控制点的测量数据；⑧航摄仪的 GPS 数据和惯性测量装置（inertial measurement unit，IMU）数据；⑨其他有关资料。

倾斜摄影测量数据的预处理主要包括：①对原始影像进行格式转换；②对数码相机畸变差等内方位参数进行改正；③对原始数据进行图像增强处理；④对地面像片控制点的刺点及转刺；⑤控制点坐标整理。其主要处理步骤如图 5-9 所示。

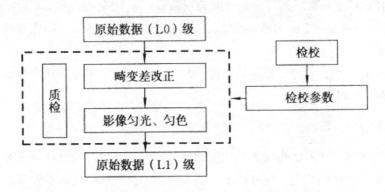

图 5-9 数据预处理步骤

（一）格式转换

根据后处理需求，可对原始数据进行数据格式转换，不得损失几何信息和辐射信息。

（二）数码相机畸变差改正

从航空摄影开始，直至获得像片或模型的整个数据过程中，存在许多系统误差，主要有摄影系统的畸变差、摄影材料的系统变形、软片的压平误差、地球曲率和大气折光、量测仪器的准系统误差及观测员带来的系统误差。在倾斜摄影测量系统中，非量测数码相机作为低空遥感摄影设备，直接获取的是数字影像，不存在软片变形的影响；由于数码相机像幅小、影像覆盖面小，故可以不考虑地球曲率引起的误差；采用低空摄影，又可以忽略大气折光误差。因此，对倾斜影像数据的处理主要应该考虑由物镜畸变差引起的系统误差。

物镜畸变差是指相机物镜系统的设计、制作、装配引起的像点偏离其理想位置的点位误差，包含径向畸变差和切向畸变差或偏心畸变差。径向畸变差在以像主点为中心的辅助线上，是对称性畸变，它使构像点沿径向方向偏离其准确位置；切向畸变差是由镜头光学中心和几何中心不一致引起的误差，是非对称性畸变。物镜畸变差必须加以改正，否则摄影测量的平差精度会受到影响。畸变差改正模型可以表示为

$$\left.\begin{aligned}\Delta x &= (x - x_0)（k_1 r^2 + k_2 r^4) + \rho_1[r^2 + 2(x - x_0)^2] + 2\rho_2(x - x_0)(y - y_0) \\ &\quad + a（X - X_0) + \beta（y - y_0) \\ \Delta y &= (y - y_0)（k_1 r^2 + k_2 r^4) \rho_2[r^2 + 2(y - y_0)^2] + 2\rho_1(x - x_0)(y - y_0) \\ &\quad + a（X - X_0) + \beta（y - y_0)\end{aligned}\right\}$$

$$（5-3)$$

式中，Δx、Δy 为像点改正值，$r = \sqrt{(x - x_0)^2 + (y - y_0)^2}$，$(X_0, y_0)$ 为像主点；k_1、k_2 是径向畸变系数；ρ_1、ρ_2 是切向畸变系数；β 是像元的非正方形比例因子，是 CCD 阵列排列非正交性的畸变系数。一般将径向畸变差和切向畸变差代入共线方程完成对数码相机的检校工作。

在实际操作中，对原始影像数据进行畸变差改正可采用专用软件改正，也可在空中三角测量时改正。

（三）匀光、匀色

对影像要进行色彩、亮度和对比度的调整和匀色处理。匀色处理应缩小影像间的色调差异，使色调均匀，反差适中，层次分明，保持地物色彩不失真，不应有匀色处理的痕迹。

三、影像特征提取

倾斜摄影空中三角测量计算与传统数字摄影测量空中三角测量计算的主要区别在于：倾斜影像具备多角度、大倾角，不需要考虑立体匹配中的遮挡、几何变形、影像大幅旋转、斜轴透视的场景深度变化带来基高比剧烈变化等问题，需要大量的连接点以适应同一位置多视影像外方位元素解算的需要。因此，倾斜摄影空中三角测量计算主要涉及连接点提取和光束法区域网平差两个环节。由于区域网平差的相关理论和算法都已经比较成熟，因此倾斜影像空中三角测量的难点在于多视影像间的连接点自动提取。

倾斜多视影像数量庞大，且影像间的重叠关系复杂，传统数字摄影测量连接点提取算法难以满足要求。倾斜影像软件连接点提取一般采用的算法思路为：先利用定位测姿系统信息进行影像匹配像对预测，并对倾斜影像进行纠正，消除大倾角引起的仿射变形；然后通过 SIFT、Harris、SUSAN 等几种常见算法提取影像上的特征点，再通过特征匹配自动获取连接点对。其中，最著名的算法是 SIFT 算法，特别是采用 GPU 加速后的 SIFT 算法，无论是在特征提取，还是在匹配模块中都具有较高的匹配精度和时间效率。

SIFT 算法是从影像集中为每一幅影像提取若干特征点，并针对每一个特征点采用一个高维向量来描述，其目的是为后一步的影像匹配和影像相关做准备。SIFT 特征点提取主要分为建立尺度空间、检测尺度空间极值点、精确定位特征点及去除不稳定的特征点、确定特征点的主方向参数、生成特征点描述符等步骤。

（一）建立尺度空间

尺度空间就是使用尺度可变的内核函数对图像进行模糊变换，得到一系列的新图像，这些图像构成原始图像的额尺度空间。

假设 $L(x, y, \sigma)$ 是原始图像，$G(x, y, \sigma)$ 是自由度可变的内核函数，则一个图像的尺度空间可以定义为

$$L(x, y, \sigma) = G(x, y, \sigma) \otimes I(x,y)$$

$$(5-4)$$

式中，$\otimes$ 表示卷积运算。

经过前人证明，尺度空间内核是高斯函数，$G(x, y, \sigma)$ 高斯函数定义为

$$G(x,y,\sigma) = \frac{1}{2\pi\sigma^2} e^{-\frac{(x^2+y^2)}{2\sigma^2}}$$

$$(5-5)$$

式中，σ 表示尺度空间的大小，σ 越大则图像越模糊，表示图像的概貌，σ 越

小则图像越清晰，表示图像的细节。

之所以需要尺度是因为真实世界中的物体只有在一定尺度下才有意义，人们寻找的特征点就是要找到在连续的尺度空间下位置不发生改变的点。

对原始图像可以使用连续的尺度变化（尺度由小到大）得到一组变换图像，对倒数第三幅图像进行隔点采样，得到下一组的原始图像，再进行连续的尺度变化得到第二组图像，依次继续下去可得到高斯差分（difference of Gaussian，DoG）金字塔（图5-10左图）。由高斯金字塔相邻的两层相减得到高斯差分金字塔中的一层（图5-10中图）。

（二）检测尺度空间极值点

（1）构建尺度空间的目的就是检测出对尺度变化具有不变性的位置，可以利用一个代表尺度的连续函数在所有可能的尺度下寻找稳定的极值点。

（2）对尺度空间极值点斑点的检测是通过同一组内各高斯差分相邻层之间的比较完成的。为了寻找尺度空间的极值点，每一个采样点要与它所有的相邻点进行比较，看其高斯差分值是否比它的图像域和尺度域的相邻点大或者小。如图5-10右图所示，中间的像素点与和它同尺度的8个相邻点，以及与和它上下相邻尺度对应的9×2个点（共26个点）进行比较，即在一个3×3的立方体内进行比较，目的是确保在尺度空间和二维图像位置空间都检测到极值点。当采样点是极值点时，该点即成为候选点。

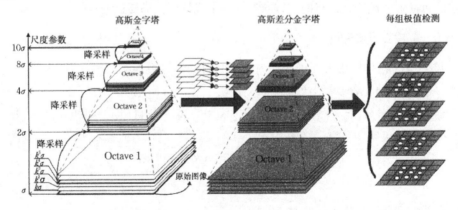

图5-10　尺度空间示意图

（三）精确定位特征点及去除不稳定的特征点

由于以上极值点的搜索是在离散空间中进行的，检测到的极值点并不是真正意义上的极值点，必须利用已知的离散空间点插值，得到连续空间的极值点，也就是精确定位特征点。精确定位极值点是用泰勒级数将高斯差分函数展开为三维二次多项式后，以偏导数为零的方法确定。

（四）确定特征点的主方向参数

为了使描述符具有旋转不变性，需要利用图像的局部特征给每一个关键点分配一个基准方向，再使用图像梯度的方法求取局部结构的稳定方向。

像元的梯度幅值计算公式为

$$m(x, y) = \sqrt{\left(L(x+1, y) - L(x-1, y)\right)^2 + \left(L(x, y+1) - L(x, y-1)\right)^2}$$

（5-6）

像元梯度幅角的计算公式为

$$\theta(x, y) = \arctan \frac{L(x, y+1) - L(x, y-1)}{L(x+1, y) - L(x-1, y)}$$

（5-7）

式中，L 为关键点所在的尺度空间值，如图 5-11 所示（为简化，图中只画了 8 个方向的直方图）。

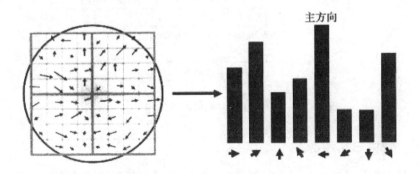

图 5-11 关键点方向直方图

（五）生成特征点描述符

通过以上步骤，每一个关键点拥有三个信息，即位置、尺度和方向。接下来就是为每个关键点建立一个描述符，用一组向量将这个关键点描述出来。这个描述符不但包括关键点，也包括关键点周围对其产生贡献的像素点。也可使关键点具有更多的不变特性，如光照变化、三维视点变化等，都可作为目标匹配的工具，以便于提高特征点正确匹配的概率。

（六）影像相关

如图 5-12 所示，影像相关的流程如下：

1. 提取特征后

首先确定航线上哪些影像之间具有重叠，可以利用航线规划的示意图、无人机的 GPS 信息，也可利用所有特征点高维向量本身的特点（如词汇树等方法），确定影像间的关系。

2. 在可能有重叠度的影像之间利用特征点描述，计算特征点之间匹配点对

同时采用比值提纯，得到粗相关点。

3. 利用随机抽样一致性算法（random sample consensus，RANSAC）进一步提纯匹配点

随机取样时，可以采用相对定向模型，也可采用本质矩阵或基础矩阵（相机检校参数已知时）模型。

4. 利用 RANSAC

提取的内点进行引导匹配，得到更多的匹配点对，并计算像对的相对定向参数。

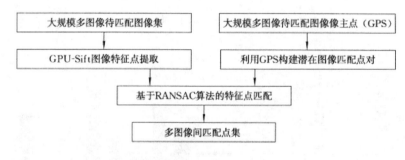

图 5-12　影像相关流程

四、空中三角测量

空中三角测量提供的平差结果是后续摄影测量处理与应用的基础。它利用测区中影像连接点的像点坐标，结合少量地面控制点（这些控制点必须同时已知像点坐标和大地坐标），通过平差计算，求解连接点的大地坐标与影像的外方位元素。

区域网空中三角测量按平差单元可分为航带法、独立模型法和光束法。其中，光束法理论最严密、解算精度最高，是空中三角测量的主流方法，同样适合多视影像的空中三角测量。

光束法区域网平差的基本思想是：以像片为单元，对区域内每张像片的控制点、相机影像 GPS 坐标（可加入惯性测量装置的姿态信息）、加密点都列立共线条件方程式，相机的检校参数作为附加未知数，建立全区域统一的误差方程，统一进行平差解算，通过迭代计算（如 Levenberg – Marquardt 法，简称为 LM 法）最优化残差，从而得到影像位置和姿态参数（6 个外方位元素）、所有加密点的地面坐标及相机自

检校参数。

在进行光束法平差时，必须要有合适的初值，所以上一步定向模型需选用稳健的三度重叠点进行计算，得到较好的初值，防止粗差对结果产生影响。在平差时，可以选择合适的权值进行选权迭代，在迭代的过程中，含有粗差的观测值的权值会越来越小，从而得到较好的结果。

在进行光束法平差时，由于加密点数量远远多于影像数量，故在计算时，可以采用增设虚拟误差方程的方式，消去一部分未知数，从而避免稀疏矩阵过大的情况。

空中三角测量的流程如图5-13所示。通常情况下，建模软件中进行一次运算便能得到空中三角测量结果，但也会出现有的数据不符合要求，导致部分空中三角测量数据出错，可以通过剔除不符合要求的数据，进行二次空中三角测量运算。为了得到更精确的空中三角测量结果，也可以对范围区域进行二次空中三角测量运算，获取精确空中三角测量数据，有利于后续模型的重建。

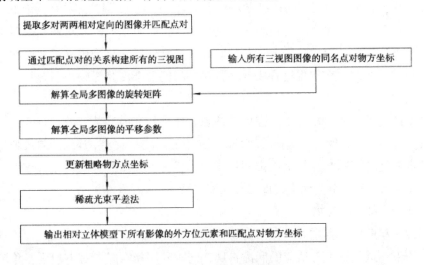

图5-13　空中三角测量流程

五、模型重建

（一）三视模型建立

由于无人机影像之间重叠度较普通的航摄仪影像大，存在大量三度重叠的像片连接点。这些三度重叠点，一方面可以用来连接上步影像相关建立的单模型；另一方面，利用三度或更多重叠度的连接点能进一步加强无人机空中自由网的强度，并能有效剔除大量粗差点。

三视模型的建立可以采用传统的相对定向方法。相对位置的表示方法有两种：以摄影基线为基准，用像对两个光线束的五个角旋转值表示像对之间相对位置关系，称为单独像对相对定向；以其中一幅影像空间坐标系为基准，用另一幅影像的两个直线移动值和三个角旋转值表示像对之间的相对位置关系，称为连续像对相对定向。

1. 利用独立模型法形成单模型

利用独立模型法形成单模型。然后利用空间三维相似变换进行模型连接，形成三视模型。

2. 连续法相对定向后，利用若干三视点计算比例尺，从而连接成三视模型

也可采用计算机视觉中的旋转量和缩放量分开答解，利用奇异值分解的方法求出三视模型中的相机相对位置和姿态参数，以及相关的连接点；然后由三视模型中的连接点计算它们之间的交会角，去掉交会角很小的像点；最后由空间前方交会计算物方点坐标，并重投影到像片上，滤除重投影误差较大的像点。

（二）多视影像密集匹配

在多视联合平差中得到的连接点是密集匹配的种子点，但按照特征提取的方法，对每个其他点按照种子点（连接点）的处理手段进行特征匹配，从而获取匹配点对的做法是不现实的，因为这需要大量的时间。通常的做法是采用基于灰度相关性的测度函数进行匹配，在实现过程中，该方法的时间复杂度相对较小，容易加速扩散点的生成。

密集匹配不仅要对影像上少量的关注点、显著特征或显著区域进行匹配，还必须解决广泛存在于影像上的遮挡、纹理缺乏/重复区域及灰度不连续边界等典型困难区域的视差计算问题，是数字摄影测量及计算机视觉领域研究的热点、难点。现有密集匹配方法可概略分为两类，即局部匹配传播和全局能量最小化。

1. 基于局部匹配传播

影像密集匹配过程主要从已匹配特征出发，利用已知的良好匹配点在不规则三角网的约束下进行纹理自适应的匹配扩展，同时利用新匹配点对不规则三角网进行动态细化，有利于减少由纹理贫乏导致的错误匹配。但其三角形内部区域连续的假设对初始匹配点的空间分布要求较高，且灰度不连续边界的有效匹配也是一个潜在问题。

2. 基于全局能量最小化

影像密集匹配代表方法主要有基于图论的 Graph Cuts 和贝叶斯统计推断框架下的 Belief Propagation。该类方法将视差图视为马尔可夫随机场（Markov random field, MRF），以单个像元的真实视差为随机变量，通过对马尔可夫随机场的模拟、推理及等价的全局能量最小化计算来获得最优视差图。全局能量最小化计算不需要考虑相关窗口大小适应性问题及隐含的窗口内视差一致性要求，能有效克服影像遮挡并实现非连续性保持，在稳定性、可靠性方面有较大优势，但计算代价高昂、影像匹配效率低下。

影像的密集匹配是整个三维重建过程中最重要的一个环节，通过密集匹配，获得所有像元准确的深度信息，通过交会计算获得高密度点云数据。

（三）生成三角网

模型重建是根据影像密集匹配得到超高密度点云数据，从而建立三角网模型的过程。平面区域的德洛奈（Delaunay）三角剖分已经相当成熟，推广到三维领域一般有两种途径：一种是将二维德洛奈空圆准则发展为三维德洛奈空球准则，对点云数据在三维空间直接进行剖分，但是这种算法的耗时较长；另一种是把点云数据投影到二维平面，再对平面域内的点云进行剖分，将剖分完的结果再映射回三维空间，它只适用于在某一方向的投影没有重叠的简单曲面。目前，基于地面点云数据的三维重建主要是对直接剖分的各种改进算法。

1. 三维德洛奈直接剖分法

首先生成一个满足条件的三角形，然后将该三角形三条边作为基础应用边，将其作为扩展准则，向三个不同方向寻找满足条件的点，生成新的三角形；再以新三角形为基础向四周生长，直至循环扩展完所有三角形。这个过程与平面德洛奈剖分算法相同，不同的是在进行边的扩展时引入以下三角剖分的五条新准则：

（1）异侧准则。寻找点与待扩展三角形的第三点分置扩展边两侧，为了使扩展后的曲面保持连续平滑的特性，在扩展每一条边时，都应在与三角形第三点相反方向上寻找符合条件的点。应使扩展后的三角形与待扩展三角形的法向量夹角为钝角（假设 AB 为扩展边，A 指向 B 的右手螺旋定则方向）。

（2）法向量夹角最大准则。为保持曲面的光滑连续性，应使扩展三角形与待扩展三角形法向量的夹角尽可能大。

（3）阈值距离准则。阈值距离将寻找点与待扩展边中点之间的距离限制在一个阈值距离之内。

（4）最小内角最大准则。在满足上述三个准则情况下，新构成三角形的最小内角是所有可能构成的三角形最小内角中的最大值。

（5）边的最大使用次数准则。为了保证在剖分过程中不出现三角形之间交叉重叠的现象，限定每一条扩展边最多只能被两个三角形所共用，即每一条边最大使用次数为 2。

2. 区域剖分法

如果对二维德洛奈剖分法的剖分过程不加任何限制，则可以快速完成剖分，但当曲面散乱点集的数据量庞大或拓扑结构复杂时，会出现自交现象。三维德洛奈剖分法虽然可以避免自交，但当曲面散乱点集的数据量庞大或拓扑结构复杂时，其执行速度较慢。因此，如果能够减少曲面散乱点集的数据量及降低其拓扑结构的复杂程度，就可以有效地改善三维德洛奈剖分法的不足，从而产生了区域剖分法。

区域剖分法将整个剖分过程分为以下三步：

（1）区域分割。将曲面散乱点集按照一定的规则划分成多个较小的区域，在每个小区域内，散乱点的数据量将减少，其拓扑结构的复杂程度也大为降低。

（2）区域内剖分。在各个区域内按照简化准则进行三角剖分，由于区域内散乱点的数据量及其拓扑结构的复杂程度都不足以产生自交现象，故可以充分发挥直接三角剖分执行速度快的特点。

（3）区域间连接。在各个区域之间按照空球准则进行三维德洛奈剖分，当两个区域的边界点有些不符合空球准则时，会自动加入新点，从而有效地实现剖分，即区域间的连接。同时，由于只是各区域的边界点，数量较少，故使用三维德洛奈剖分对整个算法的执行速度影响也不大。

3.层次细节模型

模型建成后对其进行综合，构建不同细节度的三角网模型，从而满足加快显示速度的需要。

（四）纹理匹配

纹理匹配是遵照最优选取原则获得最佳的影像数据并将其映射到模型表面的过程。共线方程为纹理匹配的理论基础，是表达物点、像点及投影中心三点在同一条直线上的数学关系式，即

$$
\left.\begin{aligned}
x &= -f\frac{a_1(X-X_s)+b_1(Y-Y_s)+c_1(Z-Z_s)}{a_3(X-X_s)+b_3(Y-Y_s)+c_3(Z-Z_s)} \\
y &= -f\frac{a_2(X-X_s)+b_2(Y-Y_s)+c_2(Z-Z_s)}{a_3(X-X_s)+b_3(Y-Y_s)+c_3(Z-Z)}
\end{aligned}\right\}
$$

（5-8）

式中，x、y 为影像的像点坐标，f 为航摄相机的焦距，a_i、b_i、c_i（i=1，2，3）为航摄像片的三个外方位角元素的余弦值，X、Y、Z 为航拍的地物点的物方空间坐标，X_s、Y_s、Z_s 为相机在拍摄影像时的物方空间坐标。

模型自动匹配纹理的原理是：获得有坐标的高精度白模模型，利用三维空间几何投影技术，选取三角网模型角点的物方坐标，结合已知影像的方位元素及其自身投影物方坐标，通过判断影像与模型面之间是否发生空间相交，并从中筛选出所有与模型面对应的影像集，挑选最佳的纹理面。计算得到其纹理坐标，将纹理面自动映射到相应的模型上，实现三维模型的纹理自动匹配。

六、单体化

（一）切割单体化

切割单体化就是利用地物模型的矢量面，直接对地物模型进行切割，即从物理的角度，把连续的三角面片网分割开，从而实现地物分离。

切割单体化主要弊端是，物理切割后，倾斜模型建筑物的边缘会带有极明显的锯齿，如图 5-14 所示。

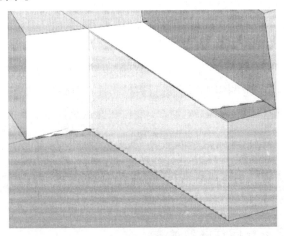

图 5-14　模型边缘锯齿

切割单体化从物理上切割模型，真正地实现了地物分离，而采用叠加矢量面方法的动态单体化，并非真正意义上的单体化，但却同样能够达到倾斜模型应用的目的。

（二）动态单体化

动态单体化的思路是采用二维数据管理三维模型，先建立与三维模型一一对应的二维矢量面（投影轮廓面）。在进行模型渲染时，利用二维矢量面动态生成包裹整个三维模型的半透明皮肤体，叠加到三维模型上，使得鼠标选中的模型呈现高亮状态，实现地物可以被单独选中的效果。

（三）二次建模

将倾斜摄影测量三维模型当作工作场景，采用专门开发的软件，在模型表面进行直接量测得到原始模型简化后的二次模型（如建筑物的一个面用矩形表示即可），然后利用倾斜摄影测量计算过程中的影像匹配信息，自动实现纹理贴图。目前，市面上代表性的软件有武汉天际航公司的 DP-Modler 软件。

这种方法可根据需要构建任意精细的单体化模型，缺点是需要人机交互，效率比较低。但比传统数字摄影测量系统测量员需要佩戴立体镜的量测方式简单很多。

第六章　地理空间信息数据库建设

地理空间信息数据库建设的目标是将采集到的地理空间信息数据有序地存储在计算机介质中，以支持、提供丰富、快捷和准确的数据访问和共享，方便各类用户通过各种手段（如数据导出、打印地图、数据服务接口）获取数据和服务。其实质是将地理空间实体以一定的组织形式进行表达，并在具体数据库系统中实现的过程，即解决地理信息系统中空间实体的数据模型化和在数据库中进行的高效存储与访问。

第一节　地理空间信息数据库的概念

一、数据库及数据库管理系统

数据库是依照某种数据模型组织起来的、能够存储在物理存储器中的数据集合。

数据库管理系统（database management system，DBMS）是一种操纵和管理数据库的大型软件，用于建立、使用和维护数据库。用户可以通过数据库管理系统访问存储在数据库中的数据，数据库管理员可以通过数据库管理系统进行数据库的维护工作。数据库管理系统可以使多个应用程序和用户同时建立、修改和访问数据库结构及存储在数据库中的数据。

数据库管理系统提供数据库的运行管理功能，包括多用户环境下的并发控制、安全性审查和存取限制控制、完整性检查、运行日志组织管理、事务管理。这些功能保证了数据库系统的正常运行。

数据库管理系统提供数据定义语言（data definition language，DDL）和数据操作语言（data manipulation language，DML）。数据定义语言用于建立和修改数据库的逻辑结构、完整性约束和物理存储结构，并将操作结果保存在数据库管理系统内部的数据字典中。数据操作语言供数据库管理系统使用，用户在系统中完成对数据的追加、删除、更新和查询操作。

数据库管理系统要分类组织、存储和管理各种数据，包括数据字典、用户数据和存储数据的文件。数据组织和存储的基本目标是提高存储空间利用率，保障存取性能和效率。

二、地理空间信息数据库

（一）地理空间信息数据库

地理空间信息数据库到目前为止还不存在全面准确的定义。可以简单地认为，地理空间信息数据库是存储包含地理空间数据（不仅限于地理空间数据）的数据库，进一步可以认为是提供空间数据存储、管理和检索功能的技术，用于表达空间实体位置、形态或形状、大小及其他属性。

地理空间信息数据作为特殊的数据类型，其特殊性表现在以下方面：

（1）数据类型不同于传统的结构化数据类型（如整型、浮点型、字符型等）。需要用可变长的浮点型坐标串表述空间位置。

（2）需要建立一套能够根据空间位置快速检索空间对象的空间索引机制，这套索引机制也不同于传统数据类型的索引。

（3）支持空间查询的 SQL 语言，参照 SQL-99 标准和开放性地理数据互操作规范（open geodata interoperability specification，OGIS），对核心 SQL 进行扩充，使之支持标准的空间运算和空间量算，具有最短路径、连通性等空间查询功能。

（4）需要存储地理空间坐标基准，用于在应用程序中图形化表达空间对象，并对空间对象进行几何量算（如面积、长度和距离）。

地理空间数据库管理系统除了需要完成常规数据库管理系统所必备的功能之外，还需要提供特定的针对地理空间数据的管理功能。常用的空间数据库管理系统的实现方法有以下两种：

1. 直接对常规数据库管理系统进行功能扩展，加入空间数据存储与管理功能

比较有代表性的系统有商用数据库 Oracle Spatial、SQL Server Spatial、Informix spatial database，以及开源数据库 MySQL Spatial、Post GIS。

2. 在常规数据库管理系统基础上开发空间数据库引擎，以获得常规数据库管理系统功能之外的空间数据存储和管理能力

代表性的系统是 Esri 的空间数据库引擎（spatial database engine，SDE）和 Super Map SDX+ 等。

（二）基础地理信息数据库

《基础地理信息数据库基本规定》（GB/T30319—2013）将基础地理信息数据定义为：作为统一的空间定位框架和空间分析基础的地理信息数据，反映了地球表面测量控制点、水系、居民地及设施、交通、管线、境界与政区、地貌、植被与土质、

地籍、地名等有关自然和社会要素的位置、形态和属性。

基础地理信息数据库是基础地理信息数据及实现其输入、编辑、浏览、查询、统计、分析、表达、输出、更新等管理、维护与分发功能的软件和支撑环境的总称，是一种特殊的地理空间数据库。因此，地理空间信息数据库的设计方法同样适用于基础地理信息数据库的设计。

第二节　地理空间信息数据库存储

地理空间信息数据库存储是通过地理空间关联实体集合的方式，实现对客观世界的抽象概括与展示，主要包括地理空间几何数据模型、地理空间实体模型、地理空间信息数据表达及组织、地理空间信息数据库存储方式等内容。其本质是对客观实体及其关系的认识和数学描述，揭示客观实体的本质特征，并对它进行抽象化表达，使之转化为计算机能够接收、处理的数据。

一、地理空间几何数据结构

地理空间几何数据结构主要是通过空间实体位置与关系描述的定义，建立特定空间几何数据规则描述模型。地理空间几何数据结构按照地理空间信息数据特征分为矢量几何数据结构、栅格影像数据结构。矢量几何数据、栅格影像数据由于其特征不同，其几何数据结构存在很大不同。

（一）矢量几何数据结构

矢量几何数据结构也称为矢量模型，主要采用空间几何概念，采用点、线、面等形式表达，图形上具有很大相似性，每个实体可以通过一个或者一组坐标信息进行描述。例如，一组封闭等高线表示山体起伏，一个多边形面表示一块草地等。可以认为矢量模型中的空间实体与要表达的现实世界中的空间实体之间具有一定的映射关系，而映射规则的建立则是人们对客观世界的高度抽象化描述。

地理空间实体的矢量几何基本单元也被称作图元。图元全称为图形输出原语（graphics output primitive），是地理信息系统中描述地理要素几何图形的基本单元，主要有点、线、面等几何图形，以及由点、线、面组合成的复合图形。一般用一对浮点型的数值表达坐标点，用多对浮点型的坐标点表达线或面。

地理空间数据模型采用几何与语义方式，对客观实体进行高度抽象概括，数据类型是其准确定义的关键问题。开放性地理数据互操作规范在地理信息系统领域获得广泛认同，其对空间数据模型进行了定义，提出了空间几何体概念，并对其基本结构与相互关系进行了定义，如图 6-1 所示。

开放性地理数据互操作规范将空间几何体分为点、线、面和几何体集合四类。

（1）点是对零维对象形状的抽象描述。

（2）线是对一维对象形状的抽象描述，一般由两个以上的点组成，可以采用点的集合表示。

（3）面是二维对象形状的抽象描述，封闭性是其最大特征。

（4）几何体集合是通过抽象方式对复杂空间图形进行概括性描述。几何体集合主要有三种类型，即多点、多线、多面。

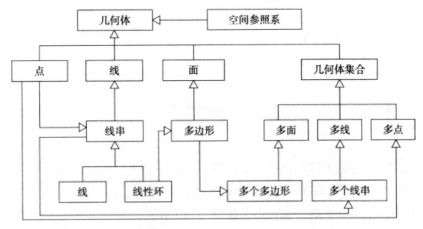

图 6-1　开放性地理数据互操作规范几何元素定义

（二）栅格影像数据结构

栅格影像数据结构也称为栅格模型，是一种结构简单、直观的空间数据结构，就是在空间实体所在区域，按照一定距离，将其表面划分为等距垂直网格阵列，然后进行行列编号定义。每个网格被称为像元，网格大小被称为其分辨率，分辨率大小决定了栅格影像数据结构描述数据的精度。例如，某个区域被划分成 10×10 个网格，那么仅能记录位于这 10×10 个网格内的物体的位置。网格的值表达了这个位置上物体的类型或状态。

栅格影像数据被分为正射影像、点云数据、遥感影像、数字地面模型等。在影像文件中，以像元为单位进行数据组织，每类栅格影像的每个像元（或点）的属性并不相同。例如，点云数据的存储单元为点，其属性一般包含坐标（X，Y，Z）、信号强度、回波时间等属性信息；遥感影像的存储单元为像元，其属性一般包含坐标（X，Y，Z）、红绿蓝不同光谱强度。图 6-2 为现实世界信息矢量或者栅格化得到的数据表示形式。

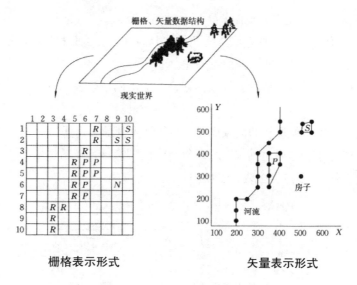

栅格表示形式　　　　矢量表示形式

图6-2　矢量结构和栅格结构

二、地理空间实体模型

地理空间信息数据库的设计需要经历一个由现实世界到概念世界，再到计算机信息世界的转化过程。概念世界的建立是通过对错综复杂的现实世界的认知与抽象，即对各种不同专业领域的研究和系统分析，最终形成应用系统所需的能够描述现实空间世界客观实体及其关系的概念化模型，如图6-3所示。

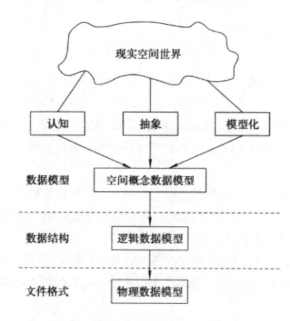

图6-3　地理空间实体数字化建模过程

（一）空间概念数据模型

空间概念数据模型也简称为概念模型。在概念模型中，经常将地理现象抽象为地理实体。地理实体也称为地理要素，是人类认知现实世界的概念对地理现象的描述。地理实体不是绝对概念，它是空间对象的最小单元。通常认为地理实体具有基本属性和几何属性。地理实体的空间形态会根据制图要求随着尺度的变化而变化，一个地理实体包含了多个不同空间形态下的几何属性。地理实体本身也可被分为单一几何元素简单地理实体、简单地理实体和复合地理实体。单一几何元素简单地理实体是简单地理实体中的特例，特指只有一个几何属性的简单地理实体，如高程点。简单地理实体是有常规属性和多个几何属性的地理实体，如陡崖、泉等。复合地理实体是由多个简单地理实体及描述它的基本属性及几何属性组合而成的地理实体，如街区、路、河流等。地理实体关系定义为直接反映地理实体关系即地理实体之间的相关状态或性质，如聚合关系、组合关系、邻接关系、关联关系、空间关系、拓扑关系等。

经常使用的概念模型主要有层次模型、网状模型、关系模型及面向对象的数据模型等。

1. 层次模型用树状图描述了各类实体及实体类之间的联系

该模型限制每一个实体类最多只能有一个双亲实体类，而一个双亲实体类则可有多个子实体类。双亲和子实体类之间即形成层次关系。

2. 网状模型用有向图来表示实体类与实体类的关系

这个模型克服了现实世界中事物之间的联系是非层次关系的弊病。该模型允许一个以上的实体类无双亲，同时至少有一个实体类有多于一个的双亲。

3. 关系模型也可以称为实体关系模型（entity relationship model，E-R）

常被称为 E-R 模型，为数据库设计人员提供了三种主要的语义概念，即实体、联系和属性。实体是对客观存在的、起独立作用的实体的一种抽象；联系是实体间有意义的相互作用或对应关系，分为一对一的联系（1：1）、一对多的联系（1：N）和多对多的联系（M：N）；属性是对实体和联系特征的描述，每个属性都关联一个域（值的集合）。

4. 面向对象的数据模型采用面向对象的方法来设计实体及实体关系

该模型将具有相同特征的实体抽象为实体类，以类为单位，每个实体类包含对象的属性和方法，具有封装和继承等特点，是对现实世界的一种高度抽象概括形式。一个对象（也称实体）就是现实世界中某个实体类的实例化，在地理信息系统的空间数据库中，任何一个空间中的实体都可以用对象的形式进行表达，如一个行政区域、一条河流等。

（二）逻辑数据模型

逻辑数据模型是由概念模型转换的、数据库管理系统能支持的数据模型。逻辑数据模型的选择应很好地支持已经建立的概念数据模型，然后再选定能支持这种逻辑数据模型且最合适的数据库管理系统。在关系型数据库中用表来实现，即用实体表表达实体，用关系表表达实体间的关系。

（三）物理数据模型

物理数据模型是逻辑数据模型反映到计算机物理存储介质中的数据组织形式。物理数据模型的选择与数据库管理系统的运行机制及应用系统对数据的访问特点密切相关。

三、地理空间数据可视化表达及组织

（一）地理空间数据可视化表达

地理空间数据可视化表达决定了地理空间数据的表现形式与内容。图层最初是为了实现地理实体表达分类而提出的概念，后期地理信息系统设计基本上都围绕图层展开。地理现象一般可以通过图层模型表达。图层模型主要在层基础上，按照矢量或者栅格方式，实现客观实体要素信息描述。基础地理信息数据本身包括传统 9 大类数据，每类按照点、线、面、注记等类型分成若干个子类，共 27 个。

一个图层内的数据不是不变的，可以根据某种属性将其分为若干组，被分组的数据可以分别进行处理和可视化显示。例如，可以把所有的路作为一个图层全部显示，也可以根据道路等级分成高速公路、城市道路、乡村道路等，再分别显示。

（二）地理空间数据组织

地理空间数据一般按照数据集、数据子集和实体类进行组织。

数据集是具有同一类特征的地理实体类的集合，通常以表格形式实现。一般根据行业领域、专业领域、用途等使用特性划分，也可以根据人们使用数据的特性划分，如经常被一起访问、经常被一起采集或更新等。

数据集可以按照树状结构组织，每个数据集中可以包含数据子集，形成数据集树状结构，在叶子子集中包含多个实体类。

四、地理空间信息数据库存储方式

随着计算机网络技术的成熟，计算机应用逐渐由单机模式转向多层架构模式，以支持多人的共同访问和操作。地理信息数据存储也由支持单机操作的文件式存储转向多人在线编辑和访问的数据库存储。

目前，空间数据包括二维矢量数据、栅格影像数据和三维数据。由于这三大类数据类型特点不同，使用方式也不同，故采用的数据存储技术也不同。

（一）二维矢量数据的存储方式

地理信息厂商为了使空间数据能在数据库中存储，充分利用了各商业数据库提供的二进制大对象和面向对象的数据结构。目前常见做法是采用关系型数据库的二进制大对象数据结构或者对象关系型数据库的对象数据结构来存储矢量空间对象的坐标数据。

如果将关系型数据库的二进制大对象数据结构作为矢量空间对象的存储方式，那么通用数据库管理系统不提供空间对象的操作运算，需要在数据库系统之外提供空间数据引擎，以完成对空间对象的操作和运算，如 Arc GIS 的 SDE、Super Map 的 SDX 等。

如果采用对象关系型数据库的对象数据结构作为矢量空间对象的存储方式，那么很多数据库管理系统能够提供对空间对象的操作运算，如 Oracle Spatial，它提供了完整的空间对象类型（SDOG eometry）定义、空间参考坐标系定义，以及构建在空间对象数据结构及空间参考坐标系基础上的一整套空间运算函数集。

（二）栅格数据的存储方式

栅格数据的基本存储对象为像元或像素点，像元或像素点本身不包含任何属性信息。因此，单个像元或像素点不具有实际的意义，必须将其组合在一起，才能表达特定的含义，如地形的高低起伏、地物的轮廓等。这类数据在使用中与其他图像资料（如像片）一样，以空间区域为单位进行访问。因此，数据库在管理栅格数据时，一般以影像文件或图幅为单位进行存储（图幅是人们为方便按空间顺序对地理信息数据进行检索而划定的空间区域），按照栅格目录、栅格数据集和镶嵌数据集进行组织，数据库中只存储对文件进行描述的元数据，如文件名称、存储位置、精度、采集时间、采集单位及数据文件存储的路径。

（三）三维数据存储方式

三维数据模型中的地理实体由多个面围成，面的表面用纹理符号渲染。每个面只能使用一种纹理，而一种纹理可以被多个面使用。具体定义如图 6-4 所示。

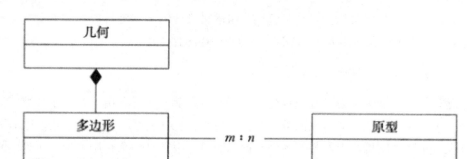

图 6-4　三维数据模型

在一般的数据库设计中，会将三维空间实体及其围成体的面及纹理文件路径存储在地理空间信息数据库中，纹理以文件方式存储。

第三节　地理空间信息数据库设计内容及过程

一、地理空间信息数据库设计内容

地理空间信息数据库设计是地理信息应用软件系统开发过程中的一个重要环节，其内容是设计一套特定的地理空间数据模型和信息结构，把现实世界的地理空间信息抽象为数据信息，并且规定这些数字信息的存储结构和管理方式，提供能够满足地理空间信息使用者需要的应用开发环境。地理空间信息数据库设计的过程就是提交满足某个地理信息系统应用领域业务需求和性能需求的概念设计、逻辑设计和物理设计。

二、地理空间信息数据库的设计过程

地理空间信息数据库设计和开发是一项复杂的工程，整个开发工程要有总体规划和实施项目管理。具体步骤为：①需求调研与分析；②子库及数据集划分；③概念结构设计；④逻辑结构设计；⑤物理结构设计；⑥空间数据库实施。这些步骤的划分目前尚无统一的标准，它们相互衔接，上一步骤的工作成果是下一步骤的工作依据，而且常常需要回溯修正。每个步骤的工作需要相应的文档记录。

（一）地理空间信息数据库需求分析

地理空间信息数据库需求分析大致可分为以下三步：

1.需求信息的收集

需求信息的收集一般以机构设置和业务活动为主干线，从高层、中层到低层逐步展开。

2.需求信息的分析整理、

对收集到的信息要做分析整理工作。数据流图（data flow diagram，DFD）是对业务流程及业务中数据联系形式的描述。数据流图主要包括：

（1）数据存储，是处理过程中要存取的数据；

（2）数据加工过程，包括数据加工过程名、说明、输入、输出、加工处理工作摘要、加工处理频度、加工处理的数据量、响应时间要求等。数据字典（data dictionary，DD）详细描述了系统中的全部数据。

数据字典主要包括：①数据项，是数据的原子单位；②数据组项，由若干数据项组成；③数据流，表示某一数据加工过程的输入数据或输出数据；④数据存储，是处理过程中要存取的数据；⑤数据加工过程，包括数据加工过程名、说明、输入、输出、加工处理工作摘要、加工处理频度、加工处理的数据量、响应时间要求等。数据流图既是需求分析的工具，也是需求分析的成果之一。数据字典是数据收集和数据分析的主要成果。

3.需求信息的评审

开发过程中的每一个阶段都要经过评审，确认任务是否全部完成，避免或纠正工作中出现的错误和疏漏。聘请第三方的专家参与评审，可保证评审的质量和客观性。评审可能导致开发过程回溯，甚至会反复多次。但是，一定要达到全部的预期目标才算暂时完成需求分析阶段的工作。需求分析阶段的工作成果是写出一份既切合实际又具有预见的需求说明书，并且附一整套详尽的数据流图和数据字典。

（二）子库及数据集划分

基础地理数据的使用和更新常以比例尺作为精度和信息密集程度的标志，不同比例尺产品的制图、数据生产流程及工艺都不相同，地图使用的领域也不同。例如，1：500 的基础地理信息主要用于工程设计，1：1000、1：2000 及 1：1 万的数据通常用于城市管理等。因此，基础地理空间信息数据库会根据比例尺的不同将数据划分为不同的子库。

数据集的划分一般会遵从《基础地理信息要素分类与代码》，分为定位基础、水系、居民地及设施、交通、管线、境界与政区、地貌、植被与土质八类数据集。

（三）地理空间信息数据库概念模型设计

地理空间信息数据库概念模型设计简称为概念模型设计，下面针对其设计技术方法与设计步骤进行说明。

1. 技术方法

地理空间信息数据库需求分析和概念模型设计阶段需要建立地理空间信息数据库的概念模型，概念模型设计常采用的建模技术方法主要有两类：一是注重描述数据及其之间语义关系的语义数据模型，如实体关系模型等；二是面向对象的数据模型。

概念模型不依赖于具体的计算机系统，它是纯粹反映信息需求的概念结构。建模是在需求分析结果的基础上展开的，需要对数据进行抽象处理。常用的数据抽象方法是"聚集"和"概括"。实体关系模型是设计概念模型时常用的方法。设计好的实体关系图再附以相应的说明书可作为阶段成果。

2. 设计步骤

概念模型设计可分为以下三步：

（1）设计局部概念模型：①确定局部概念模型的范围；②定义实体；③定义联系；④确定属性；⑤逐一画出所有的局部实体关系图，并附以相应的说明文件。

（2）设计全局概念模型：①确定公共实体类型；②合并局部实体关系图；③消除不一致因素；④优化全局实体关系图；⑤画出全局实体关系图，并附以相应的说明文件。

（3）概念模型的评审：用户评审、开发人员评审。

以上是地理空间信息数据库概念设计的通用方法，而在基础地理信息的研究领域，需要抽象的是基础地理信息范畴所要管理的空间实体类，如道路、河流、房屋、控制点等。概念设计可以遵照《基础地理信息要素分类与代码》中的规定执行。

概念模型常采用面向对象的数据模型或实体关系模型。面向对象的数据模型一般会使用类图表达，实体关系模型会使用实体关系图表达。

（四）地理空间信息数据库逻辑设计

逻辑设计是把信息世界中的概念模型利用数据库管理系统提供的工具映射到计算机世界中被数据库管理系统支持的数据模型，并用数据描述语言表达出来。逻辑设计又称为数据模型映射，所以逻辑设计是根据概念模型和数据库管理系统来选择的。

逻辑设计的输入要素包括概念模式、用户需求、约束条件、选用的数据库管理系统的特性。逻辑设计的输出信息包括数据库管理系统可处理的模式和子模式、应用程序设计指南、物理设计指南。

1. 设计模式与子模式

关系数据库的模式设计可分四步完成：①建立初始关系模式；②规范化处理；③模式评价；④修正模式。

初始模式形成阶段是把实体关系图表示的实体关系类型转换成选定的数据库管

理系统所支持的记录类型，包括层次、网状、关系、面向对象系统等。实体关系模型可以向现有的各种数据库模型转换，对不同的数据库模型有不同的转换规则。例如，需要实现一个全关系型的空间数据库，则向实体关系模型转换的规则是：①一个实体类型转换成一个关系模式，实体的属性就是关系的属性，实体的关键字就是关系的关键字；②一个联系类型转换成一个关系模式，参与该联系类型的各实体的关键字及关系的属性转换成关系的属性。

模式评价阶段是依据定量分析和性能测算做出评价。定量分析评价指处理频率和数据容量及其增长情况。性能测算是指计算逻辑记录访问数目、一个应用程序传输的总字节数和数据库的总字节数等。

经过多次的模式评价和模式修正，确定最终的模式和子模式，写出逻辑数据库结构说明书。

2. 编写应用程序设计指南

根据设计好的模式和应用需求，规划应用程序的架构，设计应用程序的草图，指定每个应用程序的数据存取功能和数据处理功能框架，提供程序上的逻辑接口，编写应用程序设计指南。

3. 编写物理设计指南

根据设计好的模式和应用需求，整理物理设计阶段所需的一些重要数据和文档，如数据库的数据容量、各个关系（文件）的数据容量、应用处理频率、操作顺序、响应速度、各个应用的单位时间内所访问逻辑记录个数（logical record access，LRA）和单位时间内传输的数据字节数（transport volume，TV）、程序访问路径建议等。这些数据和要求将直接用于物理数据库的设计，并编写物理设计指南。

（五）地理空间信息数据库物理设计

地理空间信息数据库物理设计简称为物理设计。物理设计是对给定的逻辑数据模型配置一个最适合应用环境的物理结构。物理设计的输入要素包括模式和子模式、物理设计指南、硬件特性、操作系统（operating system，OS）和数据库管理系统的约束、运行要求等。物理设计的输出信息主要是物理数据库结构说明书，包括物理数据库结构、存储记录格式、存储记录位置分配及访问方法等。

数据库的物理设计需要设计人员非常了解数据库软件的内部原理和运行机制。

物理设计的步骤如下：

1. 存储记录结构设计

设计综合分析数据存储要求和应用需求，设计存储记录格式。

2. 存储空间分配

存储空间分配有两个原则：①存取频度高的数据尽量安排在快速、随机设备上，存取频度低的数据则安排在速度较慢的设备上；②相互依赖性强的数据尽量存储在同一台设备上，且尽量安排在邻近的存储空间上。从提高系统性能方面考虑，应将设计好的存储记录作为一个整体合理地分配物理存储区域。尽可能充分利用物理顺序特点，把不同类型的存储记录指派到不同的物理群中。

3.访问方法的设计

一个访问方法包括存储结构和检索机构两部分。存储结构限定了访问存储记录时可以使用的访问路径，检索机构定义了每个应用实际使用的访问路径。

4.物理设计的性能评价

——查询响应时间。从查询开始到有结果显示之间所经历的时间称为查询响应时间。查询响应时间可进一步细分为服务时间、等待时间和延迟时间。在物理设计过程中，要对系统的性能进行评价。性能评价包括时间、空间、效率、开销等各个方面：CPU 服务时间和 I/O 服务时间的长短取决于应用程序设计；CPU 队列等待时间和 I/O 队列等待时间的长短受计算机系统作业的影响；设计者可以有限度地控制分布式数据库系统的通信延迟时间。

——存储空间。存储空间用于存放程序和数据。程序包括运行的应用程序、数据库管理系统子程序、OS 子程序等。数据包括用户工作区、数据库管理系统工作区、OS 工作区、索引缓冲区、数据缓冲区等。存储空间分为主存空间和辅存空间。设计者只能有限度地控制主存空间，如可指定缓冲区的分配等。但设计者能够有效地控制辅存空间。

——开销与效率。设计中还要考虑各种开销，开销增大，系统效率将下降。具体包括：事务开销指从事务开始到事务结束所耗用的时间，更新事务要修改索引、重写物理块、进行写校验等操作，增加了额外的开销，更新频度应列为设计的考虑因素；报告生成开销指从数据输入到有结果输出这段时间，报告生成占用 CPU 及 I/O 服务的时间较长，设计中要进行筛选，除去不必要的报告生成；对数据库的重组也是一项大的开销，设计中应考虑数据量和处理频度这两个因素，做到避免或尽量减少重组数据库。

在物理设计阶段，设计、评价、修改这个过程可能要反复多次，最终得到较完善的物理数据库结构说明书。

建立数据库时，数据库管理员（database administrator，DBA）依据物理数据库结构说明书，使用数据库管理系统提供的工具可以进行数据库配置。

在数据库运行时，数据库管理员监察数据库的各项性能，依据物理数据库结构说明书的准则，及时进行修正和优化操作，保证数据库系统能够保持高效率运行。

（六）地理空间信息数据库建库

根据地理空间信息数据库逻辑设计和物理设计的结果，就可以在计算机上创建实际的空间数据库结构，装入空间数据，并进行测试和运行，这个过程就是空间数据库的实现过程，包括：①建立实际的空间数据库结构；②装入试验性的空间数据对应用程序进行测试，以确认其功能和性能是否满足设计要求，并检查对数据库存储空间的占有情况；③装入实际的空间数据，即数据库的加载，建立实际运行的空间数据库。

第四节　地理空间信息数据库的标准化设计

地理空间信息数据库的标准化设计包括统一的空间定位框架、统一的数据分类标准、统一的数据编码系统、统一的数据记录格式、统一的数据采集原则和统一的数据测试标准。

一、统一的空间定位框架

统一的空间定位框架是为各种数据信息的输入、输出和匹配等处理提供共同的地理坐标基础。这种坐标基础可以归化为地理坐标、网络坐标和投影坐标。当数据信息的来源不同时，必须将它们统一到这三种坐标之一下。

一般来说，地理信息系统所采用的投影应与国家基本地形图系列所采用的投影一致，即1∶1万至1∶50万比例尺图幅采用高斯－克吕格投影。高斯－吕克格投影是一种保角投影，在每一幅图范围内无角度变形，其最大长度变形不超过0.14%，最大面积变形不超过0.28%，精度可以满足使用的要求。1∶100万及更小比例尺的图幅采用等角圆锥投影。

格网系统有基本格网、加密格网、合并格网和辅助格网四种划分方法可供选择。其具体划分的方案如下：

（一）基本格网，分为三级

一级格网，相当于1∶100万图幅；二级格网，相当于1∶10万图幅；三级格网，相当于1∶1万图幅。

（二）加密格网，在基本格网基础上再细分为六级

1/2格网相当于1∶5000图幅，实地约7.5km²；1/4格网相当于1∶2500图幅，实地约1-6km²；1/8格网相当于1∶1000图幅，实地约0.4km²；1/16格网相当于1∶

500 图幅，实地约 0.1km²；1/96 格网相当于 1：100 图幅，实地约 2800m²；1/384 格网相当于 1：25 图幅，实地约 175m²。

（三）合并格网，它以基本格网为基础，按需要进行格网整倍数的合并表示，分为五级

2 倍格网，相当于 1：2-5 万图幅；4 倍格网，相当于 1：5 万图幅；16 倍格网，相当于 1：20 万图幅；24 倍格网，相当于 1：25 万图幅；48 倍格网，相当于 1：50 万图幅。

（四）辅助格网

对于 1：1 万 ~ 1：5 万比例尺的数据文件，将平面直角坐标作为辅助格网，如格网的边长可以为 1km × 1km、250m × 250m 等。

除辅助格网外，三种类型的格网均以经纬度的细分作为格网划分的依据，与我国基本比例尺地形图分幅系列一致，容易实施分幅检索和区域拼接。

二、统一的数据分类标准

数据分类是为了满足计算机存储、编码和检索等的需要。分类体系划分是否合理，直接影响地理信息系统数据的组织、系统间数据的连接、传输和共享，以及地理信息系统产品的质量。因此，它是系统设计和数据库建立过程中极为重要的一项基础工作。

国家规范研究组建议，信息分类体系采用宏观的全国分类系统与详细的专业系统之间相递归的分类方案，即低一级的分类系统必须能归并和综合到高一级的分类系统之中。为此，首先将社会环境、自然环境、资源与能源三大类作为第一层；其次，根据环境因素和资源类别的主要特征与基本差异，再划分为十四个二级类，作为第二层；再次，将每一个二级类包括的最主要的内容，作为第三级类别；最后，按照各个区域的地理特点和用户的需求，拟订区域的分类系统和每一个专业类型的具体分类标准。

三、统一的数据编码系统

地理信息系统存储的空间数据具有时间、空间和属性的复杂特征，需要利用计算机能够识别的代码体系获得地理分类和特征描述。同时需要制定统一的编码属性标准，以实现地理要素的计算机输入、存储，以及系统间的数据共享。在制定系统编码属性时，应遵守下列原则：

（一）系统性

信息系统中空间信息的编码应统一规划、统筹安排，不能各行其是，随意变动。

（二）一致性

任何专业名词、术语的定义必须严格保持概念的一致，对同一专业名词、术语的描述必须是唯一的，且不能重复。

（三）科学性

编码能可靠地识别数据信息的分类，以较少的代码提供丰富的参考信息，根据代码结构能进行数据间关系的逻辑推理和判别。

（四）标准化

代码的内容和长度必须一致，码位的分配及格式必须一致，代码含义明确，不能出现代码的多义性等。

（五）扩展性

系统编码的码位应留有充足的余地，当代码增加或删除时，不至破坏原有代码。

（六）适用性

代码不宜过长（一般为 4 ~ 7 位），必须以较少的码位提供丰富的参考信息，便于记录和查找，既可以减少出错可能性和操作量，又可减少存储量及计算机处理时间。例如，对于地形图中各种空间数据，采用 4 位整数编码法。这种编码的方法主要是参考地形图图式符号的分类，用 4 位整数对地形要素进行分类编码。把全部编码分成 1 ~ 9 位，共 9 个类。1 代表测量控制点，2 代表居民地，3 代表独立地物，4 代表管线和垣栅，5 代表境界，6 代表道路，7 代表水系，8 代表地貌与土质，9 代表植被。其余 3 位代表线型、方式和种类。

四、统一的数据记录格式

数据记录格式是指地理信息系统的原始数据和输出数据在存储介质内的记录方式，对不同来源（遥感、地图、社会统计）和不同形式（点、线、面）的数据，都必须按照标准的记录格式记录，以保证系统对各种数据信息的接纳、处理和共享。

地理信息系统常采用的数据记录格式包括多边形数据格式、栅格数据格式和影像数据格式。多边形数据记录格式以弧段为基本逻辑单元，其数据文件由节点文件、弧段属性文件、弧段坐标文件和多边形文件组成。为了加速多边形信息的检索，可以建立类型或区域位置检索表，如建立二级或三级目录表，或倒排文件检索。栅格数据记录格式以同质数据串为基本的逻辑单元。影像数据的记录格式主要包括交叉式记录和顺序式记录两种。交叉式记录是采用分带的方法，对四个波段的信息呈交叉式存储；顺序式记录是按波段顺序存储数据。由于影像数据是地理信息系统数据更新的重要手段之一，因此识别影像数据的记录格式有助于在计算机上读出它们，以实现影像数据的回放处理和显示。

五、统一的数据采集原则

地理空间信息数据库中涉及众多自然资源和经济统计部门的数据。它具有数据量大，数据种类繁多，空间定位数据和统计数据并存，数据随时更新等特点。根据系统的目标和功能，要求统一数据采集原则，系统全面而准确地占有尽可能多的有用数据，保证遵循数据可用性、权威性、科学性、可溯性和现势性原则，从应用出发采集数据。

六、统一的数据测试标准

地理要素属性数据的采集需要统一的测试标准。例如，大量的自然资源、环境等数据，执行测试的标准不统一使数据共享毫无意义。因此，统一测试标准和量纲是属性数据与其他系统交换的必要条件之一。

各种属性数据中的物理量应按照符合国家计量标准的测试方法和量纲进行测试和表示。

第五节　地理空间信息数据库功能设计

一、数据输入设计

空间数据输入包括图形数据的输入和属性数据的输入。图形数据有地图、遥感图像、实测数据等；属性数据是有关空间实体的属性信息。图形数据的输入主要是完成地图和照片的数字化工作，传统的数字化方法主要采用两种形式，即手扶跟踪数字化和扫描数字化（屏幕跟踪）。此外，还有几何坐标输入和现有数据转换输入。而属性数据的输入一般采用表格形式，以 ID 码实现与图形数据的连接。

二、数据检索设计

空间数据检索的目的是从空间数据库中快速高效地检索出所需要的数据，实质上就是按一定条件对空间实体的图形数据和属性数据进行查询检索，形成一个新的空间数据子集。检索设计主要根据地理信息系统应用的实际要求，用 SQL 语言、扩展 SQL 语言和具有检索功能的地理信息系统命令完成。

其中，空间检索是目前空间数据检索研究的热点，最常见的空间数据检索是基于拓扑关系（包括邻接、关联、包含等）的空间检索。主要的基于拓扑关系的空间检索如下：

（一）面—面关系检索

面—面的关系有 8 种，面—面关系检索主要是查询并判断多个面实体之间是否相邻、包含、相交及方向距离的关系等，如查询与白云山邻接的土地利用类型有哪些、与广东省相邻的省份有哪些等。

（二）线—线关系检索

线—线关系有 33 种，线—线关系检索主要是查询并判断线与线之间是否有邻接、相交、平行、重叠及方向距离的关系等，如查询河流的支流，就是查询与主流相交的河流。

（三）点—点关系检索

点—点关系检索主要是查询并判断点与点之间距离、方向及重叠等关系，如检索某学校周边 5km 内的网吧。

（四）线—面关系检索

线—面关系检索主要是查询并判断线与面之间距离、方向、相交及重叠等关系，如京珠高速公路穿越的行政区有哪些。

（五）点—线关系检索

点—线关系检索主要是查询并判断点与线之间距离、方向、相交及重叠等关系，如有哪几条高速公路及河流贯穿广州市。

（六）点—面关系检索

点—面关系检索主要是查询并判断点与面之间距离、方向及包含等关系，如检索广州市越秀区内所有的医院。

（七）边缘匹配检索

边缘匹配检索指在多幅地图的数据文件之间进行空间检索时，需要应用边缘匹配处理技术，建立跨越图幅边界的多边形，提取与查询相关联的图幅数据，然后将这些数据自动地组织到连续的窗口范围内。

当空间数据库的图幅很多时，数据检索可能会涉及多图幅，因此图库的管理和图幅之间数据的无缝处理便成为空间数据检索的核心内容之一。要进行这两项任务处理，图库必须建立在统一的坐标系、统一的坐标原点、统一的投影类型下，每个图幅至少要有四个控制点，并要对各个图层建立空间索引等。

三、数据输出设计

空间数据输出设计指按实际应用的要求和可视化原则，将地理信息系统操作和分析的结果展示在屏幕上或打印到图纸上的过程。空间数据输出设计应注意的因素如下：

（1）应从美学原则出发，布局图中各种内容的位置、调配大小和色彩、设计优美的地图整饰等。

（2）空间数据的输出应带有很大的灵活性，允许用户对输出内容进行动态组合。例如，在土地利用规划管理信息系统中，有时要输出某小区域的宗地图，有时要输出土地利用分布图等。

（3）为常用的输出格式设计模板以方便用户。

（4）输出数据的表达形式尽可能多样化，如采用多媒体技术等。

四、数据更新设计

空间数据更新设计是地理信息系统空间数据库设计的重要内容，因为数据更新是地理信息系统活力源泉之一。随着地理信息系统应用的深入，数据成为制约地理信息系统发展的瓶颈，因此迫切要求数据获取手段和数据更新手段不断地得到完善。

在空间数据更新过程中，往往不是所有的特征数据都发生变化，通常是其中一种或是多种发生变化。因此，根据空间数据发生变化的类型，可以将空间数据的变更分为几何数据不变、属性数据改变，几何数据改变、属性数据不变和几何数据改变、属性数据改变三种类型。其中，几何数据的改变很可能导致拓扑数据的改变，因此拓扑数据也要随之更新。

根据空间数据更新的类型，可以设计有效的数据更新方法，从而减少空间数据更新的工作量，降低空间数据存储的冗余度。但是，随着地理信息系统应用要求的提高，越来越多的系统要求数据更新设计要考虑历史数据问题，以便可追溯到某一时段的历史数据，进行时空序列分析等。尤其是在地籍管理信息系统中，历史数据还是地籍纠纷的法律依据之一。

综合以上分析，在地理信息系统应用中，空间数据的更新设计很少采用对整个数据库进行彻底更新的方法，更多的是进行局部的几何数据或属性数据的更新。下面介绍常用的三种数据更新模型。

（一）连续快照模型

连续快照模型是用一系列地理现象的状态所对应的地图来反映其时空演化过程。

连续快照就像照相一样，仅代表地理现象的状态，而缺乏对现象所包含对象变化的明确表现，因此它不能确定地理现象所包含的对象在时间上的拓扑关系。连续快照是对状态数据的完整存储，易于实现，但数据冗余度很大。

（二）底图修改模型

底图修改模型首先确定数据的初始状态，然后仅记录时间片段后发生变化的区域，通过叠加操作来建立现实的状态数据。其中，每一次叠加则表示状态的一次变化。

（三）时空合成模型

时空合成模型是在底图修改模型的基础上发展起来的，其设计思想是将每一次独立的叠加操作转换为一次性的合成叠加。这样，变化的积累形成最小变化单元，将由这些变化单元构成的图形文件和记录变化历史的属性文件联系在一起，则可较完整地表达数据的时空特征。在属性数据更新上，除了记录属性变化外，还要在表中添加一列"时间信息"，它表示了属性数据的生存期。

五、数据共享设计

空间数据共享是地理信息系统界一直关心的问题，目前尚未完全解决。影响它的有技术因素，也有非技术因素。非技术因素涉及政策与社会问题。根据谁投资谁受益的原则，可以考虑让空间数据商品化来解决该问题。本节主要讨论空间数据共享的技术因素，即数据的规范化与标准化。下面列出了三种可能的数据共享的途径：

（一）数据转换

包括有语义约束的数据格式转换和没有语义约束的数据格式转换。由于不同的软件表达空间实体的方式有差异，不能保证所有的信息都能转换成功，存在数据损失，因此在数据转换前后还需进行手工编辑。

（二）基于元数据的空间数据网络查询和应用

在网络环境下通过元数据的支持实现对空间数据的查询、下载和应用。

（三）地理信息系统互操作，是以消息机制为基础实现空间数据共享的行为

采用该方式不仅能实现空间数据共享，还可以实现功能的互操作。

六、扩展设计

在设计数据库时，需要面向未来，因此要考虑数据库扩充性。

（一）扩展原则

（1）允许对现有数据施加更严格的限定。

（2）允许对现有数据域值施加更严格的限定。

（3）允许对本方案规定域值的使用范围加以限制。

（4）不允许扩展本方案规定不包含的内容（如在设计地理空间信息数据库时，规定地理空间信息数据为三类，扩展时不允许增加新的空间数据类型）。

（二）扩展类型

（1）扩展属性字段的值域。

（2）增加新的属性字段。

（3）增加新的属性表。

（4）增加新的用户层。

（5）增加新的专题。

（6）对已有数据值域增加更多的限定。

（三）扩展方法

（1）检查本方案规定的数据内容，确定不适合具体应用的部分或需扩展补充的部分。

（2）根据规定的扩展类型和扩展原则确定扩展的数据集、实体和（或）元素。

（3）对扩展内容进行标准的一致性测试。

第六节　地理空间信息元数据库设计

地理空间信息元数据库简称为元数据库。元数据库是一种全局性的、战略性的、关键性的数据资源，对地理空间信息数据库的建设起着至关重要的作用。

元数据有三种用途：一是作为数据的目录，提供数据集内容的摘要，为数据交换中心提供信息；二是用于数据共享，提供数据集或数据库转换所需要的数据内容、形式、质量方面的信息，通过元数据，不同系统之间可以接受并理解数据，并可以与自己的数据集集成在一起，使地理空间信息实现真正意义上的共享；三是用于内部文件记录，以记录数据集或数据库的内容、组织形式、维护和更新等操作，以便

组织和维护数据的可靠性。

一、内容设计

元数据是对数据集合进行描述的"数据"，是说明数据内容、质量、状况和其他有关特征的诠释信息，适用于数据的管理、使用、发布、浏览、转换、共享各方面的要求。

元数据的主要内容应涵盖的各类信息有：①元数据实体集信息；②标识信息；③限制信息；④数据质量信息；⑤维护信息；⑥空间表示信息；⑦参考系信息；⑧内容信息；⑨图示表达编目信息；⑩分发信息；　元数据扩展信息；　应用模式信息；　范围信息；　引用和负责单位信息。

数据集的元数据应建立元数据库。元数据操作工具应包括输入、编辑与维护管理、查询检索、发布等功能。元数据库应与其所描述的城市基础地理信息系统数据库建立关联，并应符合安全和保密的原则，可直接链接也可间接链接。空间数据库会定期或不定期更新，其元数据库也应相应地实时更新，同时应做好元数据的备份工作，并应建立历史元数据库。

目前，对于元数据的应用需求主要集中在目录、历史记录、地理空间数据集内部及可读性四个方面。在目录方面的应用中，元数据可以确定地理数据中的许多核心问题，如地理应用中的专题和主题、作者和生产者、分辨率和比例尺、实时性和日期、数据结构和格式，以及物理格式和介质等信息；在历史记录中，元数据包含的数据所有权等信息能够支持地理空间数据的存储、更新、生产管理和维护，并在使用地理空间数据发生纠纷时，提供合法的证据信息；在地理空间数据集内部，元数据可以与空间数据集结合，按一定的格式支持地理空间数据的应用与共享，并实现对数据集的合理评估；在可读性方面，元数据可以使计算机按标准格式定位和查找信息、管理数据库和数据生产，这样不仅可以大力提高地理空间数据的使用，而且用户也容易理解。

二、元数据标准体系

元数据标准体系如图 6-5 所示。

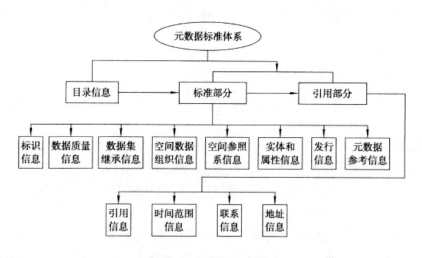

图 6-5　元数据标准体系

三、层次结构设计

元数据要合理组织，以便最大限度地发挥元数据的作用。一般来讲，元数据库按照所描述数据的层次，分成三个级别的元数据：数据库级，要素类（子类）级和图幅级，如图 6-6 所示。

（一）数据库级元数据

数据库级元数据是数据库内容的总体描述，是用户标识和查询一个完整数据库的唯一信息，属于目录信息。通过它，可以概要性地查询数据库，使用户对数据库有一个基本了解。

数据库级元数据可分为编目信息、数据库所属项目标识信息、范围信息、数据集内容信息、限制信息、数据日志说明、发行信息和元数据参考信息等子集。

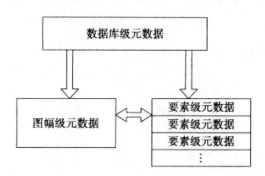

图 6-6　元数据库层次结构示意

（二）要素类级元数据

要素类级元数据包括标识信息、图幅范围信息、数据集继承信息、数据质量（数据精度、数据评价）信息、空间参考信息、产品发行信息（属性项信息、数据更新时间、数据更新方法）等。

（三）图幅级元数据

图幅级元数据是数据库中各图幅（数据块）内容的总体描述，用于详细查询图幅情况，使用户能够了解图幅是否满足其使用要求，分为标识信息、图幅范围信息、数据集继承信息、数据质量（数据精度、数据评价）信息、空间参考信息、产品发行信息等子集。

四、数据字典设计

数据字典是一种用户可以访问的记录数据库和应用程序元数据的目录。主动数据字典是指在对数据库或应用程序结构进行修改时，其内容可以由数据库管理系统自动更新的数据字典。被动数据字典是指修改时必须手工更新其内容的数据字典。为规范数据库的说明信息，便于数据管理、数据维护、数据共享、数据分发服务，建议在数据库建立过程编写《数据库数据字典》。

数据字典不可能为数据库中可能出现的所有数据基本单元提供内容目录，只能从总体上为数据库基本数据元素提供较完整的描述。在数据库开发的过程中，数据字典需要根据实际项目对空间数据库的需求，不断地调整和完善。

第七节 地理空间信息数据库设计案例

本节将介绍从三个不同角度出发设计的基础地理空间信息数据库矢量数据库设计案例。由于物理设计在具体项目设计中根据选用的具体数据库管理系统和实际的应用场景有很大变化，因此在案例中不做详细介绍，本节只对概念设计和逻辑设计举例展开说明。

一、面向制图的数字线划图数据库的设计

数字线划图是基础地形测绘的数字化的成果，全面地描述地表现象，目视效果与同比例尺一致但色彩更丰富。通常测绘行业将数字化的基础地形图按比例尺存入数据库管理系统的工作称为基础地理空间信息数据库建库。

（一）概念设计

数字线划图管理的最小单元是表达地理实体的制图单元，如线划（位置、边线、面），其目标是实现基础地形图的制图效果。其特点如下：

（1）所制图单元被分解成带有空间位置坐标的几何形状，即图元。

（2）图元可以被抽象成点、线、面、注记四大类。

（3）用地理分类编码来区分图元的语义（属于哪类地物）。

（4）每个图元具备基本属性。

（5）不完全具备地理实体的抽象，因此在设计中不重视对地理实体唯一标识的设计。

（6）不考虑各种图元间可能存在的关系。

（二）逻辑设计

1. 表定义

根据《基础地理信息要素分类与代码》规定的地理信息八大类（定位基础、水系、居民地及设施、交通、管线、境界与政区、地貌、植被与土质）中每一类与几何图元类型点、线、面、标注分别组合形成不同的表简称图层表，如表 6-1 所示。

表 6-1　数字线划图基础空间库图层划分

数据集划分	图层表
定位基础	点表
	标注表
水系	点表
	线表
	面表
	标注表
居民地和设施	点表
	线表
	面表
	标注表

续表

	点表
	线表
交通	结构线表（道路中心线）
	面表
	标注表
	点表
管线	线表
	标注表
	点表
境界与政区	线表
	面表
	标注表
	点表
地貌	线表
	面表
	标注表
	点表
植被与土质	线表
	面表
	标注表
数据集划分	图层表
定位基础	点表
	标注表
水系	点表
	线表

2. 非空间属性字段设计

每个图层表需要存储地理空间坐标和属性信息。基础地理信息的基本属性必须包含有意义的字段（具体地理分类编码详见国标《基础地理信息要素分类与代码》），以下简称分类代码,其他属性字段需要根据不同大类有所变化。

以交通为例,根据国标《基础地理信息要素数据字典》(GB/T20258—2019)四部分的要求,道路被分为单线标准轨、单线窄轨、国道、省道、县道、乡道、专用公路、匝道、地铁、轻轨、有轨电车轨道、快速路、高架路、引道、主干道、次干道、支线、内部道路、阶梯路、机耕路、乡村路、小路,按道路功能分类,可将其划分为六类,如图6-7所示。

各类道路的基本属性存在部分差异,如公路中国道的基本属性有分类代码、国道路线名称、国道路线编号、技术等级、路面铺设材料类型、路面宽度、路面铺面宽度、数据来源类型和数据更新日期,而城市道路中快速路的基本属性有分类代码、快速路名称、行业名称代码、车道数、数据来源类型、数据更新日期,如图6-8所示。

一般情况下,设计者会把所有类型道路的基本属性的合集作为全部属性字段,在实际数据更新时,不同类型的道路填写不同字段,如国道需要填写分类代码、国道路线名称、国道路线编号、技术等级、路面铺设材料类型、路面宽度、路面铺面宽度、数据来源类型和数据更新日期字段,而快速路除了填写公共字段分类代码、快速路名称、数据来源类型、数据更新日期外,还需要填写行业名称代码、车道数字段。

3.空间属性设计

空间属性设计重点在于采用哪种存储方式,这不仅取决于数据库的选择,还取决于地理信息系统平台。

一般的地理信息系统平台会采用数据库的 BLOB 数据类型的字段存储空间坐标属性,也有采用数据库的 OBJECT 数据类型的字段存储空间坐标属性,以增加数据的开放性,方便使用标准 SQL 读取空间坐标数据。

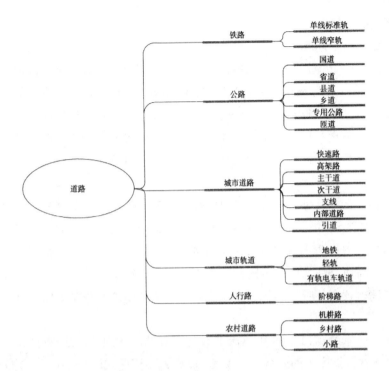

图 6-7 道路分类

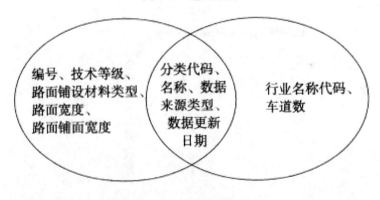

图 6-8 不同等级道路属性项差异

（三）模型优势及存在的问题

1.模型优势

（1）以制图概念为基础，很好地解决了标准地形图制图和背景地图应用的问题。

（2）这种设计概念简单，与常用地理信息软件的基本概念和数据组织方式类似，容易理解和实现，是目前较常见的基础地理空间信息数据库设计方式，被广泛采纳。

（3）如果采用批量数据更新且不需要考虑地理实体间、数据集之间（八大类之间的制约关系）、子库（不同比例尺的同步更新）之间的一致性关系时，这种模型存在相当大的优势。

2. 数据完整性问题

此模型在实际应用中最常见的问题就是数据完整性问题，主要体现在模型中缺少地理实体唯一标识。每个图元代表一个地理实体，通常情况下没有问题，但当一个地理实体由多个图形对象组成的时候，这种模型很难找到构成地理实体的全部要素（全部图形要素和属性要素），更难从一个图形要素找到同一地理实体的其他图形要素。也就是说，这种模型无法将构成地理实体对象的不同要素作为一个整体来处理。

以道路为例，《基础地理信息要素数据字典》规定高速公路的图形要素有道路中心线、道路边线和道路面，按照上面的设计，一条高速公路的中心线将被存储到道路结构线表中，两条边线将被存储到道路线表中，高速公路面将被存储到道路面表中。一个高速公路实体被分割到三个表中，由于每张表的存储记录中没有系统能够统一管理地理实体唯一标识，故无法建立一条高速公路各个组成部分间的关联关系。

图 6-9 所示的高速公路中，G1 被 G2 分为两段，按照常规的设计原则，这三段高速公路将在数据库中的道路结构线表（表 6-2）、道路线表（表 6-3）、道路面表（表 6-4）中形成记录。

图 6-9　道路交叉

表 6-2　道路结构线表

名称	编号	分类代码	…	几何图形
京沈高速	G1	420100316	…	$x_1, y_1, x_2, y_2, \cdots, x_n, y_n$
京沈高速	G1	420100316	…	$x_1, y_1, x_2, y_2, \cdots, x_m, y_m$
京沪高速	G2	420100316	…	$x_1, y_1, x_2, y_2, \cdots, x_r, y_r$

表 6-3　道路线表

分类代码	…	几何图形
420001350	…	$x_1, y_1, x_2, y_2, \cdots, x_n, y_n$
420001350	…	$x_1, y_1, x_2, y_2, \cdots, x_m, y_m$
420001350	…	$x_1, y_1, x_2, y_2, \cdots, x_1, y_1$
420001350	…	$x_1, y_1, x_2, y_2, \cdots, x_p, y_p$
420001350	…	$x_1, y_1, x_2, y_2, \cdots, x_q, y_q$
420001350	…	$x_1, y_1, x_2, y_2, \cdots, x_r, y_r$

表 6-4　道路面表

分类代码	…	几何图形
420100314	…	$x_1, y_1, x_2, y_2, \cdots, x_m, y_m, x_1, y_1$
420100314	…	$x_1, y_1, x_2, y_2, \cdots, x_m, y_m, x_1, y_1$
420100314	…	$x_1, y_1, x_2, y_2, \cdots, x_m, y_m, x_1, y_1$

从这些记录中发现，由于没有给同一地理对象统一的唯一标识，无法在道路线表和面表中找到与结构线表对应的道路边线和道路面记录，也无法通过道路线表中的一条边线记录找到全部的边线及在面表和结构线中找到同一条道路对应的道路面和道路结构线。

没有唯一标识的设计在以业务对象为管理核心的应用中带来的问题更加明显。例如，无法与业务信息集成，从而无法形成完整的业务对象。又如，在道路建设管理中，不仅需要了解新建道路与原有路网的关系，还需要考虑整个道路的用地情况和道路边线与道路红线的关系。因此，需要把道路中心线、道路边线及道路面作为一个整体来考虑。

在更新数据时，无法做到面向对象的增量更新。这是因为没有对地理实体进行对象化处理，每个地理实体没有唯一标识，在数据生产时，无法按照对象标识变化找到被修改的地理实体，增量更新也就无从做起。这也是现今基础地理数据库多采用整个区域或分幅批量更新的主要原因。

基础地理信息中存在大量行业所需的空间信息，如果基础地理信息数据模型能充分考虑行业空间信息的需求，将很好地支撑行业应用。而面向制图的设计在支持行业应用进行数据更新时，由于缺少唯一标识，会出现无法找到更新前后相同地理实体的对应关系的情况。人们尝试用空间匹配的算法寻找变化，但无法做到完全准确，这降低了行业应用对基于数字线划图的基础地理信息的期待。

二、面向圖庫一體化的基礎地理空間信息數據庫設計

相對於面向制圖的數字線劃圖數據庫設計方法，面向圖庫一體化的基礎地理空間信息數據庫設計在以下方面做了改進：

（1）建立地理實體概念，為每個地理實體對象分配唯一標識。

（2）為每個地理實體增加時態信息，標識地理實體的創建時間、刪除時間及在地理實體存續過程中的最後一次修改時間，以實現面向地理實體的增量更新及地理對象的時態管理。

（3）為了支撐行業應用，對一圖一表的模型進行了多表擴展。

（4）針對測繪行業數據生產特點，設計了獨特的將點、線、面混合存取的機制。

（5）地圖表達（或稱地圖符號）作為地理實體的一個屬性項存儲，實現了圖庫一體化。

（6）進行了數據庫存儲設計和空間索引改進，提升了數據訪問的 I/O 效率，加快了數據更新和訪問速度。

（一）概念設計

在設計中引入地理實體類概念，認為地理實體是具有一定空間和非空間屬性的對象。基礎地理信息領域中的對象必須有空間屬性，同時還要考慮不同類地理實體的非空間屬性不完全相同且存在多類空間屬性的情況。例如，建築物的空間屬性是一個多邊形，但其屬性會包含建築物的基本屬性，如建築物名稱、建設時間、建築面積等。一般一幢建築物有一條基本屬性，但在實際的應用中，建築物中有多個房間，每個房間都需要有對房間號、建築面積等信息的描述。因此，採用面向對象的數據模型中的類圖，將建築表達成如圖 6-10 所示的形式。

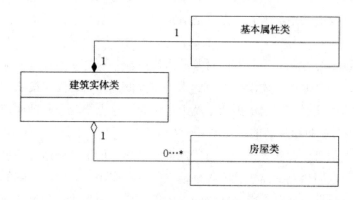

圖 6-10　建築物實體類的組成關係

在建築圖形類中有唯一標識、幾何坐標、符號；基本屬性類中包含建築唯一標識、

建筑物名称等字段。建筑图形类包含基本属性类，二者是1：1的关系，即一个建筑物图形有一条与之对应的建筑物基本属性信息；建筑物图形类还包含房屋类，二者是1：n的关系，即一个建筑物图形中会有多条房屋信息。

考虑在此基础上兼顾增量更新，会在地理实体中记录数据的修改时间，如新建时间、最后一次修改时间、删除时间等，图库一体化的设计方法对地理实体类概念模型的定义如图6-11所示。

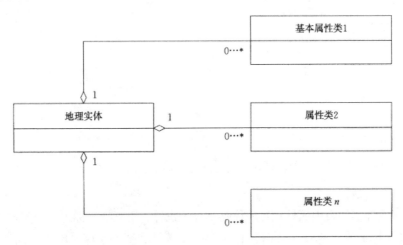

图6-11　地理实体类定义

在此模型中，一个地理实体是由一个几何元素和多种属性要素组成，地理实体类与每种属性类是一对多的关系。

（二）逻辑设计

1. 表设计

在这种设计中，假设一个地理实体只包含一个几何图形和一组基本属性，但可能会出现多种属性描述。因此，在表设计中，会将几何图形和基本属性放在一个被称为地理实体的表中，而与地理实体存在一对多关系的扩展属性类单独设计成一个表，并建立属性表与地理实体表之间的关系。将概念设计中的对象模型转换为表结构，如图6-12所示。

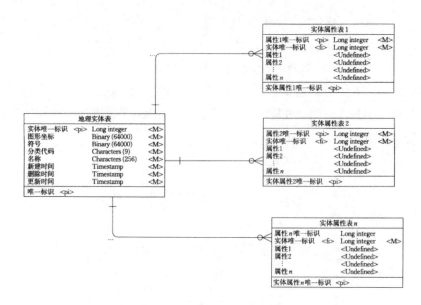

图 6-12　地理实体类逻辑表设计

2.属性项设计

（1）地理实体表中属性项：实体唯一标识设计，用于唯一标识某一类地理实体，每类地理实体的唯一标识不重复，作为表的主键；②图形坐标，用于存储地理实体的空间地理坐标或坐标串；③符号，用于存储几何元素的制图表达，是实现图库一体化的关键；④分类代码，国标规定的每类地理要素都有一个分类代码，用于区分与几何图形相应的地物类别（详见《基础地理信息要素分类与代码》）；⑤时态属性，括新建时间删除时间修改时间，用来存储地理实体从产生到消亡的时态信息，在这个设计中，系统不删除任何记录，只用记录地理实体的删除时间。

（2）实体属性表中属性项：①属性唯一标识，用于唯一标识该表中的一条属性记录；②实体唯一标识，用来记录该属性表中记录所属的地理实体，作为外键存储，该记录必须在地理实体记录生成后才能生成，当地理实体表中的某个地理实体被删除后，该记录也会被删除，此属性使用外键机制以保证数据的完整性。

三、面向地理实体的基础地理空间信息数据库设计

"图库一体化"的设计现阶段基本解决了测绘行业海量的基础地理信息采集增量更新及管理所面临的问题和挑战。然而，基础地理信息在支撑智慧城市建设方面，挖掘其中蕴涵的能够支撑各行各业空间信息价值方面，还有很大潜力。面向地理实体的基础地理信息库设计试图在兼顾现有基础地理信息空间表达方式的情况下，提升对行业应用支撑的能力，对以图为核心的基础地理信息系统向支撑行业应用的地理信息系统转型做些尝试。其设计目标在于满足不断更新的行业需求，同时突破现

有的基础地理空间数据库设计在数据更新和支撑行业应用方面所带来的局限。具体设计要求体现在以下几点：

（1）支持面向地理实体的增量更新。

（2）能够标识出地理实体，对地理实体建立唯一标识，需要支持同一地理要素由多种图形表达，如道路一般会由道路中心线、道路边线和道路面三类几何元素组成。

（3）支持基础地理实体和业务管理实体间的组合关系。例如，长江是由多个河段组成的，可以作为更大的管理实体独立存在，同时要建立长江与各个河段之间的组合关系。

（4）地理实体可根据不同时期进行回溯，即数据库需要记录地理实体的变化历史。

（5）地理实体需要支持多尺度空间表达，如同一地理实体在不同比例尺下有不同的空间坐标。

（6）能够提供不受地理精度限制的空间检索、属性查询、空间分析和网络分析。

（一）概念设计

面向地理实体的设计认为，地理实体是指客观世界中存在的带有地理空间几何属性（简称几何元素）及其他由常规数据类型定义的基本属性（简称常规基本属性）组成的有特定意义的对象。可以是人们为了实现某种功能而人工修筑的设施、为了达到管理目的人为划定的区域和线路或对人类行为有帮助的定位点，也可以是用于描述地形地貌特征的点和线等。

地理实体的空间形态会因为制图要求而随着尺度变化而变化，或者随行业需要而变化，一个地理实体包含多个拥有不同空间形态的几何属性。

1. 基本概念

（1）地理实体。是指现实世界中独立存在、可以唯一标识的自然或人工地物。地理实体可被分为简单地理实体和复合地理实体。简单地理实体是指由常规属性和多个几何属性组成的地理实体，如陡崖、泉等。简单地理实体是地理实体的基本单位（最小单元）。在真实世界中，由于人类参与管理的缘故，在对地理信息数据的使用过程中，必须对简单的真实世界的地理实体进行组合，形成人们在管理和日常生活中使用的地理对象，这类地理实体对象的组合称为复合地理实体。例如，路是路段的组合、建筑物是单个小的建筑实体的组合。这种复合实体与单个实体之间是组合关系，也就是一个复合实体是由多个简单地理实体组合而成的，如街区、道路、河流等。

（2）基础地理实体。是基础地理信息国家标准中规定的八大类地理实体类型的对象化表达。

（3）地理实体几何元素（图元）。用于描述地理实体几何属性（简称几何属性），是地理实体必不可少的组成部分。同一个地理实体会包含多个地理实体几何元素。地理实体几何元素主要用于在不同尺度下或不同行业应用的空间可视化表达、空间定位及空间分析。其按几何形态不同可被分为点状地理实体几何元素、线状地理实体几何元素、面状地理实体几何元素。

（4）地理实体关系。地理实体并不是独立存在的，由于城市功能和管理需要，地理实体和其他地理实体间需要建立必要的联系。例如，道路附属设施是在路上或路的旁边，桥支撑了公路和铁路，河流道路同时还具有行政区界线的功能等。

地理实体类之间的关系是指不同类的地理实体之间的位置或支撑关系，一般会采用关联关系表达。在基础地理信息中，地物间的重要关系是网络拓扑关系，如路网可以是路段和路段交会点构成的联通网络，如图6-13所示。

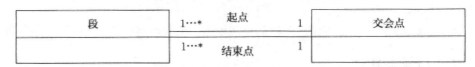

图 6-13　道路与交汇点网络模型

2. 概念设计举例（以交通为例）

根据基础地理信息规定，车行道路是指机动车能够通行的各类技术等级的道路网络。道路网络被抽象为道路段和道路交会点和路、道路附属设施等实体类组成。

有关交通类地理实体定义如下：

（1）道路段，指只有一个人口和出口的道路。入口和出口可以被定义为道路的两个端点道路段被划分为国道（含建筑中）省道（含建筑中）县道（含建筑中）乡道（含建筑中）机路、专用公路、其他公路、漫水路面、汽车徒涉场、汽车渡、时令路、高架路、高架快速路、快速路、主干道、次干道、引导、匝道（含建筑中交换道、连接道）、内部道路。道路段实体模型（图6-14）：由基本属性和至少一条道路中心线、道路边线及多个道路面三个图形要素组成。

图 6.14　道路段实体定义

（2）道路交会点，指道路与道路相交并保证车辆能够通行（从一条路段通行到另一路段）的点。道路交会点被分为道路交会处、高速公路出口、高速公路入口等。道路交会点实体模型（图6-15）：由基本属性和至少一个点状几何属性组成。

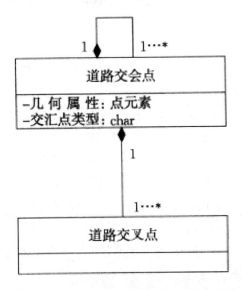

图6-15　道路交汇点实体定义

（3）道路附属设施，指服务于道路交通的构筑物设施，包括收费站、长途汽车站、高速公路服务区、高速路临时停车点、加油（气）站、里程碑。道路附属设施实体模型（图6-16）：由基本属性和点、线、面几何属性组成。

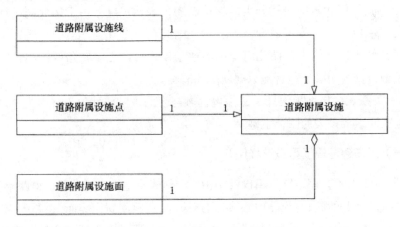

图6-16　道路附属设施实体定义

（4）路，指由于人类管理的介入，为其命名的一些路段集合。路实体模型：属于复合地理实体，只包含基本属性，不含几何属性。

（二）逻辑设计

下面以关系型数据库为例，对面向对象的概念设计进行逻辑设计。具体设计内容包括：实体表和关系表、表中的属性项及数据类型的确定，表的主键的规定及实体唯一标识设计。

1. 表设计

（1）地理实体表设计。一个完整的地理实体由一个基本属性表、多个空间表和扩展属性表组成，参见样例中的道路段表。

（2）地理实体与地理实体空间表及扩展属性表间关系设计。地理实体基本属性表要与空间几何元素（图元）表及扩展属性表建立 1：n 关系。将地理实体基本属性表中的唯一标识主键作为空间几何元素表和扩展属性表的外键，以此保证地理实体的完整性，参见图 6-17 样例中的道路中心线和道路面表。

（3）地理实体关系表设计。当地理实体与地理实体间存在多对多的关系时，需要增加关系表，参见图 6-17 设计样例中的路线与路段关系表（由于一条路上包含多个路段，一个路段可以作为多条路的组成部分，因此路和路段是多对多关系）。

2. 关键属性项设计

（1）地理实体表属性字段定义：地理实体唯一标识，作为主键唯一地标识地理实体的顺序号；地理实体名称，如果实体没有地名数据，但有名称，则填写此字段。

（2）空间几何元素（表）属性字段定义：空间几何元素唯一序号，作为主键在同一个几何元素实体类（表）中唯一地标识空间结合元素；空间几何元素分类编码，用于区分不同几何元素的表达分类，支持制图；表达尺度，由于构成同一地理实体的几何元素可以在多尺度下进行制图表达，因此在每个几何元素中都规定了表达尺度；空间几何坐标，用于存储几何坐标的数据项；有向点旋转角度，当空间几何对象为点类型时，表中必须包含此数据项。

（3）关系表中属性项设计：必须包含参与表的主键属性项（被称为外键），由这些外键共同组成该表的联合主键。

（三）行车道逻辑模型设计样例

如图 6-17 所示，在道路逻辑设计图中，实体表有道路、道路段、道路附属设施、道路交会线，空间元素表有道路中心线、道路边线、道路附属设施面、道路附属设施线、道路交叉点（道路交会点的图元）；实体关系中一对多的关系多数被存储在实体表中，多对多的关系会单独成表，如路线与路段关系表。

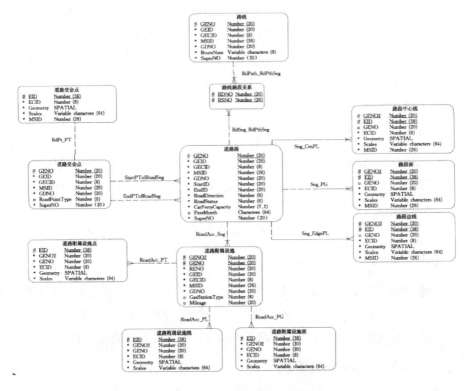

图 6-17　行车道逻辑设计模型

第八节　地理空间信息数据库的建立及运维

一、地理空间数据库的建立

在完成地理空间数据库的设计之后，就可以建立地理空间数据库。建立地理空间数据库包括三项工作，即建立数据库结构、装入数据和试运行。

（一）建立数据库结构

利用数据库管理系统提供的数据描述语言描述逻辑设计和物理设计的结果，得到概念模式和外模式，编写功能软件，经编译、运行后形成目标模式，建立起实际的空间数据库结构。

（二）数据装入

数据装入一般由编写的数据装入程序或数据库管理系统提供的应用程序来完成。

在装入数据之前要对数据进行整理、分类、编码及格式转换（如专题数据库装入数据时，采用多关系异构数据库的模式转换、查询转换和数据转换）等。装入的数据要确保其准确性和一致性。最好是把数据装入和调试运行结合起来，先装入少量数据，待调试运行基本稳定后，再大批量装入数据。

（三）调试运行

装入数据后，要对地理数据库的实际应用程序进行运行，执行各功能模块的操作，对地理数据库系统的功能和性能进行全面测试，包括需要完成的各功能模块的功能、系统运行的稳定性、系统的响应时间、系统的安全性与完整性等。经调试运行，若基本满足要求，则可投入实际运行。

由此不难看出，建立地理空间数据库是一个十分复杂的系统工程。

二、地理空间数据库的维护

地理空间数据库的建立是一项耗费大量人力、物力和财力的工作，为了保证数据库系统长期稳定的运行，就必须不断地进行维护，即进行调整、修改和扩充。空间数据库维护包括数据库重组织、重构造和系统的完整性与安全性控制等。

（一）地理空间数据库的重组织

地理空间数据库的重组织指在不改变地理空间数据库原来的逻辑结构和物理结构的前提下，改变数据的存储位置，将数据予以重新组织和存放。地理空间数据库在长期的运行过程中，经常需要对数据记录进行插入、修改和删除操作，这就会降低存储效率，浪费存储空间，从而影响地理空间数据库系统的性能。因此，在地理空间数据库运行过程中，要定期地对数据库中的数据进行重组织。数据库管理系统一般都提供了数据库重组织的应用程序。由于空间数据库重组织要占用系统资源，所以重组织工作不能频繁进行。

（二）地理空间数据库的重构造

地理空间数据库的重构造指局部改变地理空间数据库的逻辑结构和物理结构。这是因为系统的应用环境和用户需求的改变，需要对原来的系统进行修正和扩充，有必要部分地改变原来地理空间数据库的逻辑结构和物理结构，从而满足新的需要。数据库重构造通过改写其概念模式（逻辑模式）的内模式（存储模式）进行。具体地说，对于关系型空间数据库系统，通过重新定义或修改表结构，或定义视图来完成重构造；对非关系型地理空间数据库系统，改写后的逻辑模式和存储模式需重新进行编译，形成新的目标模式，原有数据要重新装入。地理空间数据库的重构造对延长应用系统的使用寿命非常重要，但只能对其逻辑结构和物理结构进行局部修改和扩充，如果修改和扩充的内容太多，那就要考虑开发新的应用系统。

（三）地理空间数据库的完整性与安全性控制

地理空间数据库的完整性，指数据的正确性、有效性和一致性，主要由后映象日志来完成，它是一个备份程序，当发生系统或介质故障时，利用它对数据库进行恢复。安全性指对数据的保护，主要通过权限授予、审计跟踪，以及数据的卸出和装入来实现。

数据安全涉及数据破坏、数据被窃取，而数据窃取涉及大量网络安全的内容，不在本节讨论范围之内。本节重点讨论故障和人为操作可能导致的数据破坏的防护和恢复，以及对可疑数据操作行为的审计以便事后追查。

1. 磁盘冗余阵列技术

为了预防磁盘故障导致数据丢失，一般会采用磁盘冗余阵列（redundant arrays of inexpensive disks，RAID）技术以防止因某个磁盘损坏而导致的数据丢失。磁盘冗余阵列有不止一个级别的设计能够防止当一个或几个磁盘出现故障时系统无法运行，并保证数据恢复。这种技术保证在损坏磁盘到达一定数量之前不会丢失数据和停止服务。

2. 分布式灾备技术

现在的商用数据库一般都有分布式同步复制能力，可以预防当一个物理节点（所有物理设备包括磁盘、服务器等）出现故障不能提供服务时，由另一物理节点接管提供服务，如 Oracle 的 Replication 技术。

3. 数据备份技术

定期进行全部备份、增量备份和累积备份，能够保证当正在运行的系统或磁盘出现故障时，将系统数据恢复到备份时点。如果系统能够保留日志文件，则可以通过数据备份文件和日志文件将系统数据恢复到系统失败时点。

4. 数据库闪回技术

通过数据库闪回技术可以恢复由于误操作而错误更改了的数据，如 Oracle 提供了基于数据库级别、表级别和事务级别的闪回技术。

5. 数据库审计技术

开启数据的审计功能，可以在语句、权限和对象三个级别对数据库进行审计。

（1）语句。按语句来审计，如 audit table 会审计数据库中所有的 create table、drop table、truncate table 语句，alter session by cmy 会审计 cmy 用户所有的数据库连接。

（2）权限。按权限来审计，当用户使用了该权限则被审计，如执行 grant select any table toa，当执行了 audit select any table 语句后，用户 a 访问了用户 b 的表时（如 select*fromb.t）会用到 select any table 权限，故会被审计。注意用户是自己表的所有者，所以用户访问自己的表不会被审计。

（3）对象。按对象审计，只审计 on 关键字指定对象的相关操作，可以对由某个用户发起的指定方案下的指定对象的制定操作进行审计，如 aduit alter、delete、drop、insert on cmy.t byscott。这里会对 cmy 用户的 t 表进行审计，但同时使用了 by 子句，所以只会对 scott 用户发起的操作进行审计。当然也可以由 Trigger 触发对某些操作进行审计。

第七章　数字地图的多尺度表达

数字地图是目前使用最广泛的地图产品。与纸质地图相比，数字地图扩展了地图的应用领域，以丰富的色彩增加了地图的层次，同时不再受图幅、比例尺的限制，甚至可以在不同的比例尺间切换。这样就提出了数字地图的多尺度表达。用户表达大小不同的区域范围时，地图具有不同的详细程度：在大小相同的图幅中，表达的区域范围越小，地图中表现的地面细节越多；表达的区域范围越大，地图中表现的地图细节越少。这样的处理使得用户眼中的地图始终是清晰的。

第一节　数字地图的多尺度表达特征

一、尺度

尺度是与地理信息相关的基本概念之一，它有多种含义，如分辨率、颗粒度及详细程度等，一般是指信息被观察、表示、分析和传送的详细程度。这里尺度是指数字地图上所包含要素的详细程度。在数字地图上不可能观察到地球上现象的所有细节，因此尺度必定是所有地理信息的重要特性，只有将经过合理尺度抽象的地理信息适当地表示在地图上才能在人脑中形成正确的形象。

二、多尺度表达

尺度信息是地理信息的基本特征，是一种客观存在，因此将地理信息用一定的手段再现，势必带来多尺度表达的问题。有学者认为地理信息的多尺度可以从几个不同方面进行概括，如概念多尺度、量纲多尺度、内容多尺度等。其中，内容多尺度与数字地图的多尺度表达关系最密切，即表达内容具有层次性。最理想的多尺度表达应是自动逐级抽象，这也是自动综合的研究目标，但目前实现起来仍较为困难。

三、数字地图的多尺度表达与地图比例尺

从表现形式上看，数字地图的多尺度表达是指地图信息随显示范围的变化而具

有不同的详细程度。由于数字地图具有灵活的交互操作特性，显示范围的变化主要由用户的缩放操作引起，这种缩放操作可以直观地理解为用户视点与所表达地域的距离变化。距离越远，用户所能观察的范围越大、细节越少；距离越近，用户所能观察的范围越小、细节越多。这种特征表现在数字地图的可综合上，即根据数字地图表达内容的规律性、相关性及其自身规则，由相同的数据源形成多尺度表达规律的数据。大尺度数据在时间上表现为相对于人可以接受较长的时间长度，在属性上反映过程和现象的整体、抽象、轮廓趋势。小尺度则是在属性上反映地学过程详细、具体的内容。中尺度则为一种过渡尺度。不同尺度各有优缺点，多尺度特征在数据形成、表达等环节有着不同的含义。

同样，地图比例尺大小与制图区域及地图的用途有直接关系。地图比例尺与空间数据的基本关系为数据尺度与相应地图比例尺成反比变化。大尺度数据对应的是中小比例尺数据，小尺度数据对应的则是大比例尺数据。例如，大尺度的世界地图中就只能显示大洲、大洋及较大的地域和国家，而小尺度的城市地图甚至可以详细显示每条街道。

在实际应用中，国家规定了"国家基本比例尺和城市基本比例尺"（1：500、1：1000、1：2000、1：5000、1：1万、1：5万、1：25万、1：100万、1：400万……），因此在研究与实施自动综合时，应首先考虑国家和城市基本比例尺间的自动综合。由于大多数具有制图功能的数据库都对应于一定的比例尺，因此主导数据库的主要功能就是可以进行多比例尺表示，这些比例尺一般来说都小于主导比例尺。它不是建立和维护多个比例尺的数据库来对应不同的制图输出，而是直接将主导数据库中的数据转换成较小的比例尺表示，这是一种更有效的方式。从主导数据库中抽取重要的和相关的空间信息以预定的比例尺将其表示在缩小了的地图空间上，这个过程就是制图自动综合。它能使数据采集、存储、检查和更新的费用降低，并提高已建成数据库的潜在价值。

第二节 数字地图的多尺度表达与自动综合

数字地图的多尺度表达可以看作制图综合在数字条件下的重要应用，即采用制图综合中选取的规则和方法，并将其转变为可以利用的算法。这也是数字地图制作和应用过程中必须解决的问题，而解决这一问题的主要思路是实现空间数据对象综合的自动化，即自动综合。

可以认为，数字地图的多尺度表达就是地理目标对象的简化表达过程。在计算机屏幕有限的容量下，将重要的地理目标显示出来，而不重要的地理目标在放大过程中逐渐显示出来，每一次显示都能反映地图的复杂性和要素的多样性。数字地图的多尺度表达可以看作是在二维尺度上，以要素的重要性为基础的图形细节分层研究，即根据数据内容表达的规律性、相关性及其自身规则，由相同的数据源经过自动综合后形成不同尺度规律的数据。

自动综合仍然是困扰地图学及地理信息系统界实现空间数据自动处理与合理可视化的国际性难题。当前地理信息系统数据库为了满足人们浏览空间数据集的不同需求，不得不存储多种比例尺、不同详细程度的空间数据，即同一空间实体的多种表示共存于同一数据库中，产生大量数据冗余及与其相关的一系列弊端，更重要的是在进行跨比例尺综合分析时会产生严重的数据矛盾。因此，需要寻求合适的空间数据多尺度处理与表示方法，使之在从一种较大比例尺或较详细的空间数据集派生较小比例尺或较概略的多种比例尺空间数据集时，通过多尺度操作，能够从一种表示完备地过渡到另一种表示。这种完备性的要求就是派生过程要保持相应尺度的空间精度和空间特征，保证空间关系不发生变化，维护空间目标语义的一致性。

第三节　数字地图自动综合的基本理论

一、传统地图制图综合原理

制图综合是在地图用途、比例尺和制图区域地理特点等条件下，通过对地图内容的选取、化简、概括和关系协调，建立能反映区域地理规律和特点的一种新的制图方法。制图综合是地图制图的一种科学方法，是一项创造性的劳动。它的科学性在于制图综合具有科学的认识论和方法论特点，要求制图人员对制图对象的认识和采用的在地图上再现它们的方法都必须是正确的。只有这样，地图才能起到揭示区域地理环境各要素的地理分布及其相互联系与制约的规律性的作用。它的创造性在于编制任何一幅地图都并非各种制图资料的堆积，也不是照相式的机械取舍，需要制图人员的智慧、经验和判断力，运用有关科学知识进行抽象思维活动。

制图综合实质就在于用科学的选取、化简、概括和位移等手段，提取空间数据中主要的、本质的数据。在地图上正确、明显、深刻地反映制图区域的空间分布和变化规律，就是从地理信息感知到地理信息理性认识，以及地理数据到形象、符号系统的抽象概括。

二、传统地图制图综合方法

地图是客观世界的模型，从认识论的角度看，"综合"是人们认识客观世界的一种思维方式。数字地图综合是在数字环境下，根据地图用途、成图比例尺和制图区域地理特点的要求，由计算机按照编程模型、算法和规则等，对地图要素与现象进行选取、化简、概括和位移等操作，以概括、抽象的形式反映制图对象规律性的类型特征和典型特点，而将次要的、非本质的部分舍掉。在数字环境下，地图综合要面向数字模型，人们要从数字模型中获取空间知识就需要"综合"。地图综合方法主要包括几个方面：①制图对象轮廓的概括；②制图对象数量特征的概括；③制图对象质量特征的概括；④制图对象的取舍；⑤以各个制图对象的集合符号代替各单个地物。

（一）地图内容的选取

选取是制图综合最重要和最基本的方法，指根据地图的主题、内容、比例尺和用途等要求，按编图大纲规定的数量或质量指标，从大量制图对象中选取某些较大、较重要、有代表性的内容表示在地图上，舍弃某些较小、较次要或与地图主题无关的内容。

选取的方法包括资格法、定额法、根式定律法等。

（二）要素图形的化简

制图物体的形状包括外部轮廓和内部结构，所以形状化简包括外部轮廓的化简和内部结构的化简两个方面。形状化简方法用于线状地物（如单线河、沟渠、岸线、道路、等高线等），主要是减少弯曲；对于面状地物（如用平面图形表示的居民地），则既要化简其外部轮廓，又要化简其内部结构。

化简制图物体形状的基本方法包括删除、夸大、合并和分割。

（三）要素数量和质量特征的概括

用符号表示制图物体（现象），不可能对实地具有某种差别的物体（现象）分别赋予不同的符号，而只能用同一符号表达实地上质量特征或数量特征比较接近的制图物体（现象），这就要求对表示在地图上的制图物体（现象）进行分类、分级。对于性质上有重要差别的物体进行分类，同一类物体根据其性质或数量特征的某种差别又可以划分成不同的等级。每一个等级代表一定的质量或数量概念。随着比例尺的缩小，要相应地减少制图物体（现象）的类别和等级。这就是说要对制图物体（现象）的质量、数量特征进行概括。

实施质量、数量特征概括的基本方法有等级合并法、概念转换法、图形转换法。

（四）要素符号的位移

随着地图比例尺的缩小，以符号表示的各个物体会相互压盖，模糊了相互间的关系（甚至无法正确表达），使人难以判断，需要采用图解的方法，即"位移"的方法，进行正确处理。"位移"的目的是要保证地图内容各要素总体结构的适应性，即与实地的相似性。

三、数字地图自动综合原理

数字地图自动综合，一方面沿用了传统制图综合的含义，但又不局限于对地图要素进行选取、化简和关系处理。也就是说，这种对复杂现象的抽象、简化的内容和方法发生了变化。制图综合已由可视化的地图图形处理拓展为用数字化方式描述地理要素（现象）空间分布和相互关系的数据处理，目的是根据需求，获取相应比例尺或分辨率的地理空间信息的主要的、本质的特征，进行空间分析或可视化显示，这就是数字地图的自动综合。

数字地图自动综合就是对空间数据库中的地理实体（图形、属性）信息和它们之间的关系信息进行抽象与概括处理，实质是对空间数据库的综合。而地物图形再现则是对已综合了的空间数据库中的地理物体按给定比例尺和图式符号进行图形表示。显然，如果要显示图形或输出图形，在进行数字地图自动综合时就要及时考虑所要采用的图式符号系统。

实际上数字地图的自动综合与地物图形综合是有顺序的，即先要做信息抽象概括，然后再进行图形表达。但是在进行传统制图综合时，这种顺序是不明显的。当物体选取后，在新比例尺条件下的图形简化与表示、冲突探测与处理等多种操作几乎是同时完成的。而在数字地图环境下，数据与图形的分离不仅使综合过程的顺序变得明显，而且制图综合的内容和方法也发生了变化。

四、数字地图自动综合的内容

数字地图自动综合侧重于基于地图数据库的自动综合算子设计、地图数据的空间关系保持、自动综合的知识获取及自动综合的整体过程控制等。它的目的就是使数字地图自动综合的整个过程模型化、算法化、程序化、规则化和智能化。

（一）数字地图自动综合的算子设计

要想实现自动综合，制图综合的各种方法必须转化为一系列计算机可执行的步骤，这些步骤由制图综合算子来定义，如选取、化简、合并、位移等。每个制图综合算子由制图综合算法来实现。通常一个制图综合算子可以由多种算法来实现，这些算法所要达到的目的是相同的，但实现的方法却各具特色。

制图综合算子用来定义制图综合中几何变换的各种方法或操作。制图综合过程中的操作步骤分解越细，自动综合的实现相对越容易。因此自动综合过程是一系列有序算子的联合，各个算子之间既有联系，又相对独立，完备的自动综合算子集合要涵盖整个制图综合过程。

每一个制图综合任务往往都需要多个算子协同工作，制图综合算子的关联性和有序性有着重要的作用。算子的关联性主要表现在综合过程中算子作用效果的互补；有序性是指不同地图要素对综合算子的运用顺序不同，而且同一综合对象对综合算子运用的顺序不同，综合结果也会不同。加强算子的有效协调和协同，提高算子的使用效果，设置合理的算子执行顺序，是自动综合得以正确进行的前提。

（二）数字地图自动综合的空间关系变换

在数字地图自动综合过程中，由于比例尺的缩小，图形的合并、删除、化简和位移，目标语义的转换，以及某些空间目标维数的变化等，要素间的关系会发生改变。这种变换必须遵循一定规律，才能保证同一空间场景在不同尺度数据库之间的一致性，满足空间数据质量的要求。

自动综合中的空间关系变换，就是要解决相同目标群在不同尺度下的空间关系变换应该遵循什么规律，以及相同目标群在不同尺度下变化的空间关系可否视为等价。

综合中的空间关系可由"空间关系分辨率"来描述。空间关系分辨率定义为空间关系语义表达的最小刻度，分为拓扑关系分辨率、方向关系分辨率和距离关系分辨率。

1. 拓扑关系分辨率

拓扑关系由一种状态变换到另一种状态，是通过多个相邻关系状态逐步演变的。在关系演变的领域空间中，演变的次数越少，两者关系越接近。这种拓扑关系概念中可区分的最小单位为拓扑关系分辨率。

2. 方向关系分辨率

通过两目标外接矩形的投影，根据对方位关系细化的程度，可通过方向组合描述方位关系。这种可区分的最小方向刻度为方位关系分辨率。

3. 距离关系分辨率

精确、定量描述两个目标间的远近可以采用欧氏距离，但定性地描述远近关系时，不仅要考虑几何空间绝对距离，还要考察目标的相对大小、形状、其他目标的位置及参考系。其中上下文环境的影响是一个关键因素。

在自动综合中，空间关系的维护需要通过这三种空间分辨率的变换来实现。

（三）数字地图自动综合的知识规则获取

为了使制图员在制图综合过程中的总的主观判断变成计算机可接受的、可形式化的规则，建立制图综合的知识规则库就成了数字地图自动综合一个十分重要的步骤，因为它是建立自动综合数据模型的理论基础和关键技术环节。

制图综合的知识是对制图综合中某些问题处理过程的规范化描述，是一种序列化的共性与隐性综合规则的集合。制图综合经过多年发展，经历了从"几何视角到计算视角再到功能视角"的转变，知识和语义信息越来越受到人们的重视。计算机条件下的自动综合本质上是一个高度智能化的系统，就是在制图综合知识等的支持下，通过大量的循环和自动判断来寻求满意解，对知识进行重新表达和抽象，从而达到自动综合的目的。因此，知识是自动综合过程的基础，可为自动综合的算法提供参数支持，为质量评价提供约束条件，为自动综合过程控制提供依据。

地图制图和编绘规范，以及教材、著作和学术论文、各种综合样图等，都是自动综合的主要知识来源。自动综合知识的分类、获取和形式化表达至关重要，如何获取综合知识进而对其进行形式化表达是其中的难点和重点。

自动综合知识的分类是规则整理与描述的基础。约束条件是自动综合知识的重要存在形式。根据性质的不同，自动综合约束条件可以被划分为四个部分，即图形约束、拓扑约束、结构约束和过程约束等；从操作过程来看，自动综合知识可分为五类，即地物的地理特征描述性知识规则、操作项选择知识规则、算法选择知识规则、面向专门地理要素和制图综合知识规则、面向区域综合知识规则。

自动综合规则的控制指标表现为分辨率和精度描述，包括空间分辨率、语义分辨率、时间分辨率和精度。自动制图综合知识的获取途径主要有专家会面交流法、逆向工程法、观察记录法、机器学习法等。自动综合过程的综合规则与知识是推动自动综合智能化的必要步骤。

（四）数字地图自动综合的过程控制

为了使数字地图自动综合的自动化程度更高、综合效果更好，需要有一套从全局把握自动综合整个过程的理论和方法，以控制自动综合的综合环境、综合算法和工作流程。自动综合系统本身很复杂，其操作是一个反复动态调用的过程，中间需要反复调用不同的综合算法、模型和算子。只有充分合理地利用所有的算法、模型、算子和知识等，形成科学的运行流程，并对流程实行智能控制，自动综合系统的能力才能得到质的飞跃，自动综合结果才有质的提高。

自动综合的过程控制是一个复杂的系统性工程，包含了地图制图综合的所有内容。为了完成这个复杂的工程，需要将自动综合分解成许多可操作的小问题，这样才能增加地图自动综合的可行性。一般而言，自动综合的过程控制主要包括地图上下文特征分析、空间关系的建立、综合规范的系列表、地理区域分区、地理信息抽象和地图图形综合算子等。地图图形综合算子是自动综合的关键步骤，在过程控制中，需要根据地图要素的分析从规则库中选取适合的算子、算子的实现顺序及实现算子的算法，并对每个算子的综合结果进行反馈，根据反馈结果进行综合质量控制。目前，基于"爬山模型"和"自动综合链"的自动综合过程控制把所有自动综合算子、算法、模型、参数进行有机集成和融合，并基于知识库和自动综合的质量评价，建立了自动综合过程控制理论体系，初步实现了对数字地图自动综合过程的处理和控制。

第四节　数字地图自动综合的实施

数字地图地图综合的自动化需要实现"计算机能像地图工作者一样理解地理信息和地理知识"的需求，在此基础上实施"地图自动综合"。数字地图自动综合更强调数字图面表达，包括图形与属性综合。该功能通常情况下在地理信息系统环境下运行。

一、不同比例尺数字地图分类

地图按比例尺分为大比例尺地图、中比例尺地图、小比例尺地图三类，这是区别地图内容详略、精度高低、可解决问题程度的，为人们常用的一种分类方法。各个国家、国内各个部门对地图精度的要求和实际使用情况不尽相同，因而对地图比例尺大小的概念有所不同。本节参照建筑和工程部门分类习惯，将地图按比例尺划分为：大比例尺地图（1：500、1：1000、1：2000、1：5000和1：1万），中比例尺地图（1：5万、1：10万）；小比例尺地图（1：25万、1：50万、1：100万）。

二、数字地图自动综合的实施策略

在制图综合过程中，地图工作者已积累了大量的经验，并形成了一套完整的规则体系，它们面向的是"可视化"的图形。纸质地图是以一种可视的图形模型来表达客观世界，以数字形式表达客观世界的数字地图在形式上与之完全不同。纸质地图的综合强调"概括"和"抽象"，它是用图形的转换来实现的，地图综合的艺术性在这里表现得非常明显，但数字地图的综合则不同，它是对数据进行转换，更多来自模型及算子约束计算，数据一致性更强。

（一）基本流程分析

数字地图综合的自动化建立在人工缩编基础上，让计算机像地图工作者一样理解地理信息、地理知识，在此基础上实施"地图综合"。地图工作者理解地理信息需要通过一定地理信息模型实现，地理知识则需要在地理信息模型基础上构建若干算子。因此，可以将数字地图自动综合应具备的基本流程概括为：①地理数据规范性约束机制的建立；②地理语义含义的自动提取；③数字地图自动综合算子库、规则库的建立；④地图数据库的建立；⑤地图综合的质量评价。

（二）综合模型和算法

数字地图自动综合必须具备三个必要模块：模型综合模块、知识获取与应用模块、综合方法选择的评价模块。模型综合模块是按照不同地理特征构建多个地图综合模型，形成不同分类系统的算子集合与规则库，这是数字地图综合算法核心；知识获取与应用模块是根据工作目标，获取目标区不同地理特征，进行分析判断，形成地图综合策略方案；综合方法选择的评价模块是在知识获取与应用模块基础上进一步进行策略评价与分析，判断是否可行。对于数字地图综合而言，所需地理特征主要表现在：单目标的图形特征和地理含义、目标间的关联特征和总体特征、目标群的全局性地理特征。如何进行数字地图的自动综合是一个复杂的问题，因而出现了很多不同的策略，以满足不同的要求或解决不同的问题。

（三）数字地图自动综合的实施

由于现阶段实现全自动化的地图综合是不可能的，而地理信息系统技术的飞速发展对此要求又很急迫，故数字地图制图综合的人机协同系统将是当前唯一可选之路。人机协同系统是指将与抽象思维有关的数值计算和逻辑推理问题由计算机来完成，将迄今为止一切成熟的综合处理技术计算机化，而综合过程中的形象思维、特殊参数的设置等问题交由人工决策或完成，以人机交互的形式共同完成整个地图综合的工作。在这样的系统中，计算机将能最大限度地完成相关工作，而人则是在关键部分控制整个工作，最终能保证以较高的效率来完成这项工作。因此，自动综合的解决方案中要提供批处理综合和人机交互综合两种方式，如何合理组织、利用这两种方式是现阶段自动综合成败的关键。

三、中小比例尺数字地图自动综合

中小比例尺数字地图的总体特征数据要素种类不多、空间范围大，反映了区域整体空间地理特征，一般要求更新速度快、时效性强。中小比例尺数字地图是经济建设、国防建设和文教科研的重要图件，又是编绘各种地理图的基础资料，其测绘精度、成图数量和速度等是衡量国家测绘技术水平的重要标志。

（一）地理数据规范性约束

传统地图缩编过程是按要素分层进行的（普通地图划分为六大要素），数字地图的综合也按地理要素对操作对象划分了层次，并提供面向各类地理要素的操作。地理数据规范性则主要约束对象层次划分。操作层的依据有：①地图的要素分类（自然要素分地貌、水系、植被，人造社会要素分道路、居民地、土地利用、管网设施等）；②几何特征（点、线、面、网等）；③空间相关性等。面向综合的地图要素层具有操作的有序性、结构的单一性、层次的可叠置性等特征。解决不同层要素间的空间冲突问题要考虑综合层的优先级。

（二）综合算子与参数设定

划分综合对象层次以后，便决定了对该层要素实施操作的综合算子的调用和有关控制参量的设定，是后续综合过程应用模块开发的基础。例如，同样是多边形，如果位于水系层，其化简采用算法 A，如果位于建筑物层，其化简要采用算法 B，B 要顾及矩形形状的保持。地图综合软件中常用的操作要素层及对应的综合功能如表 7-1 所示。

表 7-1　综合软件中划分的地理要素类及对应的综合操作功能

对象类	主要属性、关系描述	主要操作
建筑物类	房屋多边形坐标、楼层、房屋结构、邻近房屋、形状、最小外接矩形	建筑群划分、邻近房屋识别、房屋平移、化简形状、删除、合并、评价
水系类	多边形坐标、三角网特性、最小外接矩形、形状描述、多边形关系	小湖泊识别、过滤、删除、双线河转单线河、岛屿弃除、合并、化简、评价
道路类	道路坐标、长度、性质、局部凸壳描述、邻近关系、弯曲特征	删除、合并、连接、平移、中轴线提取、化简、弯曲特征概括、评价
地貌类	等高线坐标、性质、高程、邻近关系、谷地、山脊、高程点	等高线过滤、内插、连接、删除、弯曲特征化简、光滑、评价
土质植被类	多边形坐标、面积、周长、属性特征、邻近关系、边界弯曲特征、外形	删除、化简、合并、移动、边界化简、评价

结构单一性是由综合算子运算要求决定的。大部分算法要求数据对象具有单一的结构，按单要素对数据进行综合后，还需将这些层叠置在一起，调整其间的空间关系，解决冲突矛盾。

（三）中小比例尺自动综合示例

以多尺度地图数据库建设为例，阐述了多尺度地图数据综合的规则及其步骤。依托城市多尺度地图数据综合及建库软件，快速构建了覆盖全市域的多尺度电子地图数据库和专题关注点数据库，以满足公众及政府部门对地理信息服务的迫切需求。本节考虑篇幅，不再展开论述。

四、大比例尺数字地图自动综合

大比例尺数字地图综合简称"缩编"，一般是指 1：500、1：1000、1：2000、1：5000、1：1 万系列基本比例尺地图从大比例尺到下一级比例尺地图的综合变换，地图综合一般按照比例尺从大到小顺序进行。大比例尺系列地图的位置精度高、地形表示详尽，是城市规划、管理、设计和建设过程中的基础资料，其测绘精度、成图数量和速度等是衡量城市测绘技术水平的重要标志。

（一）大比例尺数字地图自动综合策略——粗编、精编

地图综合是一个十分复杂的智能化过程，就目前技术水平来看，缺少人工干预的真正意义上的大比例尺地图全自动地图综合还无法实现。这主要是由于大中比例尺地图的地形要素种类繁多，不同尺度表达差异较大，地图数据综合难以按照特定制图标准一步自动化实现。不过随着信息化测绘发展，许多数字地图的使用客户更注重地形要素的信息表达与空间位置的准确性，精细化制图由于人为因素太大，又加上不利于建库，人们更加偏向于计算机信息化地图综合成果。基于以上思路，充分考虑计算机自动化程度，可以将数字地图综合工作大体上分为两步：首先进行自动化地图综合，即粗编，粗编的原则是不损失图形精度，不影响地物判读，以满足空间信息分析、查询、选址等多种工程应用需要；如果工程应用对图面有严格要求，则需要在粗编的基础上进行交互编辑，达到相关地形图标准的要求，即精编。粗编为全自动化过程，无须人工干预，缩编成果可以满足一般工程应用，人工成本低，快捷高效。精编为粗编的一个工序，面向的是不同服务需求，构建的是不同制图工艺，满足精细化成图需要，从而辅助人机交互，达到特定地形图图面标准需要，人工成本较高，精细化程度越高则效率越低。

目前，国家及地方数字制图标准逐渐向制图自动化、信息化表达靠拢，再加上基于自动化综合的粗编成果取得了很大技术进步，在没有特定要求的情况下，粗编成果基本上可达到国家及地方相应制图标准的需要。精编主要是弥补综合自动化缺陷及人为制图因素，更强调工艺化制图表达。本文重点论述自动化数字地图综合，以粗编为主，精编不展开论述。

（二）地理数据规范性约束

为了使地形图清晰易读、信息结构表达明确，要进行数据规范性处理。在对数据进行规范性处理时，要注意各类地物之间的相应关系，原数据中的地物要素不要轻易删除，所有面状要素必须封闭，不要出现自相交。例如，房屋边线必须封闭，相接的结点应严格捕捉，不要出现悬挂点；注记内容应为一个完整整体（图面上需要分行表达注记，但其属性内容应为完整的整体）；数据处理后各要素编码正确，各类文字注记正确，分类分层无误。整体来看，地理数据规范性约束一般需要注意以下几点：

（1）信息化原则，即整理并存储点、线、面空间要素的定位点、定位线、骨架线、轮廓线，舍弃用于图式符号表示的辅助线划。

（2）图属一体化原则，即空间要素及其属性的一体化采集、一体化存储。

（3）对象完整性原则，即保持地物等空间对象的整体性、完整性。

（4）标准化原则，即按照相应数据标准规定严格执行。

（三）大比例尺数字地图自动化综合关键技术

大比例尺自动化数字地图综合注重地形要素的空间位置与信息的准确性，而对地形图的美观进行了一定的简化处理，满足城市管理的多重需要。本节主要对大比例尺数字地图自动化综合关键技术进行介绍。

1.综合规则库构建

大比例尺数字地图综合规则库是一项或多项带有区域指标或特征指标的地图综合数学算法模型的综合方案，所谓的数学模型就是与制图综合相关的基本算子组件（如合并、化简、距离判断、邻近搜索算子等）。综合规则库可以通过"八元组"构建，即<层代码><要素代码><过滤条件><操作算子><属性码><指标项><下限><上限>，形式化地表达结构，实现数字地图综合规则库的高扩展性，一键自动化完成多尺度数字地图综合并自动建立数据库。

大比例尺数字地图综合是1∶500地图空间数据库，在综合越约束下，自动进行地理要素的抽稀删除、双线综合、地物综合、要素合线光滑拟合等缩编算法，构建相应标准图形数据库，实现基于1∶500尺地形图数据库的系列比（1∶1000、1∶2000、1∶5 000自动化缩编。本文以1∶500数字据库的综合到1∶2000数字地图费为例介绍其流程，如图7-1所示，数图综合规则库通过封装了地图综合算子，自动进行地理要素缩编，从而图综合过程中处于核心地位。

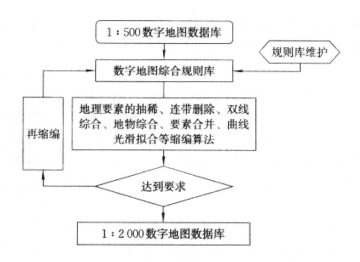

图 7-1　大比例尺地图自动化综合流程

2. 自适应动态符号化技术

自适应动态符号化技术就是地理信息系统在显示地图过程中，计算机依据所在范围空间数据的基本特征、相对重要性和相关位置，通过语义驱动的层次化地图符号设计方法，根据视觉尺度，实现地图符号精简、取舍、概括等自适应显示，从而实现数字地图多尺度表达。该技术将语义关系作为符号图形构造的基准，通过语义关系控制地图符号的图形构成，充分发掘地图符号的概念语义成分在符号设计中的内在价值。在实现层次上，主要包括本体层次的语义特征提取、符号设计、聚合语义结构建模和语义驱动的符号生成四个关键步骤。该技术在符号认识效率方面表现较优，且在模拟信息传输过程中体现了较稳定的高传输效率，具备有效提升地图符号信息感知效率的潜力。另外，非标准比例尺地形图显示可以通过自适应动态符号化实现符号差异化显示。

3. 分级缩编方法

分级缩编方法是利用最大自适应动态符号化比例尺版本数据，采用计算机自动或者辅助方式实现下一级比例尺地图的版本再造，主要包括矢量图形综合与属性综合两项内容。分级缩编方法中的手工缩编与传统方法差异不大，本文重点论述自动或半自动缩编方法，主要涉及技术如下：

（1）模板自动转换技术。模板自动转换技术可实现比例尺变化后，符号样式自动随新模板表示规则的变化而变化，包括点的尺寸、注记的大小及一些由于比例尺不同而符号不同的地物要素符号的显示等，如围墙、铁路等。对于从大比例尺到下一级比例尺的转换，一般都会涉及符号尺寸的变化，可采用模板的自动转换技术，在数据转换阶段，利用数据预处理实现符号过滤、尺寸变化、符号映射等功能。

（2）框架数据技术。地理框架数据既提供了相邻地理空间要素间的关联关系，又提供了地理空间要素的空间结构关系。大比例尺地形图综合可以利用地理框架数据空间约束机制，提升大比例尺数字地图的综合自动化。地理信息框架数据中可以利用的数据有街坊面、道路中心线、水系中心线、水系面。

街坊面技术主要应用在相同单位、小区、村庄等名称的取舍和植被面的综合方面，即保证名称取舍和植被综合在同一个街坊面内进行，不对跨街坊数据进行操作。此技术可以避免由数据情况复杂造成的取舍不合理、植被综合不合理等问题。

道路中心线技术有三种解释方法。第一种是将道路中心线作为缩编后成果数据中道路和水系名称重新生成的依据，即保证道路和水系名称沿道路中心线自动标注、根据道路中心线方向自动调整角度、遇到路口交叉处和分幅处自动分两段表示。第二种是将道路中心线作为道路标高点、门牌号筛选的依据，即沿线路筛选，同时利用交叉线判断路口位置，以实现路口点优先保留。第三种是内部道路的综合，即对存在内部道路中心线的内部道路边线要重点保留不进行综合处理。以上三个方式能在不同程度上对自动化缩编起到非常重要的作用。

由于数据中存在大型的河流面，可能存在河流面跨好几个图幅但河流中心线只存在一条的问题，从而造成有些图幅存在河流面但无中心线，在名称自动标注上就会存在一定问题。因此，设计了大型河流面技术，即对一些大型河流面进行特别处理，如给属性增加名称值，即使没有中心线也能在河流面的中间位置自动标注名称及水系箭头符号。

（3）制图综合算子库。研发数字地图综合核心算法、运用图形综合算子库对空间数据进行处理，是为了解决图形数据综合的难题。制图综合算子库包括选取、化简、聚合、夸大、移位、降维等功能，主要方法有德洛奈邻近分析的多边形化简与合并、矩形几何的建筑物差分组合及化简、约束德洛奈结构的道路中轴线提取及网络模型建立、局部凸壳识别和凸壳层次结构的曲线化简、布尔运算的多边形叠置分析、Voronoi 图的点群选取化简、德洛奈三角网和 Buffer 分析，以及场论原理的冲突检测与处理等。按照操作目标实体，制图综合算子库包括点状要素综合算子、线状要素综合算子和面状要素综合算子。

（4）自动化接边技术。由于大比例尺数字地图综合采用了自动化方法，所以其成果数据也要满足接边合理的要求，因此设计了一个能够自动考虑接边问题的方法，即在数据分幅时，就带着各自图幅相连的接边数据一起进行分幅，这样对分幅数据进行自动化缩编时就能考虑每一幅图的周边关系，进而实现缩编结果不存在接边问题。

4. 大比例尺自动综合示例

以下地图综合功能主要以 EPS 地理信息工作站地图综合模块为基础进行介绍，主要介绍一些可全自动实现的常用的综合方法。

（1）房屋边线化简，主要对设置好的编码和凹凸间距进行化简，如图 7-2 所示。

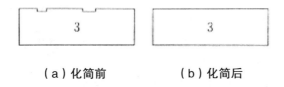

（a）化简前　　　　　（b）化简后

图 7-2　房屋边线化简前后对比

（2）房屋靠拢，主要对不能进行合并的、但是距离在一定间距内的两个地物进行靠拢表示，一般遵循的原则是小地物去靠大地物，如图 7-3 所示。

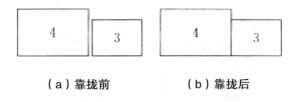

（a）靠拢前　　　　　（b）靠拢后

图 7-3　房屋靠拢前后对比

（3）房屋合并，主要是对底层房屋、同层同结构的房屋进行合并，如图 7-4 所示。

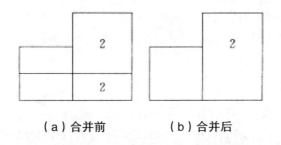

（a）合并前　　　　　（b）合并后

图 7-4　房屋合并前后对比

（4）坡转坎，主要对宽度小于一定值的依比例尺斜坡按陡坎进行表示，如图 7-5 所示。

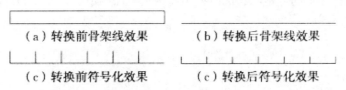

（a）转换前骨架线效果　　　（b）转换后骨架线效果

（c）转换前符号化效果　　　（c）转换后符号化效果

图 7-5　坡转坎前后对比

（5）依比例尺涵洞转半依比例涵洞，主要是将宽度小于一定值的依比例尺涵洞转换为半依比例尺涵洞，如图7-6所示。

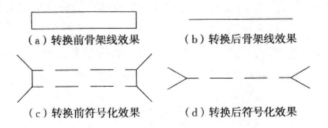

（a）转换前骨架线效果　　（b）转换后骨架线效果

（c）转换前符号化效果　　（d）转换后符号化效果

图7-6　涵洞转换前后对比

（6）配电线节点抽稀，主要对配电线节点密集并且走向大致在一条直线上的节点进行抽稀，一般按照间距和角度进行节点抽稀，如图7-7所示。

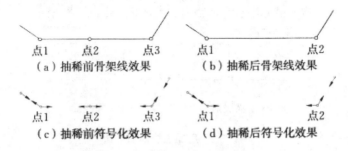

点1　　点2　　点3　　　　点1　　　　点2
（a）抽稀前骨架线效果　　（b）抽稀后骨架线效果

点1　　点2　　点3　　　　点1　　　　点2
（c）抽稀前符号化效果　　（d）抽稀后符号化效果

图7-7　配电线节点抽稀前后对比

（7）双线沟渠转单线沟渠，主要对宽度小于一定值的双线沟渠按单线沟渠进行表示，并根据箭头流向自动判断沟渠的方向，如图7-8所示。

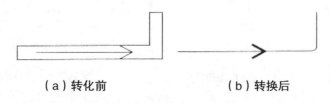

（a）转化前　　　　　　　　（b）转换后

图7-8　沟渠转换前后对比

（8）依比例尺亭转不依比例尺亭，主要将面积小于一定值的依比例尺的面地物转换成不依比例尺的点地物，同时处理周围植被面的情况，如岛的自动去除等，如图7-9所示。

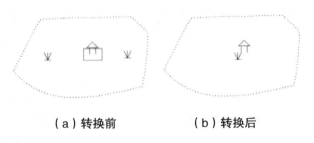

（a）转换前　　　　（b）转换后

图 7-9　亭转换前后对比

（9）支柱抽稀，主要是对门廊、柱廊等建筑物下的支柱按一定间距进行抽稀，如图 7-10 所示。

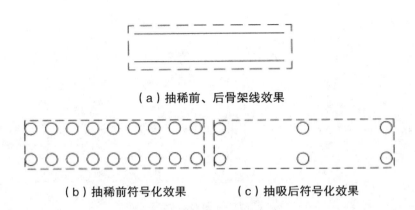

（a）抽稀前、后骨架线效果

（b）抽稀前符号化效果　　　　（c）抽吸后符号化效果

图 7-10　支柱抽稀前后对比

（10）围墙门处理，主要对宽度小于一定值的围墙门进行取舍，同时处理好相邻围墙的关系，如图 7-11 所示。

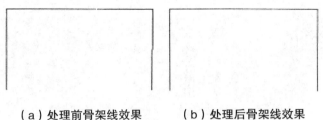

（a）处理前骨架线效果　　　　（b）处理后骨架线效果

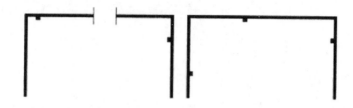

（c）处理前符号化效果　　　（d）处理后符号化效果

图 7-11　围墙们处理前后对比

（11）道路名称处理，比例尺更换后，主要对原来显示密集的道路名称进行合理取舍和摆放，利用中心线技术实现，如图 7-12 所示。

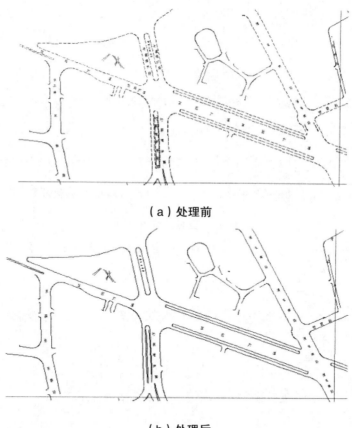

（a）处理前

（b）处理后

图 7-12　道路名称处理前后对比

（12）高程点筛选，主要对高程点按高差和间距进行筛选，分为道路标高点和一般高程点，重点保留道路交叉口和桥梁上的点，如图 7-13 所示。

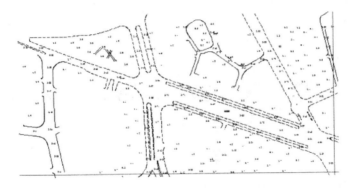

（a）筛选前

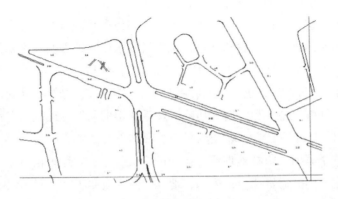

（b）筛选后

图 7-13　高程点筛选前后对比

第八章　地理信息系统建设

第一节　概述

地理信息系统是在计算机硬件系统与软件系统支持下，对整个或部分地球表层（包括大气层）空间中的地理分布数据进行采集、存储、管理、运算、分析、显示和描述的技术系统。从技术和应用的角度，地理信息系统以空间数据为基础，提供了解决空间问题的工具、方法和技术；从学科的角度，地理信息系统是以地学和信息科学等学科融合为基础，结合应用发展起来的一门学科，具有相对独立的学科体系；从功能的角度，地理信息系统以空间应用为基础，具有空间数据的获取、存储、显示、编辑、处理、分析、输出和应用等功能；从系统学的角度，地理信息系统是一个以系统论为基础、具有一定结构和功能的完整系统。

可以从三个方面来审视地理信息系统的含义：第一，地理信息系统是一种计算机技术，这是人们的通常认识；第二，地理信息系统是人们对过去庞大的空间数据进行管理和操作的一种方法，人们通过这种方法可以对全球变化或者区域可持续发展等问题进行集成、统一和融合，实现全方位审视地球上每一个现象的目标；第三，地理信息系统的思维方式与传统的直线式思维方式有很大不同，人们能从极大的范围关注到与地理现象有关的一些周围现象变化及这些变化对本体所造成的影响。从这个意义上讲，地理信息系统是人的思想的延伸，这样的改变与进步也对人们思维观念的转变产生了很大影响。地理信息系统是与地理位置相关的信息系统，因此它具有信息系统的各种特点。在地理信息系统中，可以通过抽象把现实世界划分为诸多地理实体及地理现象，进而由空间位置与专题属性特征来定位，定性和定量地表达这些地理特征。地理信息系统与其他信息系统的区别在于它所存储和处理的是按统一地理坐标进行编码的信息，可以通过地理位置及与该位置有关的地物属性信息进行信息检索。

地理信息系统不仅能存储和管理数据，更重要的是可以利用这些数据为用户提供表达、查询、统计、分析和决策等服务。传统的地理信息系统是基于图幅的管理方式，不能满足各行各业对不同地理信息的需求。在信息化测绘时代，地理信息系统发生了较大的变化，测绘成果基本单元由原来的图幅转变为地理要素（对象），采取基于地理要素（对象）的管理方式，赋予每个地理要素编码信息、位置信息、图形信息、颜色信息、属性信息、分层信息、时间信息、符号信息等，用户可从中提取所需的信息。正是有了这些变化，新时期地理信息系统的空间信息表达、空间信息分析、空间决策支持等能力才得以大幅提升，使得地理信息系统能被其他的信息系统识别和深度挖掘，可以更好地支撑各行业的应用。

第二节 地理信息系统空间信息表达

一、空间信息的可视化表达

空间信息的可视化表达历经了自然语言阶段、地图语言阶段、地理信息系统阶段及虚拟地理环境阶段。

（一）自然语言阶段

自然语言是在社会发展中形成的、供人类记载与交换信息的最常见的语言。它具有通俗性、易理解性。在数学、计算机等学科不发达的时期，自然语言在空间信息的表达上起了重要作用。

在我国古代诗词等文献中，有大量文字记载了空间信息。自然语言是科学研究和表达最基本的工具，对于地理学而言，自然语言主要以描述为目的。纯粹的自然语言是模糊的，其结构性不强且复杂多变。用自然语言来描述空间信息，会存在表述冗余、表达不准确、信息挖掘空间小等问题。

（二）地图语言阶段

1. 早期地图

相比于普通的自然语言，"图"具有更好地记载、示意空间信息的功能。最早的地图，并不具备现代定义地图的完整特点，但是其更简练的表达、更直观的展现为古代人们的生活、政治、军事带来了便利。早期地图主要发挥了示意、展现的功能，能呈现给读图者主要的空间信息，帮助读图者决策，但其可量测性没有保障。

2. 现代地图

现代地图定义为遵循相应的数学法则，将地球上的地理信息，通过科学的概括，并运用符号系统表示在一定载体上的图形，用以传递地理信息的数量和质量在空间和时间上的分布规律和发展变化。数学法则的引入是现代地图区别于传统地图的重要特点。数学法则包括坐标系统、地图投影及比例尺，这三个要素使得现代地图严密、准确、可量测，使得地图对空间信息的表达突破了一般的定性描述，走向了"为世界建模"的定量阶段。

3.计算机地图

在计算机制图之前，地图的制作周期长，人力物力的开销大。伴随着计算机技术的进步，地图的绘制从传统的手工绘制发展为计算机绘制。这使地图生产的成本降低，周期缩短，从而使地图能够表达不断变化的空间信息。同时，计算机技术进入制图领域，提高了地图的精准化、标准化程度。

（三）地理信息系统阶段

从自然语言到地图，尤其是计算机制图，空间信息的表达向着"快""多""准"的方向发展。随着信息时代的到来，人类对空间信息的要求也增多了。传统地图在动态性、交互性上表现出局限性，因此将数据库技术引入空间信息的表达。此时，地理信息系统开始登上舞台，成为继自然语言、地图后的空间信息表达方法。

地理信息系统脱胎于地图，如果说地图是地理学的第二代语言，那么地理信息系统就是地理学的第三代语言。不同于普通地图、机制地图，地理信息系统具有强大的空间分析功能，包括空间信息量算、缓冲区分析、叠加分析、网络分析、空间统计分析等。这些功能通常是由用户根据自身需求选择与进行的，因此地理信息系统具有良好的交互性。另外，地理信息系统通过数据库来管理空间数据，这使其自身具备良好的动态性。

（四）虚拟地理环境阶段

表达空间信息的目的是对其进行记载、交换和分析，地理信息系统已经可以满足这些功能。但是，随着计算机图形学、人工智能、多媒体技术的成熟，虚拟地理环境的概念也应运而生。

虚拟地理环境包括作为主体的人类社会及围绕该主体存在的一切客观环境（包括计算机、网络、传感器等硬件环境，软件环境，数据环境，虚拟图形镜像环境，虚拟经济环境，以及虚拟社会、政治、文化环境）。虚拟地理环境是对地理信息系统的进一步发展，它不仅具备地理信息系统的优秀特征，还具有沉浸性、构想性和更好的交互性。通过虚拟地理环境，可以超越现实，到达远古时代甚至到达外太空的星球。

二、空间信息的形式化表达

随着信息科学的引入，空间信息的表达呈现出新的方式。原有的手绘地图的信息表达方式逐渐被地理信息系统工具所代表的计算机制图方法替代，出现了很多形式化表达的方法。

在信息科学领域，信息表达指把专门领域内的事实、经验和信息形式化，以便计算机接收和操作。知识是信息综合处理的结果，是对信息的进一步深化处理，空间知识是对空间数据和信息进行进一步概括、分析和处理得到的有意义的信息，是用于解决问题的结构化信息。这里形式化表示的含义是"将概念、断言、事实、规则、推演乃至整个被描述系统表述得严密、精确而又无须任何专门的知识即可被毫无歧义地感知"。知识表示方法必须能够适应获取的各类知识的表达，用一种统一、简单且直观的逻辑来组织知识，并便于机器对知识的检索和利用。

（一）基于产生式的表达方法

产生式表达方法也称产生式规则表达方法，是美国数学家根据串替换规则提出的一种计算模型，其中每一条规则称为一个产生式。使用"IFTHEN"形式的产生式规则表达信息，是目前应用最广泛的信息表达方法之一。其除了具有良好模块性外，最重要的原因是领域专家习惯于把自己的知识表示为"IFTHEN"形式。

采用规则表示的优点有：可以较好地模仿人类求解问题的行为，表现形式简单明了，易于实现知识的形式化与计算，表达自然、易于理解、便于利用启发式知识提高推理效率。规则之间是相互独立的，可以独立地进行增加、修改和删除，而不会直接影响其他规则。因此，修改比较简单，可以说具备了模块性、清晰性和自然性等特点。规则表示的缺点同样也很明显：采用相互独立的规则表示信息，缺乏高级的结构化概念，使开发大型基于规则的系统很困难，甚至会出现冗余的、不一致的规则，导致推理效率低下或结果不理想；由于产生式间的孤立（不相互调用）和格式的死板（产生式间不能相互嵌套），求解问题的控制流会难以理解，控制信息的表达也并非自然等。

（二）基于语义网络的表达方法

基于语义网络的表达方法是最早被提出的，实际上是用图解的方式来表示信息。语义网络在形式上是一个以一组节点和若干条弧构成的有向图，其中节点可以表示各种实体、概念、性质、行为等，弧段则表示节点之间的语义关系。采用语义网络表示空间信息，可以形成信息的结构化组织，容易把各种事物有机联系起来，实现信息的深层表达，特别适合表达关系型信息。

（三）基于框架的表达方法

框架结构是把某一特殊事件或对象的所有信息存储在一起的复杂数据结构，由框架名和槽两类元素构成。其中，框架名作为主体用于表示某个固定的概念、对象或事件：框架名下层的槽具有槽名和对应的取值，用于表示主体各个方面的属性。各个框架之间形成一种复杂的层次性关系进而组成框架网络，代表整块的信息结构和信息内容。基于框架的表达方法的主要特点是：符合人的思维习惯，表达能力强，并且通过 is-a 链接可以描述框架之间的继承关系；善于表达结构性信息，但不善于表达规则性信息；驱动框架推理的过程需要有与领域无关的推理规则，框架系统缺乏描述如何使用框架中信息的能力。

（四）基于逻辑的表达方法

逻辑具有严格的形式化和坚实的数学理论基础，是计算机科学最早采用的信息表达方法。最常用于表达信息的逻辑语言有命题逻辑、谓词逻辑和描述逻辑，对信息的表达能力逐渐提升。其中，描述逻辑是一阶谓词逻辑，具有可判定性的子集。与语义网络等信息表达方法相比，描述逻辑一个显著的特点是它有严格的、形式化的、基于逻辑和数学的语义。这样的语义也使得描述逻辑可以用于推理，从显性的信息获取隐性的信息。描述逻辑另一个显著的特点是对推理能力的强调。

（五）基于地理本体的表达方法

地理本体是由本体论在地理学科中衍生而来的。本体论明确界定了概念间关系的理论，目前尚未有统一的定义，但普遍认为最精准和全面的定义是"本体是共享概念模型的明确的形式化规范说明"。地理本体是本体应用在地学领域的一种领域本体，把有关地理科学领域的知识、信息和数据抽象成由一个个具有共识的对象（或实体）按照一定的关系而组成的体系，同时进行概念化处理和明确的定义，最后进行形式化表达的理论与方法。由于地理本体在解决语义互操作方面具有优势，目前被广泛研究并应用于语义互联网、地理信息系统之间语义互操作、知识级的地理信息共享等领域。

基于地理本体的表达方法是以一种显式的、形式化的方式进行信息的描述，能够提高互操作性与共享性。利用本体表示空间信息最大的优点是：提供了一种标准化的语义定义，容易实现空间信息的共享。

第三节　地理信息系统空间分析

空间分析是对于地理空间现象的定量研究，其常规能力是操纵空间数据使之成为不同的形式，并且提取其潜在的信息，是地理信息系统的核心。空间分析能力（特别是对空间隐含信息的提取和传输能力）是地理信息系统区别于一般信息系统的主要标志，也是评价一个地理信息系统是否成功的一个主要指标。

随着将现代科学技术，尤其是将计算机技术引入地图学和地理学，地理信息系统开始孕育、发展。以数字形式存在于计算机中的地图，向人们展示了更为广阔的应用领域。利用计算机分析地图、获取信息并支持空间决策，成为地理信息系统的重要研究内容，"空间分析"也成了这一领域的一个专门术语。

空间分析配合空间数据的属性信息，能提供强大、丰富的空间数据查询功能。因此，空间分析在地理信息系统中的地位不言而喻。

空间分析主要通过空间数据和空间模型的联合分析来挖掘空间目标的潜在信息。这些空间目标的基本信息包括其空间位置、分布、形态、距离、方位、拓扑关系等，其中距离、方位、拓扑关系组成了空间目标的空间关系。空间关系是地理实体之间的空间特性，可以作为数据组织、查询、分析和推理的基础。通过将地理空间目标划分为点、线、面不同的类型，可以获得这些不同类型目标的形态结构。将空间目标的空间数据和属性数据结合起来，可以进行许多特定任务的空间计算与分析。

一、地理信息系统空间分析功能

一个地理信息系统的先进性和实用性常常取决于其空间分析功能。早期的地理信息系统强调的是简单的查询，空间分析功能很弱或根本没有。随着地理信息系统的发展，用户对地理信息系统提出了更多的简单查询不能解决的问题，这就促进了地理信息系统空间分析功能的加强。面对"人们被数据淹没，人们却渴求知识"的现状，客观上要求大力发展空间分析理论方法，故地理信息系统空间分析功能越来越多。地理信息系统的空间分析功能如图 8-1 所示。

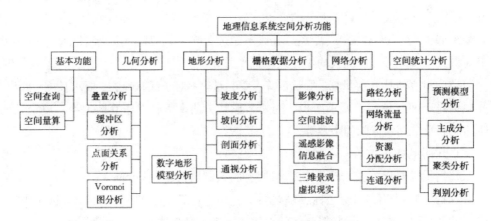

图 8-1　地理信息系统空间分析功能

二、地理信息系统空间分析方法

在一节介绍的空间分析功能基础上，选取应用比较广泛的几个重点空间分析方法进行介绍，主要包括空间查询、空间量算、叠置分析、缓冲区分析、网络流量分析、空间统计分析等。

（一）空间查询

图形与属性互查是最常用的查询，主要有两类。第一类是按属性信息的要求来查询并定位空间位置，称为属性查图形。这与一般的非空间关系数据库的 SQL 查询没有区别，查询到结果后，再利用图形和属性的对应关系，进一步在图上用指定的显示方式将结果定位绘出。第二类是根据对象的空间位置查询有关属性信息，称为图形查属性。该查询通常分为两步：首先借助空间索引，在地理信息系统数据库中快速检索出被选空间实体，然后根据空间实体与属性的连接关系即可得到所查询空间实体的属性列表。

在大多数地理信息系统中，提供的空间查询方式有基于空间关系的查询、基于空间关系和属性特征的查询、地址匹配查询、基于地理要素（对象）的查询。

（二）空间量算

空间量算是定量化空间分析的基础。空间实体间存在着多种空间关系，包括拓扑、顺序、距离、方位等关系。通过空间关系查询和定位空间实体是地理信息系统不同于一般信息系统的功能之一。

例如，查询满足在京九线的东部、距离京九线不超过 200km、城市人口大于 100 万、居民人均年收入超过 1 万元的城市，整个查询计算涉及了空间顺序方位关系（京九线东部）、空间距离关系（距离京九线不超过 200km），甚至还有属性信息查询（城市人口大于 100 万、居民人均年收入超过 1 万元）。

空间量算包括几何量算、形状量算、质心量算。对于线状地物，要求长度、曲率、方向；对于面状地物，要求面积、周长、形状、曲率等；对于立体地物，要求几何体的质心及空间实体间的距离等。

1.几何量算

几何量算对点、线、面、体四类地物而言，其含义是不同的。

点状地物（零维）量算坐标。线状地物（一维）量算长度、曲率、方向。面状地物（二维）量算面积、周长、形状等。体状地物（三维）量算体积、表面积等。

一般的地理信息系统软件都具有对点、线、面状地物的几何量算功能，或者是针对矢量数据结构，或者是针对栅格数据结构的空间数据。

2. 形状量算

对目标地物形状的量算一般有两个方面，分别是空间一致性问题（即对有孔多边形和破碎多边形的处理）和多边形边界特征描述问题。

度量空间一致性最常用的指标是欧拉函数，用来计算多边形的破碎程度和孔的数目。关于多边形边界特征描述的问题，由于目标地物的外观是复杂多变的，故很难找到一个准确的指标量对其进行描述，最常用的指标包括多边形长、短轴之比、周长面积比、面积长度比等。绝大多数指标是基于面积和周长的，对目标地物属于紧凑型或膨胀型的判断极其模糊。一个标准的圆形地物，既非紧凑型，也非膨胀型，可以定义其形态系数 r 为

$$r = \frac{P}{2\sqrt{\pi} \times \sqrt{A}}$$

式中，P 为目标地物周长，A 为地物面积。

如果 r < 1，目标地物为紧凑型；如果 r=1，目标地物为标准圆；如果 r > 1，目标地物为膨胀型。

3. 质心量算

描述地理对象空间分布的一个重要指标是目标的质心位置。质心通常为一个多边形或面的几何中心，但在某些情况下，质心描述的是分布中心。质心是目标保持均匀分布的平衡点，它可以被赋予权重系数，即

$$X_G = \frac{\sum_i W_i X_i}{\sum_i W_i} \quad Y_G = \frac{\sum_i W_i Y_i}{\sum_i W_i}$$

式中，i 为离散目标物，W_i 为该目标物权重，X_i、Y_i 为离散目标物的坐标。

质心量算经常用于宏观经济分析和市场区位选择，还可以跟踪某些地理分布的变化，如人口变迁、土地类型的变化等，也可以简化某些复杂目标。

（三）叠置分析

大部分地理信息系统软件是以分层的方式组织地理景观的，将地理景观按主题分层提取，同一地区的整个数据层集表达了该地区地理景观的内容。地理信息系统的叠加分析是对有关主题层组成的数据层面进行叠加，产生一个新的数据层面，其结果综合了原来两层或多层要素所具有的属性。叠加分析不仅包含空间关系的比较，还包含属性关系的比较。叠加分析可以分为点与多边形叠加、线与多边形叠加、多边形与多边形叠加等。

1. 点与多边形叠加

实际上是计算多边形对点的包含关系，叠加的结果是为每点产生一个新属性。

通过叠加可以计算每个多边形类型里有多少个点，以及这些点的属性信息。

2. 线与多边形叠加

是将线状地物层和多边形图层进行叠加，比较线坐标与多边形坐标的关系，以确定每条弧段落在哪个多边形内、多边形内出现的新弧段及多边形其他信息。

3. 多边形与多边形叠加

是将两个或多个多边形图层进行叠加，产生一个新的多边形图层，其结果是将原来多边形要素分割成新要素。新要素综合了原来两层或多层的属性，一般有三种情况：多边形之和（union），输出保留了输入的多边形；多边形之交（intersect），输出保留了输入的多边形共同覆盖的区域；多边形叠合（identity），以一个输入的边界为准，将另一个多边形与之相匹配，输出内容是第一个多边形区域内的多边形。

（四）缓冲区分析

缓冲区分析是针对点、线、面等地理实体，自动在其周围建立一定宽度范围的缓冲区多边形。所谓缓冲区就是地理空间目标的一种影响范围或服务范围。

邻近度描述了地理空间中两个地物距离相近的程度，它的确定是空间分析的一个重要手段。交通沿线或河流沿线的地物有其独特的重要性，公共设施的服务半径，大型水库建设引起的搬迁，铁路、公路及航运河道对其所穿过区域经济发展的重要性等，均是邻近度问题。缓冲区分析是解决邻近度问题的空间分析工具之一。

（五）网络流量分析

对地理网络（如交通网络）、城市基础设施网络（如各种电力线、电话线、供排水管线等）进行地理分析和模型化，是地理信息系统中网络流量分析功能的主要目的。网络流量分析是运筹学模型中的一个基本模型，它的根本目的是研究、筹划一项网络工程应该如何安排，并使其运行效果最好，如一定资源的最佳分配、从一地到另一地的运输费用最低等。

网络流量分析包括路径分析（寻求最佳路径）、地址匹配（实质是对地理位置的查询）及资源分配。

1. 路径分析

（1）静态求最佳路径。由用户确定权值关系后，即给定每条弧段的属性，当求最佳路径时，读出路径的相关属性，匹配出最佳路径。

（2）动态分段技术。给定一条路径由多段联系组成，标注这条路上的公里点、定位某一公路上的某一点，或者标注某条路上从某一公里数到另一公里数的路段。

（3）N条最佳路径分析。确定起点、终点，求代价较小的几条路径，因为在实践中仅求出最佳路径往往不能满足要求，可能因为某种因素不走最佳路径，而走近似最佳路径。

（4）最短路径。确定起点、终点和所要经过的中间点、中间连线，求最佳路径。

（5）动态最佳路径分析。实际网络分析中权值是随着权值关系式变化的，而且可能会临时出现一些障碍点，所以往往需要动态地计算最佳路径。

2. 地址匹配

地址匹配实质是对地理位置的查询，它涉及地址的编码（geocode）。地址匹配与其他网络分析功能结合起来可以满足实际工作中非常复杂的分析要求。

3. 资源分配

资源分配网络模型由中心点（分配中心）及其状态属性和网络组成。分配有两种方式，一种是由分配中心向四周输出，另一种是由四周向中心集中。这种分配功能可以解决资源的有效流动和合理分配。其在地理网络中的应用与区位论中的中心地理论类似。常用的算法是 P 中心模型。

（六）空间统计分析

多变量统计分析主要用于数据分类和综合评价。数据分类方法是地理信息系统的重要组成部分。一般地理信息系统存储的数据具有原始性质，用户可以根据不同的使用目的，进行提取和分析。特别是对于观测和取样数据，随着采用的分类和内插方法的不同，得到的结果有很大的差异。因此，在大多数情况下，首先是将大量未经分类的数据输入信息系统数据库，然后要求用户建立具体的分类算法，以获得所需要的信息。

1. 主成分分析

地理问题往往涉及大量相互关联的自然和社会要素，众多的要素常常给模型的构造带来很大困难，同时也增加了运算的复杂性。主成分分析是通过数理统计分析，将众多要素的信息压缩表达为若干具有代表性的合成变量，这就克服了变量选择时的冗余和相关，然后选择信息最丰富的少数因子进行各种聚类分析，构造应用模型。

2. 层次分析法

层次分析（analytic hierarchy process，AHP）法是系统分析的数学工具之一。在分析涉及大量相互关联、相互制约的复杂因素时，各因素对问题的分析有着不同程度的重要性，决定它们对目标重要性的排序，对建立模型十分重要。层次分析法把相互关联的要素按隶属关系分为若干层次，请有经验的专家对各层次、各因素的相对重要性给出定量指标，利用数学方法，综合专家意见给出各层次、各要素的相对重要性权值，将其作为综合分析的基础。

3. 聚类分析

聚类是根据多种地学要素对地理实体进行类别划分，不同的要素划分类别往往反映不同目标的等级序列。系统聚类一般根据实体间的相似程度，逐步合并若干类别，其相似程度由距离或相似系数定义，主要有绝对值距离、欧氏距离、切比雪夫距离、马氏距离、兰氏距离等。

4. 判别分析

判别分析与聚类分析同属分类问题，所不同的是，判别分析是预先根据理论与实践确定等级序列的因子标准，再将待分析的地理实体安排到序列的合理位置上。对于如水土流失评价、土地适宜性评价等有一定理论根据的分类系统定级问题比较适用。判别分析依其判别类型的多少与方法的不同，可分为两类判别、多类判别和逐步判别等。常用的判别分析有距离判别法、贝叶斯（Bayes）最小风险判别法、费希尔（Fisher）准则判别法等。

三、地理信息系统空间分析建模

（一）空间分析过程

空间分析是基于地理对象的位置和形态特征的空间数据分析技术，其目的在于提取和传输空间信息。地理信息系统提供一系列的空间分析工具，用户通过已有的数据模型，经过一系列的操作，可求得一个新模型，这个新模型可展现数据集内部或数据集之间新的或未曾明确的关系，从而回答用户的问题。好的空间分析过程设计将十分有利于问题的解决。空间分析过程基本步骤为：明确分析目的和评价准则，准备空间操作的数据，建立空间分析模型，执行空间分析操作，解释和评价结果，改进分析结果，最后输出结果（地图、表格和文档）。

空间分析过程实际上是一个地理建模过程，而空间分析依赖于空间分析模型，于是研究空间分析模型及如何实现在地理信息系统环境中建模至关重要。

（二）空间分析模型

模型是人类对事物的一种抽象描述。人们在正式建造实物前，往往要先建立一个简化的模型，以便抓住问题的要害，剔除与问题无关的非本质的东西，从而使模型比实物更简单明了，易于把握。

同样，为了解决复杂的空间问题，人们也试图建立一个简化的模型，模拟空间分析过程，这个建成的模型就是空间分析模型。空间分析模型是对现实世界科学体系问题域抽象的空间概念模型，其特有的特性为空间定位。构成空间分析模型的空间目标（点、弧段、网络、面域、复杂地物等）的多样性决定了空间分析模型建立的复杂性。空间关系也是空间分析模型的一个重要特征，空间层次关系、相邻关系及空间目标的拓扑关系也决定了空间分析模型建立的特殊性。包括坐标、高程、属性及时序特征的空间数据极其庞大，大量的空间数据通常用图形的方式来表示，这样，由空间数据构成的空间分析模型也具有了可视化的图形特征。空间分析模型不是一个独立的模型实体，它和广义模型中抽象模型的定义是交叉的。地理信息系统要求完全精确地表达地理环境中复杂的空间关系，因而常使用数学模型。此外，仿真模型和符号模型也在地理信息系统中得到了很好的应用。

目前研究地理信息系统中空间分析模型分类问题的很少，在此把它分为以下几类。

1. 空间分布分析模型，用于研究地理对象的空间分布特征

主要包括：空间分布参数的描述，如分布密度和均值、分布中心、离散度等；空间分布检验，可确定分布类型；空间聚类分析，反映分布的多中心特征并确定这些中心；趋势面分析，反映现象的空间分布趋势；空间聚合与分解，反映空间对比与趋势。

2. 空间关系分析模型，用于研究基于地理对象的位置和属性特征的空间物体之间的关系

包括距离、方向、连通和拓扑四种空间关系。其中，拓扑是研究得较多的关系，距离是内容最丰富的一种关系，连通用于描述基于视线的空间物体之间的通视性，方向则反映物体的方位。

3. 空间相关分析模型，用于研究物体位置和属性集成下的关系

尤其是物体群（类）之间的关系。在这方面，目前研究得最多的是空间统计学范畴的问题。统计上的空间相关、覆盖分析就是考虑物体类之间相关关系的分析。

4. 预测、评价与决策模型，用于研究地理对象的动态发展

根据过去和现在推断未来，根据已知推测未知，运用科学知识和手段来估计地理对象的未来发展趋势，并做出判断与评价，形成决策方案，用以指导行动，以获得尽可能好的实践效果。

（三）空间分析模型与地理信息系统的集成

地理信息系统本身缺少强大的空间分析能力，空间分析模型的结果常常需要通过地理信息系统来表达，两者在功能上的互补是其集成的主要驱动力。它们的有效结合可大大增强地理信息系统的空间分析功能，进一步拓宽其应用范围，加深其应用深度，同时地理信息系统为空间分析模型的数据输入和预处理，以及模拟结果的直观显示提供了极好的工具。

地理信息系统与空间分析模型的结合本质上是由需求驱动的，常用的方式有耦合和嵌入两大类，有以下四种形式。

1. 松散耦合型

空间分析模型与地理信息系统相互并行、独立，各自拥有独立的数据结构和用户界面，它们之间通过文本文件等中间文件或相互提供读写标准实现数据通信。其优点是空间分析模型与地理信息系统都不受对方约束，可以发挥各自的优势，灵活性较强。其缺点在于系统间存在数据冗余，相互之间转换效率低，缺乏统一界面，而且实时计算的可视化难以实现。

2. 紧密耦合型

以地理信息系统为集成平台，用地理信息系统提供的二次开发语言，如MapBasic、Avenue 等宏语言或者脚本语言在地理信息系统平台上开发空间分析模型。这种集成方法能够充分利用现有的地理信息系统所提供的栅格操作分析功能，而且能为用户提供统一的界面。但是这种方式也存在不足：一是地理信息系统提供的二次开发语言构造较复杂模型的能力比较低；二是系统运行效率普遍较低；三是动态功能实现较困难，即使实现了，其实时计算的动态效果也不好。

3. 地理信息系统中嵌入空间分析模型

这种方式以地理信息系统为核心，在其内部嵌入相应的空间分析模型，通常需要由地理信息系统开发商和模型专家共同完成。目前，各个商用地理信息系统逐渐推出了各种专业的空间分析模块，如 Esri 推出了专门用于电力、通信等管线系统应用的 ArcFM，就集成了专业的空间分析模型。在这种方式中，空间分析模型与地理信息系统的融合是最好的，可以实现真正的"无缝"连接，从而可以充分利用地理信息系统的分析功能，空间分析模型运行效果和效率可以得到保证。但是目前开发商推出的多是一些简单、常用的空间分析模型，在高级空间分析模型的集成方面并没有投入太多的力量。

4. 空间分析模型中嵌入地理信息系统

这种方式以地理元胞自动机模型为核心，利用 DLL、OCX/Active X 技术，借助高级编程语言如 C/C++、Pascal 等，在空间分析模型的基础上开发必要的地理信息系统功能，支持空间分析模型的运行。这种方式使空间分析模型设计者可以自由地设计和调整模型，对于探索高级的空间分析模型非常有利，而且模型运行效率也较高。但是这种方式工作量非常大，对模型构造者要求很高，而且作为建模者进行科学研究的工具，其他用户不易掌握。在目前的模型实现方法中，更多地采用在空间分析模型中嵌入必要的地理信息系统功能的方式。

（四）空间分析建模方法

空间分析建模，由于是建立在对图层数据的操作上的，故又称为"地图建模"。它是通过组合空间分析命令操作来回答有关空间现象问题的过程。更形式化的定义是通过作用于原始数据和派生数据的一组顺序的、交互的空间分析操作命令，对一个空间决策过程进行的模拟。地图建模的结果是得到一个"地图模型"，它是对空间分析过程及其数据的一种图形或符号表示，目的是帮助分析人员组织和规划所要完成的分析过程，并逐步指定完成这一分析过程所需的数据。地图模型也可用于研究说明文档，作为分析研究的参考和素材。

地图建模可以是一个空间分析流程的逆过程，即从分析的最终结果开始，反向一步步分析得到最终结果，确定哪些数据是必需的，并确定每一步要输入的数据及这些数据是如何派生而来。

目前,地图建模一般有五种方法：基于地理信息系统环境内二次开发语言的空间分析建模法、基于地理信息系统外部松散耦合式的空间分析建模法、混合型的空间分析建模法、插件技术的空间分析建模法、基于面向目标的图形语言建模法。

基于面向目标的图形语言建模法相对其他几种方法来说更方便和更直观，也更容易掌握，而且所有建模过程都在地理信息系统内部进行，所使用的函数、逻辑操作和条件操作等都来源于地理信息系统，因而有更好的可靠性和逻辑一致性。一些地理信息系统软件提供了高级的、可视化的地图建模辅助工具，用户只需使用其提供的工具在窗口中绘出模型的流程图，指定流程图的意义、所用的参数和矩阵等即可完成地图模型的设计，而无须书写复杂的命令程序。

模型的形成过程实际上就是解决问题的过程，不论是简单的还是复杂的模型，都需要在模型生成器中添加数据和空间分析工具，并将一个个空间模型要素有机地连接起来，就能组成一个完整的空间分析图解模型，其流程如下：

1. 明确问题

分析问题的背景和建模的目的,掌握所分析对象的信息,即明确实际问题的实质。

2. 分解问题

找出与实际问题有关的因素，对所研究的问题进行分解、简化，明确模型中需要考虑的因素及它们在过程中的作用，并准备相关的数据集。

3. 组建模型

运用数学知识和地理信息系统空间分析工具来描述问题中变量间的关系。

4. 检验模型结果

运行所得到的模型、解释模型的结果或把运行结果与实际观测进行对比。如果基本符合实际问题，则可行；否则，模型与实际不相符，表明不能将模型运用到实际问题中。这就需要返回建模前关于问题的分解，对假设做出修正，重复建模过程，直到模型的结果符合实际为止。

5. 应用分析结果

在对模型结果满意的前提下，运用模型得到对结果的分析。

地理信息系统必将向着能够提供丰富、全面的空间分析功能的智能化地理信息系统的方向发展，但就目前的状况而言，这一点尚难如人意。因此，实用系统建设中的二次编程工作量很大。这种基于功能指令的编程尽管是高级编程，但开发者仍不得不深入到算法的最细节中。理想的状态是找出空间分析的基本算子和对象，以某种运算逻辑积木式组合为复杂的分析模型，这应该是最具有挑战性的研究课题。空间分析的算子和对象是所有空间分析模型的共性，可以无限重用。这样组合并不只是针对某一个专业领域的空间分析模型，而是所有的空间分析模型都可以用这种方式建立。但如何找出空间分析的基本算子和对象，以及如何以某种运算逻辑积木式组合为复杂的分析模型，还未充分引起人们的注意。建模是一个动态的、智能的过程，计算机无法很有效地做到这一点。让用户自主建模，由计算机来处理建模过程中的计算工作，是一个不错的选择。

四、信息化测绘时代空间分析的关键技术

面向信息化测绘时代空间信息分析处理的新需求特性，现有空间分析技术需在以下几方面取得突破性进展。

（一）海量泛空间信息关联、集成与协同分析技术

信息化测绘时代的一个典型特征是公众既是地理信息服务对象，也是地理信息提供者，如何集成由按需测量方式获取的包括文本、语音、视频等多种形式的隐含大量地理知识的泛空间地理信息，并在统一的时空基准空间开展信息的加工处理与分析，以满足个性化、智能化的服务需求，是面向泛空间信息的空间分析前提和基础。其应重点发展的有：非空间信息的空间化技术，基于定性位置的泛空间信息自动匹配技术，不同传感数据的同化、整合与协同分析技术，多时态信息的动态关联与自动更新技术等。

（二）基于网络的空间分析技术

现代网络环境具有网络地址多、内置安全协议、服务质量高、即插即用等技术特征，提供了强大、可伸缩的网络基础环境，将为解决地理信息服务在处理能力和性能方面的瓶颈提供新的机遇。网络将是空间信息集成、分析与服务的主要媒介，促进空间分析技术由传统离线方式向在线实时分析处理方式发展。同时，在线分析与服务也是地理信息个性化服务的必然要求。其应重点发展的技术包括：泛空间信息的网格化管理技术，共享与服务技术，空间分析功能封装技术，注册与网络服务

技术，空间分析结果的在线检验、表达与传输技术等。

（三）基于定性位置的空间推理技术

泛空间信息除了传统定量的坐标信息、格网信息以外，还有大量的以文本、语音等形式存在的其他相关信息。传统的空间分析技术在基于位置的坐标计算和关系推理方面具有强大功能，然而对文本等相关泛空间信息背后隐含的大量地理空间信息缺乏相关分析技术，需要建立度量空间与泛地理空间之间联系的桥梁。定性位置的空间推理技术为解决这一问题提供了基础，其应重点发展定性位置的形式化表达技术、基于定性位置的泛空间信息地理参考与智能匹配技术、融合坐标计算技术、具有语义关系特征和定性空间关系推理的定性空间推理技术等。

（四）虚拟地理环境模拟与分析技术

作为一种可视化的空间分析技术，支持可视与不可视的地学数据表达、未来场景预见、地理协同工作和群体决策，可用于模拟和分析复杂的地学现象与过程，是融合数据分析、图形分析和地理建模分析的有效空间分析技术。传统可视化分析多侧重于 2 维平面可视化表达，已有的 3 维可视化软件系统工具多仅具有 2-5 维空间信息的可视化。真 3 维可视化是近年的一个研究热点，然而这些研究也仅提供可视化地理环境和功能，缺乏在虚拟地理环境中的分析、模拟与预测技术的支撑。应重点研究的内容包括：3 维地理信息快速获取技术，虚拟地理时空认知技术，泛空间信息维集成与虚拟地理环境协同建模技术，复杂地理过程预测、模拟与可视化技术等。

（五）基于云计算的空间分析中间件技术

在云计算技术的支持下，用户可以实现按需获取空间分析服务。用户无须知道分析数据、分析软件来自何处，可随时、随地获得空间信息资源和空间分析能力（资源、信息、服务、知识），并在云计算平台中实现统一管理，强化地理分析及处理能力，为复杂地理过程分析模拟中的计算能力不足提供新的解决途径，实现与物理平台无关的应用与服务。其应重点发展的技术包括：跨平台分布式空间数据实时消息处理与传输技术，基于云计算平台的空间分析资源集成、管理、分配与调度技术，基于云计算的空间分析中间件开发技术等。

（六）面向自然语言的空间分析

地理信息系统实现由专业应用服务向社会化服务转变的关键是建立计算机系统可理解的自然语言分析、查询、检索与服务技术，建立计算机系统与公众用户之间的桥梁。其应重点发展的技术包括：自然语言空间信息形式化表达，自然语言空间关系建模，基于自然语言的定性空间推理、检索与服务等技术。

第四节 地理信息系统空间决策支持

一、传统测绘成果下空间分析的不足

空间分析理论和技术经过了几十年的快速发展，积累了丰富的理论和技术成果。随着信息化测绘时代对空间分析技术需求的进一步提高，传统测绘成果下的空间分析技术在理论和技术方法上已不能满足应用需求，主要体现在以下几点：

（一）空间分析理论和技术体系还需进一步完善

若将空间分析作为一门独立的学科，有关其学科内容、理论方法、研究对象、应用领域等相关问题都有待进一步界定和完善。虽然已有大量研究，但仍然缺乏一个普遍的研究框架，迫切需要对空间分析的内涵和外延做出更明确的界定。

（二）空间分析技术主要停留在第一层次（图形分析），缺乏解释地球空间信息机理的空间分析模型

传统的空间分析技术基于计算几何、拓扑学、图论等科学基础，在空间图形分析上，对空间位置、空间分布、空间形态、空间关系和空间关联分析等进行了系统深入的研究，取得了较好的研究进展。但在对过程建模和机理的分析上，还有大量的地理现象需要借助空间分析技术提出一个一致或广泛认可的建模方法体系。

（三）主要支持地理现象的快照建模，缺乏时空变化的仿真模拟

已有的空间分析技术主要停留在对空间现象和事物的空间特征的描述上，基于时点上的快照模型开展空间分析，而对地理现象的发展变化过程的建模分析技术比较缺乏。随着地理信息科学的提出和发展，要求对地理信息的认识不能仅停留在对空间特征的描述上，更重要的是要能分析地理空间现象的发展演变过程，以掌握其发展演变的基本规律，为空间决策提供指导。时空数据库技术、可视化与虚拟现实等相关技术的发展为开展地理现象的过程仿真研究提供了前提。

（四）地理分析模型与地理信息系统的耦合有待深入研究

地理信息系统发展已为空间图形分析提供了丰富的工具支持，然而对复杂地理现象建模的能力还非常有限。基于地理领域知识的专业地理模型虽然取得了长足的进步，但这些专业地理分析模型还很难实现与地理信息系统的有机耦合，深入研究

两者的系统耦合，可以为地理信息的获取、描述、解释、预测和决策提供一体化的支持。

（五）不确定空间分析理论和技术研究不足

传统的地理信息系统用有限、离散的数字系统来模拟无限、连续的地理空间现象，必然导致有限和无限、离散和连续之间的矛盾。用确定的地理空间来描述和解释带有广泛不确定性的现实地理世界是难以深入认识世界的本质的，必须要用模糊集合、模糊拓扑空间来研究地理世界的建模问题。相应的空间分析也要从传统的确定性空间分析向不确定性空间分析技术转变，这就要求对不确定空间分析理论和方法做深入、系统的研究。目前，这一研究还处在起步阶段，迫切需要加大研究力度。

二、空间决策支持系统

空间决策可以认为是空间分析的高级阶段，信息化测绘时代由基于图幅的管理方式转变为基于地理要素（对象）的管理方式，极大地提升了地理信息系统的空间分析和空间决策能力，也是地理信息系统从空间分析系统步入空间决策支持系统（spatial decision support system，SDSS) 的关键时期。空间决策支持系统由空间决策支持、空间数据库等相互依存、相互作用的若干元素构成，是进行空间数据处理、分析和决策的有机整体，如图 8-2 所示。空间决策支持系统是应用空间分析的各种手段对空间数据进行处理变换，以提取隐含于空间数据中的某些事实与关系，并以图形和文字的形式直接表达，为现实世界中的各种应用提供科学、合理的决策支持。空间决策是空间分析的升级，空间分析则是实现空间决策的工具，两者的关系如图 8-3 所示。

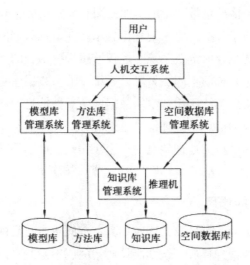

图 8-2 空间决策支持系统的框架结构

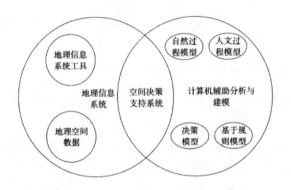

图 8-3 空间分析与空间决策间的关系

由图 8-3 可以看出，空间决策支持是应用空间分析的各种手段对空间数据进行处理变换，并以图文方式表达隐含于空间数据中的事实与关系，为实际应用提供科学的、合理的决策支持。

空间决策支持系统作为决策支持系统的一个分支，用于帮助决策者解决复杂的空间问题它提供了一个集成框架，将分析模型、数据管理、图形显示、表单报告、决策者的专家知识有机地集成在一起。为了有效地支持复杂的空间问题决策，一个空间决策支持系统必须具备的功能包括：用于辅助解决半结构、非结构化问题的功能，有一个功能强大的、易于使用的接口，使用户能够容易地连接数据和模型的功能，利用模型产生一系列可行的解决方案以帮助用户探索解空间，支持各种各样的决策风格以较好地适应用户的需求，支持迭代、递归地解决问题的过程，提供空间数据的输入、存储、输出功能，具有空间分析能力。

空间决策支持系统的研究方向分为基于电子表格（spreadsheet）的空间决策支持系统（现今的电子表格已自带一定的地图制图和显示功能）和基于地理信息系统的空间决策支持系统两个分支。鉴于地理信息系统在地理数据的存储、编辑、显示、管理、查询功能及其与导航定位系统、远程遥感系统结合的学科一体化趋势，本章将研究基于地理信息系统的空间决策支持系统。关系数据库管理系统存储管理一般意义的数据和地理信息系统所用的空间数据中的属性信息，向空间决策支持系统和地理信息系统提供数据信息。地理信息系统能够管理图形信息，建立属性信息和图形信息的连接，并提供相关地理信息的可视化编辑、显示等功能，以支持空间决策支持系统提供友好的用户界面并实现相应的空间分析功能。

三、空间决策的作用

空间决策是决策的一种类型，同时还具有空间决策自身的特点。决策者需要认知决策与问题相关的地理环境，认知决策要素的属性及其空间关系，获得地理环境对决策方案的影响，获得与地理环境相关的方案建议。

城市规划、军事行动、抢险救灾等决策必须获取地理空间位置等地理空间信息，必须形成对地理环境和决策要素空间关系的理解，制定的方案必然与地理空间位置相关，方案评估必须考虑决策要素的空间位置和空间关系。根据空间决策的概念和特点，这些决策与地理空间位置密切相关，都属于空间决策。

空间决策是一个过程，并不是短时间内完成的，如图8-4所示。但是，空间决策阶段的划分并不是绝对的，相互之间也不是截然分开的，而是互相重叠，甚至是反复开展的。空间决策的基本流程为科学的空间决策和决策支持提供了参考和依据。空间决策支持的作用就是要在空间决策的过程中为决策者提供帮助。

空间决策支持是指帮助决策者进行空间决策，而空间决策支持技术是指帮助决策者进行空间决策的手段和方法。在空间决策的不同阶段，决策者需要的决策支持手段是不同的。同时，由于决策阶段的划分是模糊的，相互之间有重叠，因此，不同的决策支持技术在不同的决策过程中发挥不同的作用。

（一）信息收集与理解阶段

该阶段空间决策支持的重点是信息支持、信息集成融合支持、信息分析处理支持和信息可视化支持，使决策者了解决策要素及其地理空间环境，理解要素之间的空间关系。

（二）方案设计阶段

该阶段空间决策支持的重点是知识支持、分析模型支持、案例支持、可视化支持、模拟仿真支持等，为形成可行的决策方案提供面向决策要素的分析、仿真、可视化案例、知识等方面的帮助。

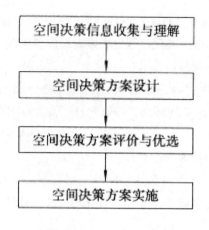

图 8-4 空间决策的过程

（三）方案评估与选优阶段

该阶段空间决策支持的重点是方案评价、群决策、效能分析、可视化、模拟仿真等支持，为确定或整合决策方案提供面向决策方案的表达、评价、仿真、分析等支持。

（四）方案实施阶段

该阶段空间决策支持的重点是动态信息表达、在线分析、多维数据可视化、虚拟现实、实时评估分析等技术支持，为跟踪方案实施情况、判断方案实施效能、组织方案实时修改等提供支持。

四、空间决策支持系统的技术发展

（一）基于数据的空间决策支持

通过对数据的理解，可以认知事物的数量化特征。数据是空间决策支持的基础，基于数据的空间决策支持是最基本的空间决策支持方法。基于数据的地理空间决策支持技术如下：

1. 空间数据查询检索技术

通过查询检索，快速获得与决策相关的地理空间数据，决策者通过对地理空间数据的理解，认知决策要素及其地理环境。

2. 空间数据集成与融合技术

通过对多源空间数据的集成与融合，形成具有统一时空基准的地理空间数据，使决策者之间能形成对决策问题及地理环境的一致认知。

3. 空间数据统计分析技术

该技术按区域、范围、类型等对地理空间数据的属性信息进行统计，将计算后的结果以容易理解的方式进行展现，帮助决策者形成整体性认知。

4. 空间量算和基本空间分析技术

该技术包括基于地理空间数据的距离、面积、体积、坡度、方向等基本量算功能，以及地形分析、叠置分析、邻近分析、网络分析等基本空间分析功能，帮助决策者有效利用地理空间数据。

5. 空间数据多维分析技术

该技术提供从多个视角观察和认知地理空间数据的交互工具，如旋转、嵌套、切片、切块、钻取等多维地理空间数据的分析手段，协助决策者更深入地认知地理空间数据。

6. 空间数据挖掘技术

该技术指从空间数据库或数据仓库中提取隐含的信息的过程，包括普遍的几何知识、空间分布规律、空间关联规律、空间聚类规则、空间特征规则、空间区分规则、空间演变规则。

这里把空间数据的基本处理技术（包括基本的空间分析技术和基本的空间数据挖掘技术）作为基于数据的空间决策支持方法的内容，而把空间分析中的专业应用模型或地理模型分析部分作为基于模型的空间决策支持技术的内容。

（二）基于模型的空间决策支持

模型是客观世界的抽象和概括，基于模型的问题求解是决策支持的主要手段之一。从决策支持的角度看，基于模型的空间决策支持技术如下：

1. 空间优化技术

基于特定的地理环境，应用线性规划、动态规划、多目标规划、决策树法、最优路径等模型，形成优化的空间决策方案（最短路径）。

2. 空间规划技术

在一定的地理环境约束下，使用各种规划模型（如目标规划排队论等），通过合理利用有限资源达到空间决策目标（一种空间布局或空间过程）。

3. 空间预测技术

利用各种预测模型，对地理空间中事物的发展方向、进程和结果进行推断或测算。

4. 空间模拟仿真技术

基于地理空间信息，使用博弈论、排队论、灵敏度分析法等模型，进行决策方案设计、行动计划、过程分析等过程的模拟仿真分析。

5. 空间评价技术

构建基于地理空间特征的专家评判法、模糊评判法、层次分析法等空间评估模型，对具有空间关系的方案进行比选、分析和评价。

（三）基于人工智能的空间决策支持

人工智能关心智能行为的自动化，是计算机科学的一个分支。实现人工智能通常有结构

模拟及神经计算、功能模拟及符号推演、行为模拟及控制进化三种途径。根据人工智能的实现途径，解决空间决策问题的人工智能技术也可以分为三类。因此，基于人工智能的空间决策支持技术如下：

1. 基于神经网络的空间分析技术

把现实世界的空间决策问题描述为神经网络系统，将空间要素的属性作为神经元节点的参量，通过学习和调节神经元之间的连接水平来提高整个系统的能力。

2. 基于知识的空间决策支持技术

从宏观上模拟人脑的空间思维方式，把空间知识的推理作为解决空间决策问题的方法，通过将空间决策问题及相关知识表示成某种结构，采用符号推演的方法实现空间知识的搜索、推理、学习等，达到求解空间问题的目标。

3. 基于行为模拟的空间优化技术

通过模拟人和生物在进化过程中的行为，如自寻优、自适应、自学习、自组织等，来求解复杂的空间优化问题。遗传算法就是受遗传学中自然选择和遗传机制启发而发展起来的一种算法。

其中，基于知识的空间决策支持技术应用更广泛，把解决空间决策问题认为是在状态空间中搜索解决路径的过程。而对空间知识的获取、学习、存储、搜索、表达、推理等问题，仍然需要进行深入的研究。

（四）基于可视分析的空间决策支持

充分发挥人在解决问题过程中的中心作用，是研究可视化理论与技术的根本出发点。可视分析是一门以交互可视界面为驱动的分析推理学。应用可视分析技术，可以从海量的、动态的、异构的、不确定的，甚至是矛盾的空间数据中获得灵感，发现预期或非预期的知识和经验，为空间决策的制定、理解、传输、评估等过程提供手段。面向空间决策支持的可视分析技术是为了使决策者能更好地了解空间决策问题，预测空间决策问题的发展，构建空间决策的论据，实施空间决策推理，规划空间决策问题的解决方案，评估空间决策方案的效能，监视空间决策方案的实施等。面向空间决策支持的可视分析技术需要在以下方向进行深入研究：

1. 地理实体的可视表达技术

主要包括地理实体环境的可视表达（矢量、栅格、三维、影像等）、地理实体属性特征的可视表达（符号化方法，质量、数量的表达等）、地理实体空间关系的可视表达（位置关系、包含关系、相似关系、因果关系等）、地理实体的动态特征可视表达（位置、属性、关系的变化等）。

2. 深层次地理空间信息的可视表达技术

主要包括空间知识（描述性、过程性、空间规则等空间知识）的可视表达、空间信息质量（可靠性、精度等）的可视表达、多尺度多维地理空间信息的可视表达、时态地理空间信息的可视表达、空间信息可视分析产品（类型、构成、发布、交互、传输）生成等。

3. 空间信息的可视推理技术

需要进一步理清可视推理的概念、过程和原理，明确可视推理成果的表达形式（如事实性结论、空间关系结论、时序关系结论、空间结构结论、因果关系结论、推理过程等的可视表达），研究用于空间决策支持的可视推理技术（如空间推理知识表达、可视空间推理方法、空间推理结果表达、空间推理过程描述、协同可视推理技术等）。

4. 空间信息的可视交互技术

包括尺度变换的可视交互、空间变换的可视交互、属性变换的可视交互、可视查询、多维可视操作（旋转、钻取、切片等）、可视标注（突出、闪烁、运动、文字符号等）等技术。

（五）基于案例推理的空间决策支持

案例推理是 20 世纪 80 年代开始出现并成功应用于专家系统的人工智能技术。案例通常是指对过去问题及其解的描述。从广义上讲，预案也是一种案例。

案例推理是由目标案例的提示而得到历史记忆中的源案例，并由源案例来指导目标案例求解的一种策略。与空间位置相关的决策案例称为空间决策案例，地理案例属于空间决策案例。由于空间决策案例的时空复杂性，空间决策案例推理与传统的案例推理有显著的差别，以下三项技术是需要重点研究的：

1. 空间决策案例的表达技术

空间决策案例表达技术需要在研究解决空间决策案例的抽象表达的同时，有效地进行空间决策问题、所处决策环境、问题求解方法与原理、决策问题的解、解的效果等方面的描述。

2. 空间决策案例的组织管理技术

每个案例都存储了大量的知识，空间决策案例的集合组成了空间决策案例库。空间决策案例的存储、维护、更新、索引等都是建立空间决策案例库必须解决的问题。

3. 空间决策案例的匹配技术

现实中的问题与案例本身必然会有一定的差别，在大量的空间决策案例中快速找到与当前情况最相似的案例，是通过案例推理形成空间决策问题解决方案的基础。在此基础上，才能根据现实问题的特点，对案例进行修正，形成空间决策方案。

第五节　地理信息系统实例应用

2015 年 12 月颁发的《信息化测绘体系建设技术大纲》标志着信息化测绘体系建设步入了一个快速实施阶段。信息化测绘时代提出要充分利用现代信息技术，特别是计算机技术、网络通信技术、"3S" 技术等，实现测绘地理信息为社会经济发展服务。作为信息化测绘的重要支撑手段，地理信息系统建设也需要结合测绘地理信息转型升级要求开展工作，新时期地理信息系统的信息化建设也有了明显成效，建成了大量优秀的行业地理信息系统，为各行业提供了优质的空间信息查询、统计、分析和决策等服务，为社会经济发展做出了重要贡献。本节选取公安、交通、地质、海洋四个不同领域，简要介绍新时期地理信息系统的建设和应用特点。

一、警用地理信息平台

警用地理信息平台有效结合了公安业务的需求，是面向全警应用的、基于地理的、集成众多业务系统为一体的协同作战平台，实现了各子系统间的联动和信息共享，进行综合决策分析，实现了跨部门的异构应用子系统之间数据的交换和共享，最终实现了警用资源智能调配和数据分布式管理，达到数据集中应用、多警种协同作战的目的。

警用地理信息平台满足所有警用业务应用需求，包括数据采集子系统、人口管理子系统、案件管理子系统、重点场所管理子系统、统计分析决策子系统、接出警子系统、视频监控管理子系统、方预案管理子系统、消防指挥子系统、交通指挥调度子系统，以及与警务综合系统、大情报系统、边界接入系统、请求服务系统的交互，实现了警用地理信息平台的信息化、数字化、可视化，达到了辅助决策规范化与科学化的目的。

利用警用地理信息平台，公安内部各业务单位可以通过统一的平台开放应用，按照授权体系的管理模式，允许不同的用户采用单点登录的安全登录方式使用系统，各登录用户可以非常灵活地应用功能，最大程度上实现信息综合利用。公安机关各业务单位还可在警用地理信息平台的基础上，结合自身业务特点，建设各自的业务应用系统，从而实现全局应用的综合并发挥整体优势。

二、交通地理信息系统

交通地理信息系统是收集、存储、管理、综合分析和处理空间信息和交通信息的计算机软硬件系统。它是地理信息系统在勘测设计、规划、管理等交通领域中的具体应用，是地理信息系统技术在交通领域的延伸，是地理信息系统与多种交通信息分析和处理技术的集成。

空间分析是地理信息系统软件的核心，叠加分析、地形分析和最短时间途径优化功能为交通地理信息系统软件空间分析提供了强大的工具和广阔的应用空间。交通地理信息系统的主要功能有基本功能、叠加功能、动态分段功能、地形分析功能、栅格显示功能、路径优化功能。基本功能用于编辑、显示和测量图层，主要包括对空间和属性数据的输入、存储、编辑，以及制图和空间分析等功能。叠加功能允许两个或更多图层在空间上比较地图要素和属性，分为合成叠加和统计叠加。动态分段功能在地图网络中根据连线的属性，将特征相近的连线分段。地形分析功能主要通过数字地形模型，以离散分布的平面点来模拟连续分布的地形，为道路设计创建一个三维地表模型，这在道路设计中是十分需要的。栅格显示功能允许地理信息系统包含图片和其他影像，并可对与这些图片对应的属性数据进行叠加分析，从而对图层进行更新。路径优化功能在运输需求模型中已经使用了很多年。随着这些功能和其他功能的完善和发展，交通地理信息系统为交通各部门提供了一个功能强大的空间信息服务和管理工具。

交通地理信息系统具有强大的信息服务和管理功能，其应用范围广泛，具体体现在三个方面：一是可以应用在交通管理的各个环节，即从交通规划、设计、施工到运营和养护的所有阶段及交通科研；二是可以广泛应用在国家、省、市等不同层次的管理；三是可以广泛应用在政府、交通运输管理、运输企业和工程设计施工等各部门。

三、地质地理信息系统

地质地理信息系统是将先进的地理信息系统技术与传统的地质勘查科学、工程地质勘查实际应用进行有机结合，集多比例尺地形数据、管线数据、影像数据、地质数据、地貌数据、勘察工程数据等大尺度多源异构海量空间及属性数据于一体进行管理，实现工程地质勘查业务信息化处理的实用型地理信息系统。系统面向城市地质勘查领域，在城市规划、建设和管理服务等方面发挥着巨大的作用。

工程地质勘查业务的实际需求分为四个方面：①地质勘查预判与实际勘察，查明建（构）筑地区范围内的工程地质及水文地质条件（查明施工区域的地形、地貌特征、地貌单元、地质构造、不良地质现象等），以及场地附近既有建（构）筑物所遇到的工程地质问题是如何解决的；②外业测绘，调查线路的布置、观测点的选择、钻孔遇到管线或（和）沟渠是否需要偏移等情况；③内业勘察报告制作，下达勘察工程事前指导书、钻探任务书等勘察施工方案，并对选择的场地提出初步的设计意见，做好场地施工的基础工作；④勘察项目生产经营，为用户提供高品质的数据、直观美观的图形效果，高质量、高技术含量、高效率的服务，以及丰富、充实和创新的标书及报告，提高勘查业务的市场竞争力，增加工程合同额，在减少生产成本的同时实现直接的经济效益。

在实际生产中，由于传统的工作方式过于依靠纸制图纸、个人经验及 CAD 平台，因此造成了无法实现工程所需的勘测专业大尺度多源异构数据的有效管理和共享，无法实现大范围数据的快速浏览，无法实现快速准确的定位和搜索，无法实现精准提取所需地点相关的地质勘查资料与管线资料，无法提供高品质的数据及直观、美观的图形效果等问题。上述问题导致工程师无法对工程施工情况进行有效、准确的"预判"，工作效率不高，很难有效地满足实际生产需要。地质地理信息系统能够充分考虑地质的空间性、多元异构性、工程地质勘查领域的专业性等方面的特点，很好地满足大尺度多源异构海量空间、属性数据一体化管理及工程地质勘查业务信息化处理的需要。

四、海洋地理信息系统

随着海洋工程活动的增加和作业难度的增大，海洋工程测量技术受到施工单位的高度重视，技术研发进展迅速。例如，港珠澳大桥工程海底隧道段中的管节精确安放是整个工程的一个难点，在浅水区需要开展 RTK 定位、全站仪自动测量、水下声学定位、管节姿态和方位测量，以及为管节拼接研制的拉线系统开展测距和定向测量；根据不同阶段测量精度和各测量方法的特点，对多源测量信息进行融合，综合实现管节的沉放和对接；在深水区，组合研制水下声学定位系统、管节姿态和方位测量系统、拉线系统，综合实现管节的安放和对接。水下坝体检测中，常组合二维声呐、水下相机、声学定位和潜器定姿等系统，通过测量和多源信息融合，实现坝体裂缝检测和定位。码头建设中，常综合开展水下地形测量、水位观测、底质探测、水质调查等。桥墩冲刷检测中，常开展水下地形、声呐成像、潮位测量等，还需根据桥墩冲刷形态对测深设备进行改进，实现冲刷形状的复原。海上钻机平台安装和监测中，需开展海底控制网建设、水下定位、姿态测量、声学和光学成像等，实现安装和平台运行过程中的各项参数监控。

海洋地理信息系统（marine geographic information system，MGIS）理论构成体系包括时空数据模型、时空场特征分析、信息可视化和信息服务等技术，利用 multipatch 格式扩充变化数据捕获（changed data capture，CDC）格式，实现了根据二维 CDC 格式数字海图和海洋测量数据快速构建三维空间的方法。海洋地理信息系统需要解决电子海图数据融合可视化问题，实现可视化海洋环境空间数据的动态演示，表达海洋环境空间分布。在海洋地理信息系统建设方面，需要沿用 S-57 标准中数据结构的部分特性，采用面向对象的思想，设计满足 ENCSDE 要求的系统电子海图空间数据库的空间数据模型，支持电子海图空间数据的统一管理，实现海洋测绘产品的标准化、海洋测绘质量管理体系的标准化和海洋测绘生产体系的标准化等构想。在应用方面，从数据特征和用户需求出发，需要研发集成数据管理与查询、数据处理与分析和数据可视化功能于一体的海洋信息集成服务系统。在当前的海洋地理信息系统（图 8-6）建设中，已实现了数据采集、全景图像生成技术、三维全景实景建库等关键技术，研发了数据库服务、三维全景实景显示漫游和渔政地图等子系统。后续需要优化海洋多源异构数据转换系统，实现海洋数据解译与再存储的统一数据存储结构等。

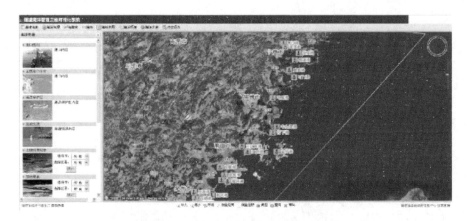

图 8-5 福建省海洋管理三维可视化系统

第九章　地理信息服务

第一节　概述

随着移动互联网的发展，人们对地理空间位置的服务需求已经不满足于在特定的网络环境和固定计算机终端上，更需要实现让任何人在任何时间任何地点获取任何地理空间信息，即所谓的 4A（anybody、anytime、anywhere、anything）。地理信息系统的发展经历了技术研究、集成应用到产品服务，现正在向信息服务转变，GIS 中的"S"正在由 system（系统）向 service（服务）转变，地理信息服务的概念就应运而生，但地理信息系统仍是地理信息服务的得力工具和有效的技术手段。

地理信息服务被认为能吸引更多潜在的用户，可以使地理信息系统从专业技术领域走向社会化领域，实现网络化、移动化、社会化、大众化，真正普及到大众。通常认为，地理信息服务还可以建立一种面向服务的商业模式，用户可以通过互联网按需获得和使用地理数据和计算服务，如地图服务、空间数据格式转换等。

地理信息提供地理数据服务及地理分析评估等服务，其关键是要实现地理信息的标准化及地理信息分析处理功能的通用性，要实现异构平台和不同系统之间的相互合作，实现互操作。国际化标准组织（ISO）根据信息技术服务类别，扩展定义了地理信息服务的类别，从技术体系上划分为信息获取技术、信息处理技术、信息传输技术、信息终端技术和信息表现技术。

第二节　网络地理信息数据传输格式

与桌面地理信息系统软件不同，网络地理信息服务具有明显的限制。

1. 带宽限制

地理信息通过互联网、移动网络传输，传输速率低于本地存储设备及稳定的内部网络。

2. 客户端处理能力限制

网络地理信息的客户端通常为网页、移动设备。前者运行于浏览器内，出于安全考虑，浏览器中的网页一般不能取得直接调用本地计算资源的能力。移动设备在处理器、内存、存储方面都不及桌面计算机。

3. 客户端的多样性

这种多样性表现在不同浏览器支持的 Web 与 JavaScript 标准的差异、不同移动设备操作系统应用程序接口（application programming interface，API）与开发语言的差异。

因此，网络地理信息数据传输格式要求独立于应用程序或供应商、独立于开发语言和环境、带宽占用少。

一、JSON 格式

JavaScript 对象表示法（java Script object notation，JSON）是一种公开的网络数据传输数据标准，用于规范浏览器—服务器之间的传输，JSON 数据由键值对组成。目前在网络地理信息服务领域，常用的 JSON 格式有 Geo JSON 和 Arc GIS Server JSON 两种。

（一）Geo JSON

Geo JSON 是由因特网工程任务组（Internet Engineering Task Force，IETF）制定的、表达简单要素（简单要素定义参见 ISO19125）的数据标准。Geo JSON 支持的几何类型包括点、线、面，以及多点、多线、多面。

（二）Arc GIS Server JSON

Arc GIS Server SON 是 Arc GIS Server 使用的对地理信息进行 JSON 编码的方式，相对于 Geo JSON，该格式支持的地理信息不局限于简单要素，还包括地理信息服务元数据、地理要素（包括附件）、地理编码、地理处理、制图信息、空间参考信息，以及地理信息增、删、改、查操作参数与结果等。由于 Arc GIS 产品发展较快，该格式内容在不断扩展，具体内容可参考最新版的 Arc GIS Server 文档查看。

二、可扩展标记语言格式

可扩展标记语言（extensible markup language，XML）是一种用于标记电子文件使其具有结构性的标记语言。在电子计算机中，标记指计算机所能理解的信息符号，通过此种标记，计算机之间可以处理各种信息，如文章等。它可以用来标记数据、定义数据类型，是一种允许用户对自己的标记语言进行定义的源语言。它非常适合万维网传输，是一种能提供统一的方法来描述和交换独立于应用程序或供应商的结构化数据。

（一）地理标记语言（GML）

GML 是由开放式地理空间信息联盟使用 XML 定义的一种地理对象标记语言，可以用于地理信息系统建模，作为互联网地理信息事务中的交换格式。它可定义丰富的表达内容，如矢量、栅格、传感器数据。同时，GML 继承了 XML 可扩展性的特点，通过扩展 GML，可以针对地理信息应用场景定义特定领域标记语言。在 GML 中有两个重要的概念与上述两个特点对应，即侧写（Profile）和应用模式（application schema）。

（二）Profile

GML 定义的内容虽然丰富，但标记庞杂，如果直接使用 GML 无论学习成本，还是开发成本都很高，而且普通的地理信息应用不需要使用 GML 的所有特性。因此，开放式地理空间信息联盟在常见的地理信息领域对 GML 进行逻辑限制，从而简化形成了一系列的 Profile，所有的 Profile 都在 GML 的命名空间下。常见的 Profile 如下：

1.Point Profile

面向点的定义，用户只需要引用点定义，而不需要使用整个 GML 语法。

2.Simple Features Profile

用于描述矢量简单要素，主要用于矢量数据增、删、改、查操作，定义中包含了几何对象、坐标系统、要素属性定义规范等。该侧写应用比较广泛，如在万维网要素服务器（web feature server，WFS）中使用。

3.GMLJP2（GMLin JPEG 2000）

标准的 JPEG2000 图片文件中包含了 XML 格式的元数据。GMLJP2 定义了在这段 XML 语句中嵌入图片覆盖范围的几何图形、栅格数据像元值范围（如数字高程模型的高程取值范围，包括值的计量单位）等。

4.Geo RSS GML

该侧写是 Point Profile 的超集、Simple Feature Profile 的子集，用于描述点要素的坐标和相关属性。需要注意的是，Geo RSS 有多种定义。

（三）应用模式

Profile 是对 GML 标准进行限制，使之可以在常见领域更简单方便地被使用。另外，在一些应用领域，需要描述的空间对象比较复杂，仅靠 GML 规定基础标记无法满足。GML 提供了相应的扩展机制，即应用模式（application schema）。

随着新技术的发展，开放式地理空间信息联盟在不断编制各个领域的应用模式，简要介绍如下：

1.City GML

City GML 是城市三维模型数据交换格式。该格式定义了三维地理要素、城市中常见的对象（建筑、道路、河流、城市部件等）及其之间关系的描述方法。同时，City GML 还定义了三维对象的细节层次分级，可以针对不用应用使用不同级别的三维模型。

2.Sensor ML

Sensor ML 是用于描述传感器和传感器度量处理的数据标准，包括传感器发现、传感器定位、传感器编程、传感器报警订阅等。

（四）KML

KML 是由 Google 提交给开放式地理空间信息联盟的一种面向地理可视化方面的标记语言，包括地图注记、图片注记，以及在三维场景下用户浏览方面的控制，如浏览路线、视角等。

（五）Geo RSS

Geo RSS 是继承自 RSS，RSS 订阅是站点用来和其他站点之间共享内容的一种简易方式，即简易信息聚合，用于描述 Web 提要（Web feed）中的地理信息部分。该标准有两种编码形式，即 Geo RSS Simple 和 Geo RSS GML。

（六）WKT

WKT 是网络地理信息服务常用的一种文本标记语言。该语言描述的内容包括矢量几何类型、空间参考信息，以及不同空间参考之间的转换参数信息。其支持的几何类型包括点、线、面、曲线、表面、不规则三角网、复合的点线面及几何集。其坐标系统描述支持参心坐标系、地心坐标系、投影坐标系等。WKT 可定义不同坐标系之间的转换操作方法及参数信息。

三、地图瓦片数据格式

目前互联网地图服务几乎都是以瓦片方式提供地图数据。瓦片地图的思想来源于金字塔模型，该模型是一种多分辨率层次模型，从瓦片金字塔的底层到顶层，分辨率越来越低，但表示的地理范围不变。

首先，确定地图服务平台所要提供的缩放级别的数量 N，把缩放级别最低、地图比例尺最大的地图图片作为金字塔的底层，即第 0 层，并对其进行分块，从地图图片的左上角开始，从左至右、从上到下进行切割，分割成相同大小（如 256 像元 ×256 像元）的正方形地图瓦片，形成第 0 层瓦片矩阵；其次，在第 0 层地图图片的基础上，按每 2 像元 ×2 像元合成为 1 个像元的方法生成第 1 层地图图片，并对其进行分块，分割成与下一层相同大小的正方形地图瓦片，形成第 1 层瓦片矩阵；最后，采用同样的方法生成第 2 层瓦片矩阵……直到第 N-1 层，构成整个瓦片金字塔。

常见地图瓦片形式如下：

（一）栅格瓦片

栅格瓦片是对地理信息数据进行渲染后生成的矩形图片。栅格瓦片通常成组提供，按照金字塔模型方式组织，同组栅格瓦片数据源相同、符号相同。

（二）矢量瓦片

顾名思义，瓦片中存储的是矢量数据，但是与通常见到的矢量数据又不一样，矢量瓦片对地理信息数据进行了全面的优化压缩，提高了传输效率。本书以 Map Box 公开矢量瓦片格式为例进行简单说明。

首先是对几何对象的优化。矢量瓦片不是以对象方式存储几何对象，而是以一组指令序列的方式存储几何对象。一个指令序列包含指令代码、执行次数、参数列表。其中，指令代码与执行次数合并在一起用一个 32 位整数表达，后 3 位为指令代码。矢量瓦片只有 3 个指令，即 Move To（001）、Line To（010）、Close Path（111）。Move To 绘制起始点或者仅绘制点，Line To 绘制线，Close Path 表示要与本序列对应的 Move To 参数闭合形成多边形。例如，绘制 120 个点，32 位指令整数的二进制表达为 [00000000000000000001111000][001]，其中前 29 位表示执行次数 120，后 3 位表示指令代码 Move To，该指令整数的十进制值为 961。整条指令序列就是 [961.........]，省略部分为 120 个（x，y）参数值。为了减少数据存储量，矢量瓦片存储的不是地理坐标，而是将地理坐标转换为瓦片内部坐标，以瓦片左上角为原点。不仅如此，矢量瓦片还将瓦片坐标格网化，x、y 实际存储为最接近格网的行列号，这样可将数值较大的地理坐标转换为数值较小的瓦片坐标，将浮点型的坐标转换为整数型，节省了大量的存储空间。除此之外，对于存在多个参数的参数序列，除第一组 x、y 参数是绝对坐标外，后续参数都是相对于前一组 x、y 参数的相对值。例如，瓦片中有 2 个点要素在瓦片格网中的坐标是（5，7）（3，2），那么矢量瓦片中存储的是（+5，+7）（-2，-5）。为了后期可以对数据进行 Protocol Buffers 方式压缩传输，矢量瓦片还对坐标参数进行了编码处理，该处理与空间信息编码无关，因此不再赘述。

除对几何对象存储进行优化外，矢量瓦片还对属性的存储表达进行了优化。将字段名和所有字段值单独提取出来建立字典，提供索引，在具体空间要素描述中存储索引值。这样做的好处是减少了大量字段名冗余（这在 XML、JSON 一类自描述标记语言中是不可避免的冗余），要素不同字段中重复的值只会存储一个，不会产生冗余。

第三节 网络地理信息服务接口标准

网络地理信息服务需要接口标准化，才能在多方共享时实现不同地理信息服务器之间的互操作，为此开放式地理空间信息联盟定义了一系列的服务标准。

一、万维网地图服务器

万维网地图服务器（web map service，WMS）是开放式地理空间信息联盟制定的通过 http 获取地图图片服务接口标准，万维网地图服务器的访问空间数据库、空间数据文件根据预定义或者请求指定的渲染规则生成地图图片。

万维网地图服务器的接口如下：

（一）Get Capabilities

为必须实现的接口，用于返回服务的元数据，包括支持的图片格式、WMS 服务版本、地图图层列表、地图范围矩形、空间参考信息等。

（二）Get Map

为必须实现的接口，用于获取地图图片。该接口是最常用的 WMS 服务接口，参数包括图片的长宽、要获取地图的地理范围、要获取地图图片的图层列表、渲染样式列表、地图图片格式等。

（三）Get Feature Info

为可选接口，用于返回地图图片某个像元处的地理要素。

二、万维网地图切片服务器

万维网地图切片服务器（web map tile service，WMTS）是互联网中访问带有坐标信息的预渲染地图瓦片数据的服务标准。

万维网地图切片服务器接口如下：

（一）Get Capabilities

为必须实现的接口，用于返回服务的元数据，包括万维网地图切片服务器服务版本、支持的操作、图层列表、瓦片方案列表等。

（二）Get Tile

为必须实现的接口，用于获取参数指定的地图瓦片，主要参数有图层、瓦片方案、瓦片文件格式、瓦片级别、瓦片的行列号。

（三）Get Feature Info

为可选接口，用于查询某个瓦片中的地理要素，主要参数有图层等。

三、万维网要素服务器

万维网要素服务器是互联网中对空间要素进行操作的服务标准。空间要素的操作包括设置条件查询要素的空间与属性信息、创建要素、修改要素、删除要素。

万维网要素服务器接口如下：

（一）Get Capabilities

可获取万维网要素服务器的元数据，主要包括万维网要素服务器服务版本、服务所提供的地理要素的元数据、支持的查询过滤运算类型。

（二）Describe Feature Type

可获取要素类信息，包括要素类的名称、字段类型等。

（三）Get Property Value

可查询要素的属性值，主要参数有查询表达式，以及以 XPath 方式定义要返回的字段列表。

（四）Get Feature

可使用查询表达式查询空间要素，主要参数有查询表达式。

（五）Lock Feature

是为了防止客户端并发修改空间要素，维护数据一致性，对要素进行锁定，主要参数有查询表达式、锁定时长、锁定方式（锁定全部查询的要素，还是锁定尽量多的锁定要素，全部锁定模式只要有一个要素无法锁定则锁定操作失败）。

（六）Get Feature With Lock

与 Get Feature 功能类似，查询的同时锁定结果要素，主要参数有查询表达式、锁定时长、锁定方式。

（七）Transaction

可创建、修改、删除要素，参数包括事务类型（插入、更新、替换、删除）、锁定 ID（由 Lock Feature、Get Feature With Lock 获得）、释放要素锁的操作类型和空间参考名称。

（八）Create Stored Query

由于 WFS 的查询表达式比较复杂，如果有些查询表达式经常使用可以将表达式预先定义好，存在万维网要素服务器中，这就是 Stored Query。在 Get Feature、Lock Feature、Get Feature With Lock 等操作中，可以指定 Stored Query 来对要素进行操作。Create Stored Query 即添加一个 Stored Query，参数主要由 Store Query 的定义描述。

（九）Drop Stored Query

为删除一个 Stored Query，参数主要有 Stored Query 的 ID。

（十）List Stored Queries

用于获取万维网要素服务器中 Stored Query 的列表。

（十一）Describe Stored Queries

用于查看服务器中 Stored Query 的元数据，参数主要有 Store Query 的 ID 列表。

四、万维网覆盖服务器

万维网覆盖服务器（web coverage service，WCS）是在互联网访问多维覆盖数据的服务标准。

万维网覆盖服务器接口如下：

（一）Get Capabilities

表示获得万维网覆盖服务器服务的元数据及覆盖数据有关信息。

（二）Describe Coverage

表示获得覆盖数据的描述信息，包括地理范围、数据类型等。主要参数为覆盖数据的 ID。

（三）Get Coverage

表示获取地理覆盖数据，这个数据既可以是原始的也可以是处理过的，并且可以指定范围和输出格式。主要参数有覆盖数据 ID、输出数据格式、输出数据的范围。

五、万维网处理服务器

万维网处理服务器（web processing service，WPS）定义了在互联网中调用地理空间处理服务的规则，这里的规则包括输入参数、输出结果的组织规则。

万维网处理服务器接口如下：

（一）Get Capabilities

可获取万维网处理服务器服务的元数据及万维网处理服务器服务所提供的处理功能列表。

（二）Describe Process

可获取具体处理功能的描述，包括输入参数和结果数据结构等，主要参数为处理功能的 ID。

（三）Execute

可执行具体的处理功能，输入参数要符合 Describe Process 中定义，主要参数有处理功能的 ID、处理执行模式（同步、异步、自动）、返回方式（裸数据、文档），以及输入参数、输出结果的定义（有的服务可以选择不返回全部结果，如果返回部分结果，那么在此定义返回哪些内容）。

（四）Get Status

可返回异步执行的处理功能的执行状态，主要参数有作业 ID（Execute 中选择异步执行可以获得作业 ID）。

（五）Get Result

返回异步执行的处理功能的结果，主要参数有作业 ID。

在调用具体处理功能时，既可以通过 URL 方式，也可以通过客户端，当然也可以编写代码调用。

第四节　互联网地理信息服务

互联网中常见的地理信息服务有公共地图服务、众包地图服务、云地理信息服务等。

一、公共地图服务

常见的互联网公共地图包括百度地图、高德地图、天地图、谷歌地图等。从技术角度来看，互联网地图服务提供的服务功能基本类似，而主要的区别在于数据和用户体验方面，如关注点数据是否丰富、是否提供与关注点相关的延伸服务（如餐馆订座、影院订票）、更新频率是否高、响应速度是否快、用户操作是否方便等。下面从技术角度介绍互联网地图服务接口。

（一）地图瓦片服务

互联网运行的公共地图服务都采用了瓦片服务的方式，其接口基本参数与万维网地图切片服务器类似，即瓦片的级别、行列号。地图投影以 WGS-84 的 Web 墨卡托投影为主，不同厂商的瓦片切图参数会有一些差别。天地图作为国家地理信息公共服务平台的公众版，还支持万维网地图切片服务器接口，支持经纬度坐标和经地图投影后的平面坐标。

（二）地名地址服务

地名地址服务包括地名地址匹配服务、地理编码服务和逆地理编码服务。地名地址匹配服务可以将用户输入的内容匹配到最接近的地名地址。地理编码服务根据地名地址获取地名地址所在经纬度，逆地理编码服务则是根据经纬度获取最接近的地名地址。

（三）路径规划服务

根据节点信息（起点、终点、经过点等）、出行方式（公交、驾车、步行）和其他条件，生成符合条件的路径。

二、众包地图服务

地图服务的数据采集、更新通常是由商业公司或者政府组织进行的，由于人力、经费等多方面的问题，更新频率受到限制。出于商业考虑，基于互联网地图开发的应用需要对地图运营方缴纳费用。另外，因为数据版权的问题，一般不提供矢量数据的下载。由此，产生了以 Open Street Map 为代表的众包地图（也称作志愿者地理信息）。

该类地图服务实际上是一个由机构运行的全球合作制图工程，其特点为所有用户都可以自由地编辑地图。用户可以通过带有 GPS 的手机采集轨迹上传，也可以在影像地图上采集地理空间要素，还可以将自己通过其他方式获取的矢量数据上传，从而不断更新地图。同时，所有用户不仅可以访问瓦片地图服务和地名地址服务，还可以下载全球矢量数据。

当前众包地图越来越受到各界重视，一些商业机构和政府部门向 Open Street Map 一类的项目捐赠数据，很多互联网应用因为版权、费用问题将众包地图服务作为底图使用。

三、云地理信息服务

互联网地图服务提供了底图、关注点和路径规划这类通用的地理信息服务，然而对于用户，尤其是组织机构而言，这些服务是不能满足企业管理需要的。例如，如何查看分支机构的分布、每个分支机构负责的区域是什么、绩效考核如何进行空间可视化。以前，这类功能都需要单独开发应用系统，现在已经出现了如 Map Box（http://www.mapbox.com）、Car to DB（https://car to.com）、地图慧（http://www.dituhui.com）这样的互联网地理信息托管服务。这类服务可以托管用户的地理信息，并在此基础上进行空间分析、制图与可视化。云地理信息服务提供的功能有以下几项：

（一）公共数据服务

对从政府部门获取的人口、就业、教育、住房、交通、环境等统计数据进行预处理，并作为公共图层数据发布给用户使用。

（二）数据托管

将用户的数据通过地址匹配、行政区匹配等方式进行空间化，并将空间化的数据存储在云数据库中，通过 Web 服务的方式对空间数据进行操作。

（三）空间分析

为用户提供统计方法、空间分析方法功能。用户可以使用托管数据结合公共数据进行分析。

（四）自助制图

可以将不同的互联网地图服务作为底图，对托管的地理信息数据进行可视化，包括动画形式的可视化表达。

第五节　企业地理信息服务

企业地理信息服务主要用于对地理信息依赖程度较大、功能需求比较深入、数据安全性要求比较高的场合。在这种情况下，通常会在机构内部部署地理信息服务器，服务的对象主要是机构内部的各部门。

一、地理信息服务器软件

企业地理信息服务首先要求将地理信息数据发布为 Web 服务，提高服务能力。目前，常用的地理信息服务器软件有开源的 Geo Server、Map Server，商业软件有 Arc GIS Server、Supermap Server 等。本书简要介绍 Geo Server 和 Arc GIS Server。

（一）Geo Server

Geo Server 是由开源空间信息基金会（OS Geo）开发的、基于 J2EE 技术的开源地理信息服务器软件，该软件可以将地理信息数据发布为 Web 服务供客户端调用。其特点如下：

1. 支持常见数据格式

Geo Server 支持的矢量数据格式包括 Shape file、SQL Server、Oracle、DB2、MySQL 及 Arc SDE，栅格数据方面支持 GRIB、Net CDF、JPEG2000 等格式。

2. 基于标准接口设计

Geo Server 提供的服务接口遵守开放式地理空间信息联盟的服务标准，提供 WMS、WFS、WCS、WPS 服务。

（二）Arc GIS Server

Arc GIS Server 是由 Esri 公司开发的地理信息服务器软件，该软件功能强大、体系完善，提供了完整的地理信息服务解决方案。其特点如下：

1. 支持标准接口

Arc GIS Server 能以 WMS、WFS、WCS、WPS 等方式发布服务。

2. 功能完善

Arc GIS Server 除了具备开放式地理空间信息联盟接口定义的服务功能外，支持更多功能，如对地理要素的统计、Web 制图、在线打印，以及丰富的地理处理功能。

3. 伸缩性好

Arc GIS Server 提供了良好的集群机制与负载均衡机制，可以根据服务内容和并发情况灵活地配置集群，提高服务的稳定性和可靠性。

4. 扩展性强

Arc GIS Server 提供了多层次的接口对其服务能力进行扩展，如通过服务器对象扩展（server object extension）、服务器对象拦截器（server object interceptor）扩展、采用 Python 开发新的地理处理工具、采用 Model Builder 对地理处理工具进行组合扩展等。

二、地理信息服务管理软件

地理信息服务器软件解决了通过 Web 提供地理信息服务的问题，当机构内部地理信息服务越来越多，管理和利用好地理信息服务资源的需求就会逐渐出现。目前，无论是开源界还是商业公司都提供了地理信息服务管理软件，下面介绍其中的 Geo Node 和 Portal for Arc GIS。

（一）Geo Node

Geo Node 是由开源空间信息基金会开发的开源地理信息内容管理系统，内嵌 Geo Server，使用户在组织内能共享地理信息。主要功能包括：①创建、保存和共享符合开放式地理空间信息联盟标准的地理信息服务，上传文件用于共享；②基于开放式地理空间信息联盟的地理信息服务创建、保存和共享地图；③搜索 Geo Node 中的地理信息内容；④创建群体以共享地理信息。

（二）Portal for Arc GIS

Portal for Arc GIS 是 Esri 开发的地理信息内容管理系统，其基本功能与 Geo Node 类似。Portal for Arc GIS 可用于管理 Arc GIS Server，该软件除了基本功能外还具有以下功能：

1.空间分析，包括矢量分析和栅格分析

分析工具来源于 Arc GIS Server 发布的地理处理服务及地理大数据分析工具。

2.创建、共享应用程序

通过内置的 Web App Builder for Arc GIS，根据 Web 地图设计，选择相应的功能模块构建 Web 应用程序。

3.门户到门户协作

可跨部门进行组织，多个 Portal for Arc GIS 之间可共享地理信息。

第六节　地理信息服务终端实现

地理信息服务通过 Web 服务接口提供功能，但用户不可能面对网络地址和参数来使用这些功能，通常用户都是通过网页、计算机、手机、平板电脑中的应用来使用这些服务的，这些应用也可称为地理信息服务的客户端。

从客户端运行环境来说，地理信息客户端分为 Web 客户端、移动客户端和桌面客户端。

Web 客户端一般以网页应用的方式运行于 Web 浏览器中。目前 Web 客户端以

Web 页面为主流，常见的地理信息开发包包括 Open Layers、Leaflet 和 Arc GIS Java Script API。

移动客户端运行在智能手机、平板电脑及其他移动设备中，目前 Android 和 iOS 操作系统内置地理信息客户端组件，分别使用 Google 地图和苹果公司的地图服务。此外百度等互联网提供商也为多个移动操作系统提供与本公司地理信息服务绑定的软件开发工具包。Esri 也提供移动客户端软件开发工具包。

桌面客户端运行于桌面操作系统中，一般以业务系统的形式出现，桌面客户端的软件开发工具包一般由专业的地理信息商业公司提供，如 Esri 等。

无论何种客户端软件开发工具包，一般内容如下：

一、服务访问封装

对支持的地理信息服务请求、参数、结果进行封装，提供相应的数据结构、方法、事件。一般情况下地理信息服务客户端采用异步机制访问服务，处理结果总是在事件处理中获得。

二、服务结果展示

利用宿主的能力展示地理信息服务返回的结果，如设置符号、动态效果等。

三、离线能力

客户端可以加载离线数据并进行简单的空间运算，避免频繁访问地理信息服务器，增加服务器负担。

由于客户端类型多样，不同移动操作系统、桌面操作系统的开发技术差别也很大，因此开发多种地理信息服务客户端的系统需要熟悉不同操作系统的开发人员，增加了大量的人力成本，也带来了版本协调统一的问题。目前，存在两条技术路线试图统一客户端开发。第一条路线，采用 Web 技术，在移动端、桌面端本地应用外壳内嵌入浏览器，采用响应式设计适配屏幕。随着浏览器对 HTML5 支持的完善，离线数据、定位能力等已经解决。Cordova 等技术则支持移动设备传感器数据的获取，使得该方案能够充分利用移动设备的特性。第二条路线，建立抽象层，针对不同系统进行适配。典型的如 Facebook 的 React 解决方案，Web 和移动开发都采用 JavaScript 语言，采用同样的设计模式和开发方式，最终编译为不同系统的原生应用。桌面端跨平台方面，Esri 提供了基于 Qt 的解决方案，用户开发 Qt 应用，可以运行在不同的桌面操作系统上。

第十章　测绘地理信息新技术

　　信息化测绘新技术是现代测绘科学技术与其他学科技术融合交叉发展而成的，提高了空间地学在动态和静态条件下的时效性，满足了社会对地理空间信息服务提出的精细化、精确化、真实化、智能化等新需求。从技术角度和测绘作业模式来说，信息化测绘新技术主要包括卫星遥感技术、航空摄影技术、三维激光扫描技术、北斗卫星导航定位技术，以及地理信息处理、挖掘分析和可视化技术等。卫星遥感技术可快速连续获取大范围地球表面信息，具有高空间分辨率、高光谱、多波段、多角度观测等优点，已经在军事勘察和民用监测等方面得到广泛和深入的应用。大面阵数字航空摄影和倾斜航空摄影的互补，能够更加真实地反映地物的实际情况，并对地物进行精确量测，在城市三维重建、应急指挥、市政管理等方面发挥着巨大的技术优势。无人机测绘具有低成本、灵活控制、大比例尺航测等优点，成为低空摄影测量最快捷高效的数据获取手段之一，具有广阔的应用前景。三维激光扫描技术由全球导航卫星系统、惯性测量装置、激光扫描仪和CCD相机等多种传感器集合而成，可以获取高密度点云数据的三维坐标、反射率、纹理等信息，测距精度可达到毫米或厘米级，同时具有受天气影响少、获取周期短等优点，成为地形测绘中一种重要的技术手段。北斗卫星导航系统创新融合了导航与通信能力，具有实时导航、快速定位、精确授时、位置报告和短报文通信服务五大功能。采用北斗卫星导航定位技术可以在服务区域内任何时间、任何地点，为用户提供连续、稳定、可靠的精确时空信息。大数据时代驱使着地理信息技术发生变革，随着移动互联网、物联网、大数据、云计算、人工智能等新兴技术的发展，地理信息系统对这些新兴技术进行引入与融合创新，在地理信息数据处理、挖掘分析、数据呈现与可视化等多个环节进行技术突破，以达到提高地理信息数据利用水平、发掘更高地理价值的目标。信息化测绘新技术的发展，可以有效促进地理信息产业的实时化、自动化、社会化。

第一节　卫星遥感

一、遥感及卫星遥感的内涵

遥感是利用对电磁波信息敏感的传感器，在非接触条件下，对目标地物进行探测，获取其反射、辐射或散射的电磁波信息（如电场、磁场、电磁波、地震波等），并进行提取、判定、加工处理、分析与应用的一门科学和技术。遥感成像是一个十分复杂的过程，电磁波从辐射源到传感器的传输过程中，与大气、地表相互作用后，被传感器接收并记录，这些记录着地物目标反射、辐射、散射的电磁辐射强度与性质变化的信号即为遥感影像数据。根据遥感传感器所在平台的不同，可以把遥感分为地面遥感、航空遥感、航天遥感等不同类型。其中，航天遥感以人造卫星为平台，又称为卫星遥感。卫星遥感是一门集空间、电子、光学、计算机通信和地学等学科知识为一体的综合性探测技术。根据探测电磁波的波长的不同，卫星遥感分为微波遥感和可见光—红外遥感。可见光—红外遥感不仅具有覆盖范围广、观测周期短、更新速度快等优点，还提供丰富的空间、纹理、色彩等信息。与可见光—红外遥感相比，微波遥感具有全天时、全天候的观测能力。两者的相互补充，为城市管理、资源环境监测、测绘制图等提供准确、及时、可靠的地理信息。

20 世纪 90 年代，国家测绘局在原有测绘产品的基础上，提出了新的测绘产品模式，即 4D 产品，包括数字线划图、数字高程模型、数字栅格图、数字正射影像图，卫星遥感影像是 4D 产品特别是数字正射影像图制作的重要数据源。面对当今测绘事业发展的新形势和新需求，必须加快信息化测绘体系建设，推进测绘信息化进程，为经济社会发展提供可靠、适用、及时的测绘保障。卫星遥感数据是信息化测绘的重要数据源之一，其中微波遥感卫星和可见光—红外遥感卫星获取的遥感数据已被广泛应用。为满足地理信息精细化、实时化的发展需求，国内外遥感卫星正进一步向高空间分辨率、高光谱分辨率、短重访周期的特点发展。相较于传统的信息获取手段，卫星遥感不仅能获得更广泛和海量的数据资源，在数据的可靠性和准确性方面更是有了质的飞跃，而且这些数据的获取是建立在效率更高、成本更低的基础之上，为决策部门的工作带来了前所未有的高效和便利。

卫星遥感可以及时获取高分辨率影像，为更新各种比例尺基础地理信息、建立和维护国家基础地理信息系统服务提供有力保障。卫星遥感技术是信息化测绘新技术发展中的重要组成部分。目前，在测绘方面的应用主要有：城市规划、土地利用和管理，城市化及荒漠化监测，道路、建筑工程的设计、选址，测绘及资源环境大比例尺遥感制图等。

本节将重点讨论微波遥感的星载合成孔径雷达和可见光—红外遥感的高分辨率卫星遥感（简称高分辨率卫星遥感），以及它们在信息化测绘中的应用。

二、星载合成孔径雷达测量技术

合成孔径雷达 (synthetic aperture radar，SAR) 技术的基本思想是利用一根小天线沿一条直线方向不断移动，移动过程中在每个位置上发射一个信号，天线接收相应发射位置的回波信号并存储，存储时必须同时保存接收信号的振幅和相位。当天线移动一段距离 S 后，存储的信号与长度为 S 的天线阵列单元所接收的信号非常相似，对记录的信号进行光学相关处理得到地面的实际影像。其工作原理如图 10-1 所示，其中，平面为地面，L 为实际天线长度，为信号发射角。合成孔径雷达通常安装在飞机或卫星上，分为机载和星载两种。

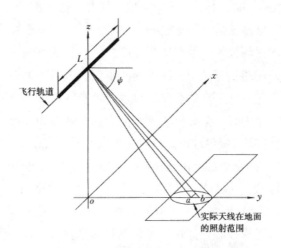

图 10-1　合成孔径雷达的工作原理

合成孔径雷达 (图 10-2) 是一种动式微波成像传感器，为侧视成像系统，能在距离向和方位向上同时获得二维高分辨率影像。与光学遥感相比，该技术的特点是：不受光照和气候等条件的限制，能全天时、全天候工作，可以透过一定厚度的地表或植被获取其掩盖的信息，其获得的图像能够反映目标微波散射特性。星载合成孔径雷达在民用领域主要应用于国土资源监管、海洋溢油监测、农作物估产、地质勘查、灾害监测等。例如，长安大学等曾采用 Terra SAR–X（图 10-3）影像数据监测西安地裂缝形变，利用宽幅合成孔径雷达干涉测量（interometry SAR，In SAR）技术对汾渭盆地综合形变进行研究等。星载合成孔径雷达影像在军事测绘和军事侦察领域也得到了广泛应用，主要用于快速制作和修测境外地图，为现代战争提供测绘保障。

利用星载合成孔径雷达影像还可查明全球范围内主要战略目标的部署、监视重要目标、评估战场打击效果，为现代战争提供高时效信息。

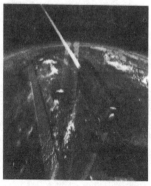

图 10-2 星载合成孔径雷达

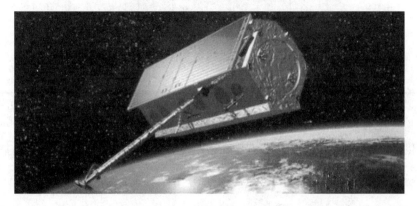

图 10-3 Terra SAR-X 在轨工作示意

根据功能和使命的不同，地球微波遥感探测卫星可划分为 L、S、C、X 等多种频段，L、S、C、X 频段的波长逐渐减小，波长越长，穿透力越强。2016 年 8 月 10 日，我国发射了首颗分辨率达到 1m 的 C 频段多极化合成孔径雷达成像卫星——高分三号，C 频段对海洋环境和目标的探测最具优势。该卫星具有高分辨率、大成像幅宽、多成像模式、长寿命运行等特点，可在聚束、条带、扫描、波浪、全球观测、高低入射角等 12 种成像模式之间自由变换，是目前世界上成像模式最多的合成孔径雷达卫星。国外发射的部分星载合成孔径雷达卫星及性能如表 10-1 所示。

表 10-1　星载合成孔径雷达性能

名称 参数	Light SAR （美国）	COSMO –SAR （意大利）	ALOS （日本）	COSMO –Sky Med （意大利）	Terra SAR–X/Tan DEM–X（德国）	Sentinel–1A （欧洲空间局）
发射 时间	2002	2003	2006	2007—2010	2007/2010	2014
波束 扫描 方式	相控	相控	相控	相控	相控	相控
频率 / GHz	L，X，C	X	L	X	X	C
分辨 率 /m	3 ~ 100	3	方位向 10 ~ 100； 距离向 10	1	1 ~ 2，3 ~ 6，16	5 ~ 40
观测 带宽 度 /km	15 ~ 280	40	70 ~ 350	10 ~ 200	5 × 10，30 × 50， 100 × 150	20 ~ 400

近年来，随着卫星遥感的不断发展，星载合成孔径雷达技术在扫描带宽、重访周期、载荷重量、作业模式等方面都得到了不同程度的改进，为测绘领域资源调查监测等工作提供了新的技术和方法。星载合成孔径雷达技术目前主要有以下几方面的发展。

（一）宽幅星载合成孔径雷达干涉测量

宽幅星载合成孔径雷达具有 45km、75km、100km、150km、300km 和 500km 等不同辐射宽度的成像能力，相对于常规干涉测量而言分辨率较低，但具有扫描带宽较宽和重访周期较短的优点，其扫描宽度一般为常规模式的 3 ~ 5 倍。宽幅星载合成孔径雷达干涉测量是利用合成孔径雷达卫星多条带同步扫描模式观测地表来获取几何信息的，具有宽幅成像能力，能够快速了解宏观信息，多用于土地使用情况调查、海洋监视、冰川观测、洪水灾害监测等。目前，宽幅星载合成孔径雷达干涉测量技术已成为地质灾害监测的一种重要技术手段。

（二）多基星载合成孔径雷达技术

发射机和接收机分别被安装在不同卫星平台上的合成孔径雷达系统被称为多基星载合成孔径雷达。通过灵活配置发射机和接收机的相对位置，该系统相较于单基星载合成孔径雷达，具有隐蔽性好、抗干扰能力强、获取的信息可靠、丰富等优势，具体功能包括实现运动目标检测、通过干涉获得较高的高程测量精度、实现多种平台系统成像、提高成像分辨率等。多基星载合成孔径雷达是合成孔径雷达发展的一个重要方向，可通过天、空、地基相结合和高、中、低分辨率互补，形成时空协调的多基对地观测系统，主要应用在土地利用和管理、农作物监测、土壤制图等方面。

（三）多极化星载合成孔径雷达技术

单极化星载合成孔径雷达只能从一个角度提供地物一个方面的信息，多极化星载合成孔径雷达是一种多参数、多通道的微波成像雷达系统，而全极化星载合成孔径雷达技术难度最大，因为无论单极化还是多极化的星载合成孔径雷达系统获取的都是部分极化信息，而全极化星载合成孔径雷达系统包含同极化、交叉极化在内的所有极化信息，可以全面反映目标地物的物理特性。多极化星载合成孔径雷达利用电磁波的全矢量特性，能够获取目标的极化散射回波信息（回波幅度、相位特性等）。由于目标的介电常数、物理特征、几何形状等对电磁波的极化方式比较敏感，因而与单极化星载合成孔径雷达相比，多极化星载合成孔径雷达技术可以大大地提高合成孔径雷达获取目标信息的能力，对海洋生物、地表植被和地物分类的研究有着十分重要的意义。

（四）多模式星载合成孔径雷达技术

早期的星载合成孔径雷达一般只具有基本的单极化条带模式，随着卫星遥感的发展，现阶段的星载合成孔径雷达已可实现多模式工作。多模式星载合成孔径雷达指除了常规条带成像模式以外，还可在扫描、聚束等成像模式下工作，如德国的Terra SAR-X、加拿大的 Radarsat-2、中国的高分三号（图10-4）等。多模式星载合成孔径雷达可根据对测绘带宽和分辨率的不同需求，在传统条带、扫描、聚束、滑动聚束等模式之间切换（如高分三号）。虽然并没有从根本上解决传统星载合成孔径雷达系统分辨率与测绘带宽之间的固有矛盾，但多模式星载合成孔径雷达使得同一个星载合成孔径雷达系统能够完成不同的测绘工作，提升了星载合成孔径雷达系统的测绘能力。

图 10-4　高分三号在轨工作示意

三、高分辨率卫星遥感测图技术

一般来说，卫星遥感图像有四种属性的分辨率，分别为：空间分辨率，指像元所代表的地面范围的大小，即扫描仪的瞬时视场，或是地面物体能分辨的最小单元；光谱分辨率，指传感器在接收目标辐射的光谱时能分辨的最小波长间隔，间隔越小，分辨率越高；辐射分辨率，指传感器接收波谱信号时，能分辨的最小辐射度差；时间分辨率，指对同一地点进行遥感采样的时间间隔，也称重访周期。就目前行业发展来看，高分辨率卫星技术更能满足精细化实用的要求。

相对于传统的航空影像资料，高分辨率卫星遥感影像在测绘应用中的优势主要表现为：影像分辨率高、获取周期短、影像覆盖范围大，可以不受地区限制全天候地获取影像，只需提供目标区域的经纬度范围、所需数据时相和数据类型即可，处理较为便捷。高分辨率卫星遥感影像对控制点的使用较少，能充分满足测绘制图精度方面的要求，在一定程度上减少了外业控制测量的总体工作量，为遥感影像在地形测绘生产中的应用奠定了重要基础，最终为生产、更新中小比例尺地形图提供了新的思路与技术途径。

GeoEye-1 是美国于 2008 年 9 月发射的一颗高分辨率商业卫星，该卫星具有分辨率高、测图能力强、制图精度高、重访周期短的特点。GeoEye-1 的全色分辨率（黑白分辨率）为 0.41m，多光谱分辨率（彩色分辨率）为 1.65m，定位精度为 3m，具有每天采集 700000km 的采集能力，最大成图比例尺可达 1：2000。图 10-5 为 GeoEye-1 影像示例。

图 10-5 GeoEye-1 影像

此外，SPOT5 为法国 SPOT 系列卫星的第五颗卫星，其空间分辨率最高可达 2.5m，而且可以提供丰富的纹理信息。该卫星遥感影像可进行 1：1 万地形图的修测及更新，具有价格低、工作量少、易于操作的优点，但是对于一些单独地物难以进行判断。

我国于 2013 年成功发射高分一号卫星，其全色分辨率（黑白分辨率）为 2m，多光谱分辨率（彩色分辨率）为 8m。2014 年 8 月 19 日成功发射了高分二号卫星，该卫星携带了全色分辨率为 0.8m、多光谱分辨率为 3.2m 的高分辨率相机，位于高度为 600 ~ 630km、轨道倾角为 98° 的太阳同步轨道上。2015 年 12 月在西昌卫星发射中心发射了中国首颗地球同步轨道高分辨率遥感卫星——高分四号卫星，运行于距地 36000km 的地球静止轨道上，其可见光和多光谱分辨率优于 50m，红外谱段分辨率优于 400m，与此前发射的运行于低轨的高分一号卫星、高分二号卫星组成星座，具备高时间分辨率和较高空间分辨率的优点。我国高分系列卫星具有成像幅宽大的特点和高空间分辨率的优点，两者相结合既能实现大范围普查，又能详查特定区域。随着我国遥感卫星的不断发展，高分系列卫星（表 10-2）将为测绘等领域提供高质量的遥感影像数据（图 10-6、图 10-7），可用于国土资源调查、地形图绘制等工作。国内外主要高分辨率卫星参数如表 10-3 所示。

表 10-2　我国高分系列卫星

发射时间	卫星名称	传感器
2013	GF-1	2m 全色、8m 多光谱、16m 宽幅多光谱
2014	GF-2	0.8m 全色、3.2m 多光谱
2016	GF-3	1mC-SAR 合成孔径雷达
2015	GF-4	可见光和多光谱分辨率优于 50m，红外谱段分辨率优于 400m，地球同步轨道凝视相机
2016	GF-5	可见短波红外高光谱相机、全谱段光谱成像仪、大气气溶胶多角度偏振探测仪、大气痕量气体差分吸收光谱仪、大气主要温室气体监测仪、大气环境红外甚高分辨率探测仪
2016	GF-6	2m 全色、8m 多光谱、16m 宽幅多光谱
2019	GF-7	高分辨率空间立体测绘

表 10-3　高分辨率卫星参数（部分）

名称参数	WorldView-1（美国）	GeoEye-1（美国）	WorldView-2（美国）	Pleiades-1（法国）	资源一号02C（中国）	资源三号（中国）
发射时间	2007	2008	2009	2011	2011	2012
分辨率 /m	全色 0.5	全色 0.5；多光谱 2	全色 0.5；多光谱 2	全色 0.5；多光谱 2	全色 2-36/5；多光谱 10	全色 2-1；多光谱 5.8
轨道高度 /km	450	681	770	694	770	500
成像幅宽 /km	16	15.2	16.4	20	54/60	51

图 10-6　高分二号卫星影像

图 10-7　高分四号卫星影像（珠江三角洲）

随着国内外卫星遥感影像（如 SPOT5、IKONOS、Quick Bird）空间分辨率的不断提高，卫星遥感影像数据为土地利用变更调查提供了新的资料源。卫星遥感影像能真实反映城市用地现状，在 2.5m 级以上分辨率的卫星遥感影像上，耕地、林地、建设用地、水域等地类界线清晰、城市道路明显、地类变化状况容易判读，这使得利用卫星遥感影像快速更新土地利用现状图成为可能。该项工作流程主要包括前期准备、城市最新资料收集、外业实地调查、城市卫星影像数据的购买和软件的准备、地面控制点数据的采集、需要更新的城市地图和地形图的扫描、遥感影像预处理（几何校正、图像融合等），最后将融合图像与城市数字地图叠加，更新土地利用数据库等。

利用高分辨率卫星遥感影像对土地利用现状进行调查统计，其结果满足城市分区规划对土地利用现状的需要。除此之外，卫星遥感影像立体测图技术在测绘行业也得到广泛应用，具体流程为：首先，将 SPOT5、IKONOS 等高分辨率遥感影像作为数据源，利用有理多项式进行立体模型定向；然后，采用全数字测图系统进行三维产品生产；最后，通过外业实地检测评估立体模型定向精度及三维产品精度。这种方法最大限度地缩短了野外作业时间，提高了测图效率，改变了传统生产模式，其研究成果符合测绘生产相关图式、规范、技术标准和设计要求。立体影像测图工艺流程如图 10-8 所示。

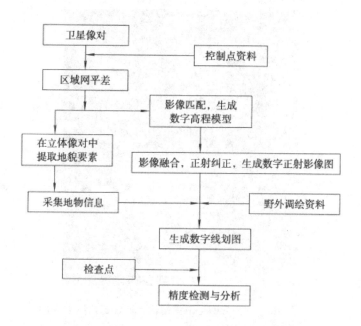

图 10-8　基于卫星立体影像测图工艺流程

除了以上应用外，高分辨率遥感影像因具有高分辨率、实时性、可动态监测的优点而被应用在灾害监测工作中。利用高分辨率卫星遥感技术，能够第一时间获得准确的地面信息，该技术曾在"5·12"四川汶川大地震中发挥了巨大的作用，为灾区重建和人员搜救做出了贡献。

随着遥感卫星往更高分辨率、更多样化的作业模式、更短重访周期的方向发展，卫星遥感技术在测绘领域也将有越来越广泛的应用，为当代信息化测绘行业提供准确高效的数据源。

四、卫星影像处理新技术

近年来，得益于遥感对地观测平台的高速发展，遥感影像数据源日益丰富、分辨率越来越高、数据量急剧膨胀。在卫星对地观测平台方面，国内的天绘一号、资源三号、高分系列、高景系列卫星，国外的 IKONOS、Quick Bird、World View、Planet Labs 系列卫星等，都是高分辨率多源遥感平台，每天可分发 TB 级海量数据。硬件平台的客观发展及需求的不断深化共同催生了遥感影像处理技术的革新，主要体现为在提高数据精度的基础上不断追求更快的处理效率、更智能的工作流及更丰富的成果集。在这种大背景下，各具特色的新算法、新技术便应运而生。

典型的卫星影像处理算法已日趋成熟，随着卫星种类越来越丰富、数据量越来越大，当前的技术热点是结合并行处理思想与具体的应用需求，提高卫星影像处理效率，并提供多样化的处理策略，以满足不同的任务需求。目前，主流的卫星影像处理软件均支持协同并行处理。在处理策略的选择上，一些软件（如 PCIGXL）可选择不同的区域网平差策略，在影像初始有理多项式系数（rational polynomial coefficients，RPC）精度不高的情况下，仍能通过所匹配的控制点保障平差精度；一些软件（如 DP Grid）利用卫星的严密成像模型，从源头提高影像的姿态和位置精度；一些软件（如 RSONE-X）则根据突发事件应急响应的具体需求，提供全自动化处理工作流，保障特殊情况下的高时效性。

卫星遥感影像分为全色和多光谱两种数据。全色影像即常说的黑白影像；多光谱影像即常说的彩色影像，一般具有三个以上波段。目前，大多数遥感卫星都有全色和多光谱数据，可采用两种处理流程：一是全色与多光谱数据配准精度高者，先融合再纠正；二是全色与多光谱数据配准精度差者，先纠正全色数据，然后将多光谱数据与全色数据进行配准，再进行融合处理。最后对融合后的影像进行影像镶嵌、调色和成果裁切。

（一）卫星遥感影像纠正处理

为了降低对用户专业水平的需求，扩大用户范围，同时保护卫星的核心技术参数不被泄露，绝大部分卫星数据向用户提供一种与传感器无关的通用型成像几何模型有理多项式模型，替代以共线条件为基础的严格几何模型。有理多项式模型的建立采用"独立于地形"的方式，即首先利用星载 GPS 测定的卫星轨道参数及恒星相机、惯性测量单元测定的姿态参数建立严格几何模型；之后利用严格几何模型生成大量均匀分布的虚拟地面控制点，再利用这些控制点计算有理多项式模型参数，其实质是利用有理多项式模型拟合严格几何成像模型。

纠正控制资料一般有外业控制点、数字正射影像图、数字线划图或者数字栅格图数据，纠正前一定要明确控制资料的坐标系统，通过有理多项式模型参数与控制资料的相关投影关系，可实现控制点的快速准确定位。中误差需控制在 2 ~ 3 个像元以内，若较大，则需调整，具体根据参考资料及地形差异确定。若为全色与多光谱配准，精度则控制在 0.5 ~ 1 个像元内，才能保证融合后影像不会有重影、模糊的现象。重采样方法一般选择双立方或者三次卷积，避免和减少线性地物锯齿现象的发生。

卫星遥感影像纠正质量关系到后续工作处理和成果的精度。例如，最后才发现纠正有问题，再进行返工处理会极大降低效率，因此一定要对纠正质量进行严格检查。纠正质量检查主要包括：①控制点定位是否准确，分布是否均匀；②纠正控制点单点最大误差是否超限；③纠正控制点残差中误差是否超限；④纠正影像精度是否超限。

（二）卫星遥感影像融合处理

遥感影像融合是对同一环境或对象的遥感影像数据进行综合处理的方法和工具，产生比单一影像更精确、更完全、更可靠的估计和判读，提供满足某种应用的高质量信息，作用主要有：①锐化影像、提高空间分辨率；②克服目标提取与识别中的数据不完整性，提高解译能力；③提高光谱分辨率，用于改善分类精度；④利用光学、热红外和微波等成像传感器的互补性，提高监测能力。

遥感影像融合一般可分为像元级、特征级和决策级。像元级融合是指将配准后的影像对像元点直接进行融合。优点是保留了尽可能多的信息，具有较高精度；缺点是处理信息量大、费时、实时性差。由于像元级融合是基于最原始的影像数据，能更多地保留影像原有的真实感，提供其他融合层次所不能提供的细微信息，因而应用广泛。本书推荐使用 Pansharping（panchromatic image sharping）融合算法，它能最大限度地保留多光谱影像的颜色信息和全色影像的空间信息，融合后的影像更接近实际。

遥感影像融合质量检查的内容主要有：①融合影像是否有重影、模糊等现象；②融合影像是否色调均匀、反差适中；③融合影像纹理是否清楚；④波段组合后影像色彩是否接近自然真彩色或所需要的色彩。

（三）卫星遥感影像镶嵌和裁切

卫星遥感影像镶嵌是把不同景纠正融合后的成果合并，镶嵌时要保证镶嵌前各景影像接边精度符合要求，一般为2个像元以内。镶嵌线应尽量沿线状地物、地块边界，以及空旷处、山谷地带选取，避免切割完整的地物，并尽量舍弃云雾及其他质量相对较差区域的影像；镶嵌线羽化时，需保证镶嵌处无裂缝、模糊、重影现象，镶嵌影像整体纹理、色彩自然过渡，色调均一。镶嵌调色完成后按裁切范围将成果输出。

第二节　航空摄影测量

航空摄影测量作为基础测绘手段之一，能够快速获取和更新地理空间信息，在测绘领域中有着十分重要的作用。传统的航空摄影测量一般采用有人机作为载体，成本高，成像范围小，测图周期长，对天气的依赖性强，难以保证测绘数据生产的实时需求。随着我国科学技术和信息化建设的不断发展，大面阵数字航空摄影测量技术和倾斜摄影测量技术的出现使用户能够获取更丰富的地理信息和纹理信息。其中，大面阵数字航空摄影能够快速获取高分辨率的大幅面影像，实现大比例尺成图。

倾斜摄影测量从多个角度观测地物，能更加真实地反映地物的实际情况，并对地物进行精确的量测，降低城市三维建模成本。而无人机平台具有低成本、分辨率高、影像实时传输、机动灵活、可进行高危地区探测的优点，使无人机低空航摄的广泛应用成为必然趋势。

一、大面阵数字摄影测量技术

与传统的航空胶片相机相比，航空数码相机具有成本低、效率高、处理便捷、环境适应能力强、中途影像损失少等优点，这使得摄影测量的传感器的选择逐渐偏向数码相机。随着探测器制造技术的发展，航测数码相机（特别是面阵型航测数码相机）得到了快速的发展。但是，在进行大比例尺测图时，现在的单台 CCD 面阵相机还无法取代传统的胶片相机，所以一般采用几台 CCD 面阵相机进行集成，组成较大面阵，以增大相机视场角来增加相机的成像像幅，从而能直接生产高分辨率的大幅面影像。

多相机组合拼接是将多个相机镜头安装在同一平台上，集成数字罗盘、GNSS 接收机和自动控制系统，形成大面阵数字航空摄影仪，经过相机检校和影像拼接，获取大范围地面覆盖度拼接影像。相对于传统的航空胶片相机，多拼相机具有镜头视场角大、基高比高、几何精度高、体积小、重量轻等优点。目前，多相机组合拼接主要有同步－交向摄影方式型和同地－直向摄影方式型两种方案。例如，四维远见公司推出的 SWDC 系列和 Z/I Imaging 公司生产的 DMC 相机属于同步—交向摄影方式型，Microsoft VEXCEL 公司生产的 Ultra CamXp 相机属于同地—直向摄影方式型。

（一）同步—交向摄影方式型

同步—交向摄影方式型航空数码相机通过对每个镜头倾斜适当的角度来保证获取的影像数据有一定重叠度，摄影时多个镜头曝光时间必须严格一致，否则将会产生较大像移。

1.SWDC–4 航摄仪

SWDC–4 航摄仪有 4 台独立的非量测 CCD 面阵相机，其倾斜一定角度呈 2 行 2 列均匀分布（图 10-9），通过校正交向摄影得到的子影像得到水平像片，再利用各水平像片间的同名像点建立影像间的位置变换关系式，并精确求解各影像间的相对位置关系，最后利用各水平像片合成一个大像幅的虚拟影像。SWDC–4 航摄仪相对于进口航空数码相机和传统胶片航摄仪而言，具有体积小、重量轻、可更换相机镜头（焦距）等特点，不仅可以安置在大飞机上，还可以安置在轻小型飞机上。传统胶片航测的平面精度较高，但基高比小，导致航测的高程精度较低，很难开展高精度的大比例尺地形测绘，而 SDWC–4 航摄仪则具有可变焦距、基高比大、高程精度高的优势。

2.DMC 航摄仪

DMC 航摄仪采用 4 个全色镜头和 4 个多光谱镜头（近红外、红、绿、蓝）对地面进行航测（图 10-10）。其中，4 个全色镜头倾斜一定角度（10°和20°）呈 2 行 2 列均匀分布，4 个多光谱镜头按照一定角度对称安装于全色镜头的两侧，其位置及角度使每一幅单色影像与预处理后的完整全色影像具有相同的覆盖度。对采集的高分辨率全色影像与单色影像进行融合处理，能得到高质量的彩色航测影像，具有分辨率高、光圈较大、畸变较小、同质的视场响应等特点。

图 10-9　SWDC-4 航摄仪　　　　　图 10-10　DMC 航摄仪

（二）同地—直向摄影方式型

同地—直向摄影方式型相机的所有子镜头都是等间距顺序排列的，进行垂直摄影，且所有镜头几乎是在相同姿态、相同位置下曝光。子镜头在时间的精确控制下，按顺序依次曝光。

Microsoft VEXCEL 公司生产的 Ultra Cam Xp 相机采用 4 个全色镜头和 4 个多光谱镜头（近红外、红、绿、蓝）对地面进行航测（图 10-11），每次全色镜头拍摄的影像都有一定的重合区域，通过对 8 台 CCD 相机生成的全色影像重叠部分进行配准，消除曝光时间误差的影响，生成一幅完整的中心投影全色影像。对高分辨率全色影像与拥有相同覆盖范围的单色影像进行融合处理，得到高质量的彩色航测影像，这种对匹配点进行验证的方式避免了影像处理后的内容失真。

图 10–11　UltraCamXp 镜头

二、倾斜摄影测量技术

传统的航空摄影测量一般采用有人机搭载专业的航测仪获取垂直方向的影像序列，最终生成平面的正射影像图，主要对地形地物的顶部进行量测，而对起伏较大的地形地物的几何结构和侧面纹理等三维信息的获取则十分有限。倾斜摄影测量技术改变了传统航空摄影测量只能从垂直角度拍摄的局限性，其原理是在同一平台上搭载五台固定安装在不同角度的数码相机，相机在空中同时定点曝光，从五个方向（垂直、左视、右视、前视、后视）对地物进行拍摄（图 10–12），同时记录坐标、航速、航高、旁向重叠和航向重叠等参数，再通过内业数据处理的几何校正、平差、多视影像匹配等一系列的处理得到具有地物全方位信息的数据。影像上包含丰富的建筑物顶面及侧面的纹理和结构信息，可在具有重叠区域的几组影像中选择最为清晰的一幅影像进行纹理制作，提供客观直接的实景信息。此外，相较于传统摄影测量，倾斜摄影测量可生成真正射影像图（true digital ortho map，TDOM）。真正射影像图是基于数字表面模型对整个测区进行影像重采样，利用数字微分纠正技术纠正原始影像的几何变形获得的。目前，国内外相继推出了倾斜摄影仪，其中主流的倾斜摄影相机包括徕卡 RCD30（图 10–13）、SWDC–5 倾斜摄影仪等。

图 10-12　倾斜摄影测量

图 10-13　徕卡 RCD30 五镜头相机

倾斜摄影测量的外业相对简单，与传统的摄影测量几乎一样，其出成果的关键是内业数据处理软件，目前常用的倾斜摄影测量内业数据处理软件主要有 Smart3D、街景工厂、Photo Mesh 等。

倾斜摄影测量的范围大、精度高，可以快速采集影像数据，客观反映地形地物的真实情况，并能够对地物进行量测，还能够通过融合和建模技术生成三维城市模型，有效降低三维建模的生产周期和成本，其成果数据模型真实，能使人们获得身临其境的体验。目前，倾斜摄影测量在欧美等发达国家已广泛应用于城市管理、应急指挥、国土安全等领域。在我国，倾斜摄影测量在实景三维重建方面的应用比较成熟。

（一）倾斜摄影测量关键技术

1. 多视影像自动空中三角测量

多视影像平差需要考虑影像的几何形变和遮挡关系，采取图像金字塔匹配策略，结合外方位元素，在每级影像上进行同名点自动匹配去除对比度低的点和不稳定的边缘点，再进行自由网平差，剔除残差大的粗差点，得到较好的同名点匹配结果。同时，建立多视影像自检校区域网平差的误差方程，确保平差结果的精度。

2. 多视影像密集匹配

多视影像具有成像范围广、重叠度高等特点。因此，多视影像匹配的关键是在匹配过程中如何充分考虑冗余信息，准确快速地获取多视影像上同名点的坐标，进而获取地物的三维信息。近年来，随着计算机视觉的发展，多视影像匹配的研究已取得了很大进展。例如，房屋屋顶的提取，可先通过搜索多视影像上房屋边缘、屋檐和顶部纹理等信息得到二维的矢量特征数据集，再根据其不同视角的二维特征获取房屋屋顶的三维信息。

3. 倾斜影像拼接

在拼接倾斜影像前，需要先建立虚拟影像，选择视野范围内的倾斜影像像元，并反投影到虚拟影像上。由于存在多张影像覆盖同一地物的问题，选择影像时需要考虑该像元地面对应点到倾斜影像间的距离、地面点到虚拟影像透视中心的光线，以及地面点到影像透视中心的光线夹角。建立虚拟影像后，再减小影像上地物的重影效应，在平坦地区进行拼接，并在拼接处密集匹配生成数字表面模型。

4. 生成真正射影像图

在数字表面模型的基础上，根据连续地形和离散地物的几何特征，在多视影像上进行面片拟合、影像分割、纹理聚类、边缘提取等处理，根据联合平差和密集匹配的处理结果，建立像方和物方之间的同名点对应关系，然后进行全局优化采样，并考虑几何辐射特性进行纠正，整体进行匀光处理，实现多视影像的真正射纠正，生成真正射影像图。

（二）行业应用

倾斜摄影测量主要应用于城市三维建模，结合数字线划图可自动提取地面建筑，并快速建立初步具备建筑物外框等信息的白模，然后通过对影像细部的具体分析，构建建筑的阳台、老虎窗、屋顶、门斗等细部信息，合成精细的白模。在城市建设管理方面，通过基于倾斜摄影测量的三维自动建模技术获取的实景三维模型，可以对比一段时间前后建筑物平面和高度变化，统计并分析建筑物的变化和增量，让违法建筑的采集和统计更加全面客观。在旅游业方面，通过景区三维实景展示，游客可以了解景区的真实面貌，可根据喜好选择观光景点。例如，应用倾斜摄影测量技术获取了整个张家界武陵源景区图（图10-14、图10-15），面积达160km²。

倾斜摄影测量能够广泛应用于城市规划、建筑建设与管理等各个方面，在城市公共安全与应急反恐方面也具有极其重要的价值。例如，美国军方利用倾斜摄影测量迅速获取了五角大楼周边影像，了解现场情况后及时制定了合理的应急执行方案。目前，倾斜摄影测量在美国警方工作中得到了普及应用，帮助了解最细致的案发地情况，以便进行合理指挥。这样不但提高了执行效率，而且提高了救助的安全性。

图 10-14　索溪大坝

图 10-15　百龙电梯

三、无人机平台

目前，卫星遥感技术和有人机航测遥感技术已经十分成熟，但在实时为社会提供信息方面仍存在不足。例如，一颗卫星在某一时刻经过某一地区的顶部，1 小时后此地区发生紧急事件，这颗已过顶的卫星数据就无法利用。如果发生紧急事件的地区天气情况恶劣，有人机的使用也将受到限制。无人机是一种在一定范围内由无线设备控制操作或计算机预编程序自主控制飞行的无人驾驶飞机。相较于卫星遥感，无人机能够自由使用，不受轨道的约束且没有固定的过顶时间。相较于有人机，无人机受天气影响较小，在阴天也能进行航拍工作，机身灵活，受空域限制小，能够随时起飞，可以快速获取和更新数据。无人机除了上述优势外，还具有成本低、易于携带与转移的特点，当今对无人机平台的研究已经成为热点之一。

（一）无人机分类

随着航测技术的发展，人们对实景三维模型的分辨率、纹理、颜色提出了更高的要求。由于无人机的飞行高度相对较低，倾斜航拍设备拍摄的影像分辨率高、纹理清晰、颜色真实，能够提高所构建的三维模型的质量。目前，比较著名的无人机设备有中国的大疆 M600 六旋翼无人机和飞马 F1000、北美 3DRobotics 的 Solo 无人机等。无人机种类繁多，按动力可分为太阳能无人机、燃油无人机和燃料电池无人机；按功能可分为军用无人机、民用无人机和消费型无人机；按飞行器重量可以分为微型无人机、小型无人机、中型无人机和大型无人机；按结构可分为固定翼无人机、多旋翼无人机、直升无人机和复合式无人机。

1. 固定翼无人机

固定翼无人机是指由动力装置产生前进的推力或拉力，由机身的固定机翼产生升力的无人机。固定翼无人机飞行距离长、飞行高度高，可设置航线自动飞行，并自动按预设回收点坐标降落。但是它不能在某处高空悬停获取连续影像，只能按照固定航线飞行，并且使用前需要进行专业培训。固定翼无人机适合远距离的连续工作，如军用侦察、电力巡线、航拍、测绘等。图 10-16 为 Sense Fly 的 eBee 固定翼无人机。

2. 多旋翼无人机

多旋翼无人机是一种具有三个或三个以上旋翼轴的无人驾驶飞机，且旋翼的间距固定。每个轴通过电动机转动来带动旋翼转动产生升推力，通过改变旋翼间的相对转速来改变单轴推力的大小，从而控制飞行轨迹。多旋翼无人机工作时不需要跑道，可以垂直起降，并且起飞后可在空中悬停，安全性高，适合需要悬停的工作，如影视航拍及电力跨线作业等。但是，多旋翼无人机的飞行时间与飞行距离短，且载重量小，一般不超过 10kg。图 10-17 为大疆经纬 M600 六旋翼无人机。

图 10-16　eBee 固定翼无人机

图 10-17　大疆经纬 M600 六翼无人机

3. 无人直升机

无人直升机主要由机体、旋翼、尾桨、传动系统设备等组成，不需要发射系统，可以在小面积场地做垂直起降，在空中悬停。其突出特点是能够做各种速度、各种高度的航路飞行，在飞行过程中噪声较小，可靠性比较高。图 10-18 为 RH-2 无人直升机。实际应用中，直升机主要用于观光旅游、灾害救援、消防、商务运输、通信与探测资源等方面。

图 10-18 RH-2 无人直升机

在测绘领域中可根据不同制图需求选择不同结构类型的无人机，如表 10-4 所示。

表 10-4 测绘用无人机示例

参数类型	示例机型	最大飞行速度 /（km/h）	有效载荷 /kg	续航时间 /min	成图比例尺	传感器类型选择
固定翼无人机	Sense Fly eBee	36-57	0.6	45	1：1000 1：500	相机等影像传感器
多旋翼无人机	大疆经纬 M600	64.8	6	40	1：500	相机等影像传感器
无人直升机	RH-2	72	75	70	1：500 1：1000 1：2000	激光雷达扫描仪、大面阵数字航摄仪

（二）无人机在测绘领域中的应用

目前，无人机主要通过搭载数码相机进行小范围大比例尺的测绘地形图生产。无人机测绘成图指数字正射影像图的生产，通过空中三角测量和几何校正等处理，得到地理坐标系下的多张小幅面影像图，然后对这些影像进行配准和融合，处理拼接成大范围的影像，再按照标准图幅范围裁切，可得到数字正射影像图。例如，2012 年 4 月 27 日至 2012 年 5 月 27 日，以无人机为飞行平台搭载双频 GNSS 飞控系统对钓鱼岛等岛屿进行量测，获取了这些岛屿的高分辨率遥感数据，并制作了1∶2000大比例尺地形图，填补了该区域大比例尺地形图的空白。此外，通过无人机航摄，还可以快速获取测区的详细情况，能应用于土地利用动态变化检测和覆盖图更新等领域。其中，高分辨率无人机航空影像还可应用于区域规划等。

随着数码相机和自动驾驶技术的发展，国内无人机测绘技术已逐步达到世界先进水平。随着传感器类型的发展和市场需求的扩大，无人机平台将针对不同地形、不同任务的需求，增强其通用性，提高综合传感器的集成度，向系列化、智能化、低成本、轻小型化发展。

四、航空摄影遥感数据处理

在航空影像处理方面，随着航空影像分辨率越来越高，幅面越来越大，传统的影像匹配效率亟须提升。典型的解决思路是基于多线程并行计算，充分利用CPU平台存储空间优势和GPU平台核心数优势。除了使用并行计算外，影像匹配的算法优化是当前的研究热点与技术难点。基于多基线的影像匹配技术（如Pixel Grid、Pixel Factory等）可大大提高海量高分辨率航空影像批处理效率。基于广义点摄影测量理论的中低空影像智能处理技术，利用多特征多测度解决高可靠性匹配（如DP Grid），可显著降低同名点的误匹配率。近年来，结合计算机视觉和并行处理思想，倾斜影像处理的新技术蓬勃发展，一些典型技术包括不需要任何初始位置姿态信息的全自动航线恢复、自由飞行模式下影像智能匹配、大扰动非常规无人机遥感影像区域网平差、密集匹配生成三维点云、多机多核CPU及GPU并行处理等。目前，主流的倾斜影像处理软件均结合了计算机视觉和并行处理思想，在保证成果精度的前提下追求更高的效率。例如，美国Bentley公司的Context Capture系统、法国Air Bus公司的街景工厂、我国大疆公司的大疆智图（DJI Terra）等软件均具有人工干预少、处理效率高的特点。在未来，随着倾斜摄影测量的发展，测绘产品的应用需求将越来越广阔，遥感影像处理技术会进一步向集成化、自动化、智能化方向发展。以低空遥感为例，介绍其数据处理流程。

（一）影像匹配

影像匹配作为数字摄影测量自动化中最关键的一环，其匹配的精确度、可靠性和速度从某种程度上说直接影响着数字摄影测量自动化的程度。目前，按匹配基元，影像匹配可分为基于灰度的影像匹配和基于特征的影像匹配。基于灰度的影像匹配是理论最成熟且应用最广的算法，它是以左、右像片上含有相应影像的目标区和搜索区中的像元的灰度作为影像匹配的基础，利用某种相关测度，如协方差或相关系数最大来判定左、右影像中相应像点是否是同名点。基于灰度的影像匹配具有算法简单、容易操作的特点，但运用该算法时，若同名点位于低反差区域，则局部窗口影像的信息贫乏、信噪比小，会造成匹配的成功率不高。基于特征的影像匹配首先对要处理的影像运用某些算法提取出影像的特征（这些特征主要包括点、线、面），然后利用一组参数对这些特征进行描述，并利用参数进行基于特征的影像匹配。基于特征的影像匹配较基于灰度的影像匹配具有算法灵活、适应性强等特点，能较好地解决影像变形、旋转等问题对影像匹配的影响。

（二）遥感影像空三处理

空中三角测量量测的是像片上像点坐标，以少量的地面控制点为平差条件，在计算机上解求影像的定向元素和测图所需的控制点坐标。这样就可以把大量的野外控制测量工作转移到室内完成。不仅提高了效率，还缩短了航测成图的时间。空中三角测量按数据模型分可分为航带法空中三角测量、独立模型法空中三角测量和光束法空中三角测量。航带法是利用相对定向和模型连接将航带内的立体模型建成自由航带网模型，然后利用控制点条件，按最小二乘原理进行平差，消除航带网模型的系统变形，从而求得各加密点的地面坐标。独立模型法是将各单元模型视为刚体，利用各模型间的公共点，通过模型的旋转、缩放和平移将各模型连接成一个区域，然后利用各模型间的公共点坐标相等、控制点内业坐标与地面坐标相等的条件，使模型连接点上的残差平方和最小。光束法是以一个摄影光束为平差计算单元，以像点坐标为观测值，利用共线方程解求定向元素和控制点坐标。在这三种方法中，光束法是以每幅影像为单元并且以像点坐标为原始观测值，所以它的理论最严密，精度最高。

基于定位测姿系统的区域网空中三角测量是利用安装于飞机上与航摄仪相连的定位测姿系统测定像片外方位元素，然后将其视为带权观测值代入光束法区域网平差中，这种区域网平差的方法就叫定位测姿系统辅助光束法区域网平差。定位测姿系统辅助光束法区域网平差是采用统一的数学模型，整体确定面目标点位和像片方位元素，并对其质量进行评定的理论、技术和方法。定位测姿系统辅助光束法区域网平差的具体解算过程是：利用定位测姿系统自带的解算软件，解算出航带中 m 幅影像获取的 6 个外方位元素为平差解算的初始值，并在影像上量测出 n 个像点，则可列出 2n+6m 个平差方程，这些方程构成了定位定姿系统辅助光束法区域网平差的基础方程。

（三）三维立体模型生成方法

利用上节中所述方法获得影像的外方位元素后，可以通过本节提出的影像匹配方法，对相邻的两幅影像进行匹配。当匹配出大量的同名点后，可利用前方交会的方法求出地面点三维坐标，并通过这些地面点生成数字高程模型。数字高程模型的表示方式有规则格网和不规则三角网两种。

在生成数字高程模型后，可以利用其纠正数字正射影像图。在数字摄影测量中生成正射影像图的方法也叫影像的数字微分纠正，它是逐点进行的，因此具有较高的影像精度。目前，影像数字微分纠正主要有正解法和反解法两种。

结合增量式三维重建算法与点云加密算法，利用多视图光束法平差法生成基于尺度不变特征变换（scale-invariant feature transform，SIFT）的特征点辅助信息的三维立体重建模型。

（四）倾斜摄影自动化建模成果的数据组织和单体化

倾斜模型的一个突出特点就是数据量庞大，这是由其技术机制、高精度、对地表全覆盖的真实影像所决定的。层次细节模型在一定程度上可以承载海量的倾斜模型数据，并保证快速加载和流畅渲染。当屏幕视角距离某个地物近时，软件自动调用最清晰层的数据；当屏幕视角远离该地物时，则自动切换为模糊层的数据。由于人眼本来就无法看清远处的数据，因此这样做并不影响视觉效果。例如，影像金字塔、地图分比例尺切图等，都采用此方式。对于手工建模的模型，一般是通过三维地理信息系统平台自行计算出多层层次细节模型，并处理其远近距离的切换关系。而对于倾斜模型，由于其技术原理是先计算稠密点云，经过简化后再构建不规则三角网，因此在数据生产的过程中，就能通过不同的简化比例得到数据层次细节模型，而不再需要地理信息系统平台进行计算。数据生产过程中计算的层次细节模型效果是最佳的。也正因为如此，无论是街景工厂还是 Smart3D，其生产的倾斜模型都是自带多级层次细节模型的，一般至少带有 5 ~ 6 层，多则 10 层以上。数据本身自带层次细节模型，从技术原理上就决定了其看似庞大，其实完全可以做到非常高的调度和渲染性能（只要不破换原始自带的层次细节模型）。这也是使用数据厂家自带的Viewer 就可以获得很好的加载和浏览性能的原因。但这只是解决了三维实景数据显示问题，而人们更关注地理实体本身及其属性信息，这就产生了单体化技术。

"单体化"指的是每一个人们想要单独管理的对象，是一个个单独的、可以被选中分离的实体对象，可以赋予属性，可以被查询统计等。只有具备了"单体化"的能力，数据才可以被管理，而不仅仅是被用来查看。在大多数地理信息系统应用中，能对建筑等地物进行单独的选中、赋予属性、查询分析等是最基本的功能要求。因此，单体化成为倾斜摄影模型在地理信息系统应用中必须解决的难题。目前应用较为广泛的单体化方法包括切割单体化、ID 单体化和动态单体化三种。

单体化模型对于三维地理信息系统来说，是一个重要数据来源，结合 BIM 数据，能够让三维地理信息系统从宏观走向微观，同时可以实现精细化管理。

第三节　三维激光扫描

三维激光扫描技术是一种主动式对地观测技术，是测绘领域继全球导航卫星系统技术之后的一次技术革命。其基本原理是向目标发射探测信号（激光束），然后接收从目标反射回来的信号（目标回波），并与发射信号进行比较，经过适当处理后，获得目标的有关信息，如目标距离、方位、高度、姿态、形状等参数。它突破了传统的单点测量方法，具有全天候、高效率、高精度等优势。

根据承载平台和扫描空间位置划分，三维激光扫描系统可分为机载激光扫描、车载激光扫描、地面固定站式激光扫描、室内激光扫描四种类型。

一、激光测量原理

激光扫描系统是集激光技术、光学技术和微弱信号探测技术于一体而发展起来的一种现代化光学遥感手段，其基本原理源自于微波雷达，但使用激光作为探测波段，波长较短且是单色相干光，因而呈现极高的分辨本领和抗干扰能力。激光测距的基本原理是利用光脉冲在空气中的传播速度，测定光脉冲在被测距离上往返传播的时间来求出距离值。设所测距离为 D，光脉冲往返时间为 t，光脉冲在空中的传播速度为 c，则只要精确地求出时间就可以求出 D。常用的具体方法是脉冲法和相位法，前者直接量测脉冲信号传播时间，后者通过量测连续波（continuous wave，CW）信号的相位差间接确定传播时间。

根据激光测得的距离、激光方向可以计算目标点的坐标，从而获取目标的相对三维坐标。激光扫描仪在获取物体表面每个采样点的空间坐标后，得到的是一系列表达目标空间分布和目标表面特性的海量点的集合，称为"点云"。点云所记载的数据信息主要有三维坐标（X，Y，Z）、颜色信息（R，G，B）和激光反射强度等，数据的存储格式也与扫描设备有关，主要有 TXT、LAS、PCD、ASC 等格式。从点云数据的结构关系上看，点云数据主要具有数据量大、密度高、带有被测物光学特征信息、测距精度达到毫米或厘米级且具有可量测等特点。

常用的激光测量设备有一维激光测距仪（图 10-19）、二维激光扫描仪（图 10-20）、三维激光扫描仪（工作原理如图 10-23 所示）、多传感器集成的激光测量系统等。

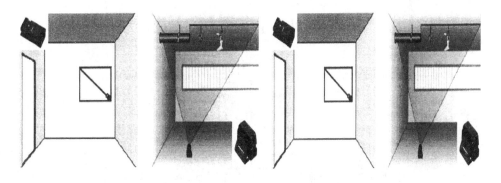

图 10-19 一维激光测距仪   图 10-20 二维激光线扫描仪

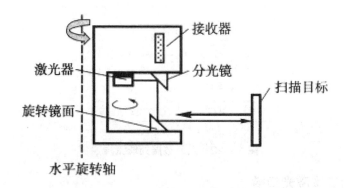

图 10-21 三维激光扫描仪的工作原理

从三维点云数据的获取到数据应用，需要经过一系列对点云数据的处理，一般的数据处理流程如图 10-22 所示。其中，关键流程在于点云数据的配准、三维模型的建立及目标特征的提取。对点云数据进行格网建立、数据精简、分割等处理，主要是为了降低点云数据的冗余度，保证数据精度，并方便后期点云数据的处理等。

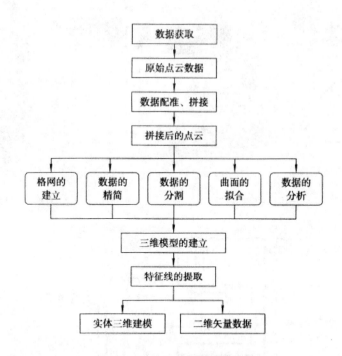

图 10-22　点云数据处理流程

二、地面三维激光扫描

地面三维激光扫描又称固定站三维激光扫描其工作方式类似于全站仪，通过在地面三脚架上架设三维激光扫描仪，对目标进行三维扫描，从而获取空间三维信息。地面三维激光扫描系统主要包括激光扫描器、数码相机和仪器内部校正部件等附属设备。其具体工作原理为：扫描仪对被测目标发射脉冲，根据激光脉冲的往返时间差，计算被测点与扫描仪的距离；再根据两个连续转动的用来反射脉冲激光的镜子的旋转角度值，得到激光束水平方向值和垂直方向值，计算扫描点的三维坐标；同时通过内置数码相机获得场景影像数据，给反射点匹配颜色或者给模型映射纹理，最终提供被测目标的三维几何信息。与全站仪的单点测量方式不同，地面三维激光扫描仪（图 10-23）能通过 360° 旋转获取整个目标空间的密集点云。目前，地面三维激光扫描仪最远有效距离可达 1km，获取数据距离扫描中心 100m 处的点云密度可达1mm。一般对非平面目标需要进行多站有重叠的扫描，然后通过靶标或同名特征等方式进行后期拼接得到完整的点云数据。

图 10-23　地面三维激光扫描仪

地面三维激光扫描仪的一般作业流程如下：

（一）现场踏勘与控制测量

通过踏勘了解目标分布状况，便于初步设计架站位置和扫描路线。通过全站仪或 GNSS 布设控制网，便于后期拼接精度控制和整体坐标转换。

（二）标靶布测和扫描架站

标靶是用一定材质制作的具有规则几何形状的标志。该类标志在点云中能够很好地被识别和量测，从而可以用于点云数据质量检查及点云配准等工作。常用的标靶有圆形标靶、方形标靶、标靶纸、球形标靶、反射片等（图 10-24）。一般先在扫描现场均匀放置 4 ~ 6 个标靶，然后从第一个站点架站开始扫描。完成一站扫描后确保 3 个标靶不动，将其他标靶移动到下一站扫描范围内，然后将扫描仪架设到下一个站点进行扫描，依次逐步推进标靶点和扫描站，从而获取目标范围内的完整数据。

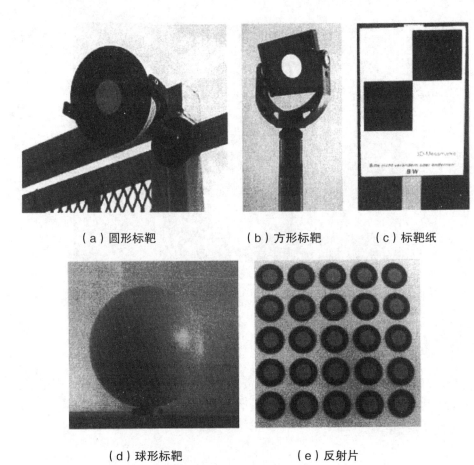

（a）圆形标靶　　　　（b）方形标靶　　　　（c）标靶纸

（d）球形标靶　　　　　　（e）反射片

图 10-24　各类标靶

（三）点云数据及纹理图像采集

根据精度需求设置点云扫描参数，主要包括扫描视场度、点云密度、扫描频率等。同时由于一般扫描仪内置相机获取的影像质量不能满足高清解译和三维建模需求，故还需要采用高清数码相机等其他方式同步获取目标纹理、色彩信息。

（四）数据处理

一般包括点云配准、降噪与抽稀、坐标转换、彩色点云制作等。点云处理过程中需要对多站数据进行配准和坐标转换，将点云拼接成一个整体，并转换到所需的坐标系统下；同时需要去除点云噪声，有的需要进行重采样将数据抽稀，减少后续处理的计算量。为了便于后期解译，需要将影像与点云进行配准，然后将影像的颜色信息赋值给点云，制作彩色点云。

（五）成果制作

根据应用需求，对点云数据进行分类、建模、矢量提取等处理，可得到三维模型、数字高程模型、数字线划图及其他量测统计成果。目前，市面上常用的地面点云数据处理软件多为逆向工程软件，主要有 Geomagic Studio、Sketch Up、Poly works、Cyclone 等，Auto CAD 和 Arc GIS 也有点云模块，可以直接在点云基础上提取矢量，制作数字线划图。

地面三维激光扫描主要应用于地面中小型目标的三维信息获取，设备架设自由、灵活性强，可获得室内外目标相对精度较高的三维信息（图10-25）。如果需要获取目标的绝对坐标，还需要通过标靶进行联测。市面上常用的地面三维激光扫描设备主要有 Riegl 的 VZ 系列、Optech 的 ILRIS、Faro 的 Focus3D、Z+F 公司的 Image 系列、天宝的 TX 系列、拓普康的 GLS 系列，以及徕卡的 C 系列、P 系列和 HDS 系列等。国内也有部分厂家生产了地面三维激光扫描仪，如北科天绘的 UA 系列等。地面三维激光扫描在古建筑文物保护、道桥测量、工程填挖方测量、房产测量、工业构件检测、交通事故处理、灾害评估、船舶设计、建筑设计、军事分析等领域都得到了广泛应用，其中工业构件检测使用的三维激光扫描仪精度可达 0.01mm。

图 10-25　三维激光扫面技术

三、机激技术

机载激光雷达系统是在航空平台上集成激光雷达扫描仪、定位测姿系统、数码相机和控制系统所构成的综合系统（图10-26）。激光雷达扫描仪主要用来发射激光信号和接收信号，确定地面目标与扫描仪的距离。定位测姿系统包括惯性测量装置和动态差分 GNSS。惯性测量装置用来获取激光雷达系统在航空平台的飞行姿态参数（俯仰角、侧滚角和航向角），动态差分 GNSS 用来进行高精度的时间传递和精密定位。最终以时间为标志对数据进行内插处理和数据匹配，确定每一次扫描及拍照时刻传感器的运动位置和姿态参数。因此，由激光雷达进行空对地式的扫描，从而测定成像中心到地面点的精确距离，再根据几何原理解算地面点的三维坐标。

图 10-26　机载激光扫描设备

机载激光雷达测量系统根据飞行器平台可分为有人机和无人机两种，受载重量和续航时间限制，目前激光载荷重量超过 10kg 的系统多使用有人机。

机载激光雷达测量系统工作流程主要包括飞行计划制订、地面基准站布设、系统检校、外业数据采集、数据内业后处理。其中，数据内业后处理主要包括 GNSS 数据质量检查、航迹计算、激光点云生成、点云分割、自动分类、内部质量控制、手工分类、生产数字高程模型或数字地形模型等测绘产品，如图 10-27 所示。

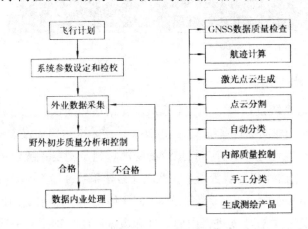

图 10-27　机载激光雷达测量系统工作流程

相较于航空摄影测量，机载激光雷达测量系统具有如下优势。

（一）激光为主动式测量方式，摄影测量为被动式测量方式

因此激光雷达测量对于气候、天气、季节的要求没有航空摄影测量那么严格。理论上，激光能 24 小时全天候工作。同时，还可以根据实际应用需求选择波长最合适的激光源。

（二）激光能够穿透植被叶冠，直接测量到地面，可同时测量地面和非地面层

因此，激光雷达在林业、农业领域得到了广泛应用，可用于测量树高，这在航空摄影测量中难以实现。

（三）机载激光雷达测量

机载激光雷达测量系统基本不需要地面控制点，可直接获取地表目标的空间三维坐标，并用于数字高程模型生成，作业流程相对航空摄影测量更简单。

机载激光雷达测量技术能够快速获取地面高精度数字表面模型，在地形测绘、环境监测、城市三维建模、林业管理、岛礁测绘、线路勘测设计等领域得到了广泛的应用。该技术改变了传统测绘的作业流程，使相关外业测绘流程大大简化，外业时间大大缩短，外业人员的劳动强度大大降低，内业处理的自动化程度也显著提高。

目前，机载激光雷达有许多成熟的商业系统，常用的有加拿大 Optech 公司的 ATLM 和 SHOALS、瑞士徕卡公司的 ALSSO、瑞典 AB 公司生产的 Top Eye、德国 IGI 公司的 Lite Mapper、法国 Topo Sys 公司的 Falcon Ⅱ 等。但是，它们的数据处理软件仍不太成熟，大多数软件是设备生产厂商提供的解算软件，导致利用机载激光点云数据进行测绘产品的生产仍有许多局限性。现在使用最广泛的机载激光雷达数据处理软件是芬兰的 Terra Solid 系列，利用 Terra Solid 软件可以对机载激光雷达数据进行滤波处理，生成数字高程模型，也可结合影像数据制作数字正射影像图，但仍无法实现自动制作数字线划图。

随着无人机飞行器的升级和激光传感器的小型化，无人机激光雷达测量系统逐步面世。它以无人机为搭载平台，主要由激光雷达扫描仪、惯性测量装置、GNSS、高分辨率航拍数码相机等组成。激光雷达扫描仪获取三维空间信息，数码相机获取影像数据，地面通信保障飞行安全，及时传回系统工作状态信息。与有人机平台相比，无人机搭载设备重量受限，因此在传感器选型上受限。但是，无人机激光雷达测量系统巡视效率高、直观、准确，适用范围广，灵活性强，用于安全监测可及时发现隐患，减少经济损失，具有成本低、操作简单、数据精度高等特点。目前，已有无人机激光雷达测量系统成功应用于电力行业，通过无人机激光沿电力线飞行实现快

速电力线巡检、通道测量和线路杆塔的倾斜程度检测等。未来随着无人机载荷的增加、激光传感器的微型化发展，无人机激光雷达测量系统能更多地应用于电力行业、公路勘察设计、灾害监测和环境监测等方面。

四、车载激光扫描技术

车载激光移动测量系统（图10-28）是目前世界上较为先进的一种测绘手段。它通过在机动车上装配激光扫描仪、GNSS、惯性测量装置、车辆控制编码系统及数码相机等先进的传感器和设备来完成测量任务。其中，GNSS用于测量平台运行轨迹上每一时刻的位置；惯性测量装置用于确定平台的方位与姿态，与GNSS一起工作可进行组合导航；激光扫描仪用于记录目标点到平台的距离与角度。运用激光测量车，可以在车辆正常行进中，通过激光扫描和数码照相的方式快速采集地形、建筑及其他目标区域或线路的整体空间位置数据、属性数据和影像数据，并同步存储在系统计算机中，经专业软件编辑处理后，生成所需的专题图数据、属性数据和影像数据。

与其他的移动数据采集手段相比，车载激光移动扫描成像技术具有如下特点：

（一）不受目标特性影响，可昼夜使用

可见光成像需要太阳的照射才能对目标进行成像，激光成像不需要对目标亮度提出任何要求，昼夜均可使用。同时，它也不像红外成像设备一样受目标热辐射特性的影响，可以对冷目标进行成像或在复杂的热辐射背景下对目标进行清晰的成像。

图10-31　车载激光移动测量系统

（二）可直接获取目标的三维信息

红外和可见光成像只能获取目标的辐射分布图像，而不能测量目标的距离信息。激光成像可以在获取目标强度图像的同时测量出目标每一点的三维信息。

（三）测量精度高

由于激光波长短，故空间角度分辨率和距离分辨率都比微波成像雷达所获得的测量精度高一个或几个数量级。

（四）体积小、重量轻、成本低

激光扫描成像探测器比红外探测器成本低，整机设备比微波探测器体积小、重量轻、价格低。由于激光扫描成像可以快速得到目标的三维信息，并且具有体积小、重量轻等特点，因此它特别适用于地形测绘、目标识别和自动导航领域。

（五）车载激光移动测量

车载激光移动测量系统是以陆地移动平台为载体，相对机载平台，具有机动、灵活、高效等特点，可与星载系统、机载系统一起组成天、空、地的立体数据获取体系，其获取的数据也更精细。

车载激光移动测量系统近几年发展迅速，在传感器集成和示范性应用方面积累了很多经验，但是针对地面复杂情况采集的海量点云数据的处理仍有不足，在高效快速的数据处理和管理方面仍需要继续研究。现在市面上涌现了许多商业化车载激光移动测量系统，国外的有加拿大的 LYNX 测量车（图 10–29）、日本拓普康公司的 IP–S2 测量车（图 10–30）、美国天宝车载激光移动测量系统。国内有北京四维远见公司生产的 SSW 车载激光移动测量系统（图 10–31），目前已销售到全国各地的测绘地理信息单位，在数字城市、公路交通、城市管理等领域发挥着重要应用。车载激光测量系统主要用于城市三维建模、道路测量、部件测量、高清街景、违建调查等领域。由于车载平台本身的特性，该系统容易受到车辆和道路两旁植被的影响而产生数据漏洞，获取的数据多为路面和建筑立面数据，屋顶和室内数据仍需要用其他方法来获取。

图 10-29　加拿大 LYNX 测量车

图 10-30　日本拓普康公司 IP-S2 测量车

图 10-31　SSW 车载激光移动测量系统

　　车载激光移动测量系统就其载体而言，可以是汽车，也可以是三轮车、摩托车等，还可以是人背着的背包。下面以一个背包式激光移动测量系统的应用案例进行说明。

　　福建省某县采用背包式激光移动测量系统进行地籍测量，通过扫描获得高精度的点云数据，并绘制地籍测量成果图，如图 10-32、图 10-33 所示。

图 10-32　背包式激光移动测量系统　图 10-33　背包式激光移动测量系统扫描的点云

　　背包式激光移动测量系统由车载激光移动测量系统改装而成。开始扫描前，在覆盖作业区域 5km（本案例）的范围内架设基准站，接收 GPS 信息，同时人背着背包坐在行驶的车上进行惯性测量装置初始化；惯性测量装置初始化完毕后，扫描人员从车上下来，开始背着设备进行扫描作业，沿着小道对卫星信号良好的区域进行背包式激光移动测量系统扫描作业；扫描完成后，关闭仪器设备，停止采集作业。

本应用案例中，采用背包式激光移动测量系统进行扫描获得的点云精度在5cm以内，背包作业平均一天可以扫描500块宗地。与传统全站仪实测相比，背包式激光移动测量系统在保证了精度的前提下，大大提高了作业效率。

五、室内激光扫描

随着室内导航技术的发展，室内空间的三维信息需求越来越大。无论是大型超市、写字楼、室内停车场，还是隧道、矿坑等地下设施，其三维信息的快速获取都具有重要价值。传统室内测量手段，如皮尺或测距仪测图，效率低且精度不高。如果采用地面固定站式扫描，虽然可以快速获取室内数据，但室内遮挡问题需要通过大量外业架站和内业拼站处理来确保数据的完整性，在一定程度上加大了数据获取和处理的难度。因此，研究针对快速室内三维信息获取需求的移动测量系统具有很强的实用价值。

相对于室外移动测量技术，室内移动测图技术由于其环境的特殊性，存在的技术难点有：①无GNSS信号或GNSS信号弱，传感器自身定位是主要难题；②障碍物多，不易采用摄影测量方式完成室内测图，采用扫描方式作业在特殊情况下需要多角度作业，易产生数据冗余；③室内作业干扰源多；④需要进行多层建筑中的定位；⑤对未知环境定位困难。由于这些特殊性，室内移动测图的研究就不能像车载或者机载系统一样采用GNSS导航定位的方法，而需要采用其他技术。目前，研究的热点是基于同步定位与地图创建的室内测图技术。

目前，室内移动测图系统常用的是激光同步定位与地图创建方式，它性能最稳定、最可靠。其作业原理同视觉同步定位与地图创建相似，区别在于它采用二维激光或三维激光的方式在室内空间对平台自身进行定位，同时平台获取室内空间信息或成图。同视觉同步定位与地图创建相比，激光同步定位与地图创建精度更高、测量距离更远、能直接获取三维空间坐标。该技术经过多年验证，已相当成熟，但激光雷达成本昂贵的问题亟待解决。例如，Google无人驾驶汽车采用的正是该项技术，车顶安装美国Velodyne公司的激光雷达，可以在高速旋转时向周围发射64束激光，激光碰到周围物体并返回，便可计算车体与周边物体的距离；计算机系统再根据这些数据描绘精细的三维地形图，然后与高分辨率地图相结合，生成不同的数据模型，供车载计算机系统使用。但是该激光雷达的售价超过7万美元，占去了整车成本的一半，这可能也是Google无人车迟迟无法量产的原因之一。国产的室内激光同步定位与地图创建的测图设备仍在研究中，也取得了一些进展，图10-34为欧思徕公司生产的基于激光同步定位与地图创建技术的室内室外背负式移动测量系统。该系统在作业时无论场景中是否具有GNSS信号都能够获得高精度的三维点云和全景影像。

目前，该设备已经成功应用于大型商场、地下管廊、古建筑等建筑物室内测图。这种激光同步定位与地图创建的背负式移动测量系统，解决了室内 GNSS 失锁问题，实现了室内信息快速获取和三维建模。

图 10-34　SLAM 背负式移动测量系统

随着计算机技术、传感技术的发展，激光雷达成本下降，激光同步定位与地图创建将成为服务机器人实现自由行走的必然选择。国外已有创业公司 Savioke 推出了采用激光同步定位与地图创建技术的客房服务机器人和商场导购机器人，基于激光同步定位与地图创建的测绘机器人是未来无人测绘服务发展的一个重要方向。此外，国外已经有比较成熟的手持式 ZEB1 室内测图设备，可以在完全无 GNSS 信号的情况下，由一名测量员手持该设备，并在室内空间中进行行走测量，。

总之，采用激光同步定位与地图创建技术的室内移动测图系统将会成为信息化测绘新技术的又一个发展方向，必将在信息化测绘中得到越来越广泛的应用。

第四节　北斗卫星导航定位

北斗卫星导航系统是中国着眼于国家安全和经济社会发展需要，自主建设、独立运行的卫星导航系统。系统创新融合了导航与通信能力，具有实时导航、快速定位、精确授时、位置报告和短报文通信服务五大功能。北斗卫星导航系统在服务区域内任何时间、任何地点，都可以为用户提供连续、稳定、可靠的精确时空信息。截止到 2018 年底，我国宣布自主研发的北斗三号卫星系统开始提供全球定位服务，这标志着北斗卫星导航系统的服务范围由区域扩展至全球，正式迈入全球时代。北斗三号卫星系统的全球定位精度为水平 10m、高程 10m（95% 置信度），全球服务可用性在 95% 以上。亚太地区的定位精度更高，达到了水平 5m、高程 5m（95% 置信度）。2018 年已经完成了 19 颗北斗三号卫星发射组网，基本系统已经建设完毕，面向全球提供服务；根据计划，中国还将继续发射 11 颗北斗三号卫星和 1 颗北斗二号卫星，到 2020 年前后，将全面建成北斗三号卫星系统。

随着北斗卫星导航系统的建设和服务能力的发展，相关产品已广泛应用于交通运输、海洋渔业、水文监测、气象预报、测绘地理信息、森林防火、通信时统、电力调度、救灾减灾、应急搜救等领域，逐步渗透到人类社会生产和人们生活的方方面面，为全球经济和社会发展注入新的活力。中国将始终秉持和践行"中国的北斗，世界的北斗"的发展理念，推进北斗卫星导航系统为"一带一路"建设发展及其他国际应用提供服务的范围。北斗卫星导航系统的发展目标为：建设世界一流的卫星导航系统，满足国家安全与经济社会发展需求，为全球用户提供连续、稳定、可靠的服务；发展北斗产业，服务于经济社会发展和民生改善；深化国际合作，共享卫星导航发展成果，提高全球卫星导航系统的综合应用效益。

一、北斗卫星导航系统构成

北斗卫星导航系统构成与其他卫星导航系统一样，分为空间段、地面段和用户段。

（一）空间段

北斗卫星导航系统（图 10-35）计划由 35 颗卫星组成，包括 5 颗地球静止轨道卫星、27 颗中圆地球轨道卫星、3 颗倾斜地球同步轨道卫星。5 颗地球静止轨道卫星定点位置为东经 58.75°、80°、110.5°、140°、160°，中圆地球轨道卫星运行在 3 个轨道面上，轨道面为相隔 120° 均匀分布。

北斗卫星导航系统同时使用地球静止轨道与非静止轨道卫星，对于亚太范围内的区域导航来说，无须借助中圆地球轨道卫星，只依靠北斗的地球静止轨道卫星和倾斜地球同步轨道卫星即可保证服务性能。而数量庞大的中圆地球轨道卫星，主要服务于全球导航卫星系统。此外，如果倾斜地球同步轨道卫星发生故障，则中圆地球轨道卫星可以调整轨道予以接替，即作为备份星使用。

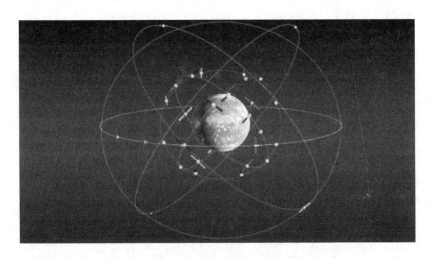

图 10-35 北斗卫星导航系统星座分布

在北斗卫星导航系统中，使用无源时间测距技术为全球提供无线电卫星导航服务，同时也保留了试验系统中的有源时间测距技术，即提供无线电卫星测定服务，但目前仅在亚太地区实现。

北斗卫星导航系统使用码分多址技术，与 GPS 和 Galieo 系统一致，而不同于 GLONASS 系统的频分多址技术。两者相比，码分多址有更高的频谱利用率，在 L 波段的频谱资源非常有限的情况下，选择码分多址是更妥当的方式。此外，码分多址的抗干扰性能，以及与其他卫星导航系统的兼容性能更佳。北斗卫星导航系统在 L 波段和 S 波段发送导航信号，在 L 波段的 B1、B2、B3 频点上发送服务信号，包括开放的信号和需要授权的信号。

（二）地面段

北斗卫星导航系统的地面段由主控站、注入站、监测站组成。

1. 主控站

主控站用于系统运行管理与控制等。主控站从监测站接收数据并进行处理，生成卫星导航电文和差分完好性信息，而后交由注入站执行信息的发送。

2. 注入站

注入站用于向卫星发送信号，对卫星进行控制管理，在接受主控站的调度后，将卫星导航电文和差分完好性信息向卫星发送。

3. 监测站

监测站接收卫星信号，将接收的数据和当地气象资料经处理后发送到主控站。

（三）用户段

用户段即用户的终端，既可以是专用于北斗卫星导航系统的信号接收机，也可以是同时兼容其他卫星导航系统的接收机，包括北斗卫星导航系统兼容其他卫星导航系统的芯片、模块、天线等基础产品，以及终端产品、应用系统与应用服务等。接收机需要捕获并跟踪卫星的信号，根据数据按一定的方式进行定位计算，最终得到用户的经纬度、高度、速度、时间等信息。

二、北斗授时技术

北斗卫星导航系统具有快速定位、精密授时、短报文通信等关键功能和技术。

北斗卫星导航系统授时可分为单向授时模式和双向授时模式。在单向授时模式下，用户接收机不需要与地面中心站进行交互，但需已知接收机精密坐标，从而可计算出卫星信号传输时延，经修正得出本地精确的时间。中心控制站精确保持标准北斗时间，并定时播发授时信息，为定时用户提供时延修正值。标准时间信息经过中心站将卫星的上行传输延迟、卫星到用户接收机的下行延迟及其他各种延迟（对流层、电离层等）传送给用户，用户通过接收导航电文及相关信息自主计算出钟差并修正本地时间，使本地时间与北斗时间同步。系统设计授时指标为100ns。

双向定时的所有信息处理都在中心站进行，用户只需把接收的时标信号返回即可。其无须知道用户位置和卫星位置，通过来回双向传播时间除以2的方式即可获取，更精确地反映各种延迟信息，因此其估计精度较高。在北斗卫星导航系统中，单向定时精度的系统设计值为100ns，双向定时精度的系统设计值为20ns。

目前，北斗授时产品在通信系统、移动系统、金融等行业广泛使用。此外，为保证国家信息的安全，满足人们对高精度授时产品的需求，北斗卫星导航系统和GPS的双模授时技术理论应运而生，相关的学者进行了诸多探讨和研究。从影响授时精度的误差源出发，结合卫星自身相关误差、信号传播误差及接收机相关误差进行分析，并提出相应误差的修正算法，以及授时技术的卫星源切换实现原理和秒脉冲模型的改进方案。最后将提出的算法和改进方案应用于授时系统，结合主控单元完成相关接口通信等外围电路设计，进一步实现该双模联合授时系统的硬件和软件设计。用户可以通过使用该授时系统达到择优后的卫星授时结果，从而提高授时的精度。

三、导航定位技术

北斗导航定位关键技术包括组合定位技术、差分定位技术、组合系统的监测技术等。

（一）组合定位

组合定位是采用其他类型的数据源与北斗卫星导航系统的定位信息结合，辅助提高北斗卫星导航系统的定位精度与完整性、连续性，目前包括多模卫星组合定位和多传感器信息融合组合定位。多模卫星组合定位就是用一台卫星定位接收机，同时接收和测量北斗卫星导航系统与其他卫星导航系统的卫星信号，从而综合利用多种卫星导航系统精确测出三维位置、三维速度、时间和姿态等相关参数。由于 GPS 建设完善，定位精度高，因此可以采用北斗卫星导航系统和 GPS 的双模冗余组合方案，实现多模组合定位。多传感器信息融合组合定位是通过不同传感器提供的冗余位置测量信息（如位置、速度、航向），采用数据融合的方法，高效地利用这些冗余信息完成定位结果的求解过程，最终实现目标位置量的最优或次优估计。

（二）差分定位技术

差分定位技术可以消除或者削弱卫星导航定位中的接收机钟差、卫星钟差等多种误差，载波双差后整周模糊度为整数。差分定位包括伪距差分定位和实时载波相位差分定位。伪距差分定位比较每颗卫星每时刻到基准站的真实距离与伪距，得出伪距改正数 i，修正定位，能得到米级的定位精度。载波相位差分技术又称 RTK 技术，通过实时处理两个观测站载波相位观测量的差分数据，解算坐标，可使定位精度达到厘米级，大量应用于动态需要高精度位置的领域。

（三）组合系统

在组合系统中，由于传感器资源增多、系统结构趋于复杂，因此组合系统的监测技术应运而生。在监测过程中要对组合系统的性能状态进行实时的获取和判断，以衡量定位系统在故障发生（包括传感器、子系统的软故障和硬故障）导致定位误差超限时能有正确的响应。解决方案的重要内容为实时的故障检测和诊断，在基本的卫星定位接收机自主完好性监测算法基础上将完好性设计拓展到整个组合系统，实现定位系统自主完好性监测，使系统具备及时发现并确定故障来源，从而评估故障等级的能力。

四、短报文通信技术

北斗卫星导航系统的短报文通信功能是美国 GPS 和俄罗斯 GLONASS 都不具备的特殊功能，是全球首个在定位、授时之外具备短报文通信的卫星导航系统。北斗卫星短报文通信具有用户与用户、用户与地面控制中心间双向数字短报文通信功能。一般的用户接收机可一次传输 36 个汉字，申请核准的可以达到 120 个汉字或 240 个代码。短报文不仅可实现点对点双向通信，而且其提供的指挥端机可进行一点对多点的广播传输，为各种平台应用提供极大便利。其服务流程如下：

（1）短报文发送方首先将包含接收方 ID 号和通信内容的通信申请信号加密后通过卫星转发入站。

（2）地面中心站接收到通信申请信号后，经脱密和再加密后加入持续广播的出站广播电文，经卫星广播给用户。

（3）接收方用户接收机接收出站信号，解调解密出站电文，完成一次通信。

综上所述，未来的测绘地理信息会将北斗卫星导航定位技术作为时空数据的探测基础，瞄向新时空服务，集成光、电、声学、磁学等多种物理手段，与通信、室内定位、汽车电子、人工智能、移动互联网、物联网、地理信息、遥感、大数据等智能化先进技术融合，形成可互补、可交换、可替代、可共享的信息标准和资源，形成新兴的智能信息产业，形成连接贯通整合一切的新时空服务体系。其技术和产业应用最终包括空、陆、地下（水下）所有环境条件下的空间、室内与室外的时空信息泛在智能、实时动态、普惠的共享服务。

第五节　地理信息处理技术

经过多年的发展和积累，地理信息数据种类不断增多，数据内容、类型和形态都不断丰富，测绘地理信息部门拥有的地理信息数据飞速增长。对这些大数据进行快速处理，并为充分挖掘分析这些数据背后的价值奠定基础，已经成为目前地理信息系统发展的一个重要方向。一方面，地理空间大数据以动态异构、时空密集、非结构化数据为主体，首要任务是研究多源异构数据的空间化集成技术。另一方面，随着大数据技术研究的快速升温，利用分布式并行处理、交互式处理等新兴技术对地理空间大数据进行高效处理也成为研究热点。

一、多源异构数据空间化集成

多源异构数据空间化集成是以地理空间数据、行业专题数据、非地理空间数据为数据源，利用坐标投影变换、格式转换、语义集成、数据空间化等技术，实现地理空间数据间集成、地理空间数据与行业专题数据集成、空间数据与属性数据集成、结构化数据与非结构化数据集成等。多源异构数据空间化集成技术体系是按照数据集成方案要求对源数据进行加工、重新组织构成的过程，将多源数据统一至同一坐标参考体系，采用通用格式，形成新的空间数据集，为时空数据的挖掘与分析打下数据基础。其技术流程如图 10-36 所示。

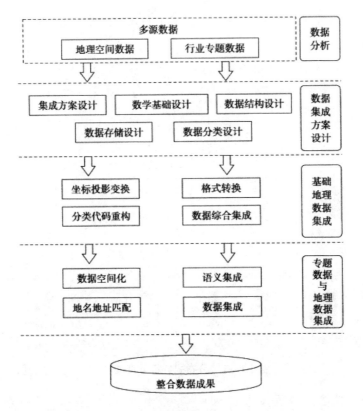

图 10-36 多源异构信息空间化集成技术流程

二、分布式并行处理技术

Hadoop 架构的诞生加速了地理信息系统在分布式并行处理领域的研究。Hadoop 以其高可靠性、高扩展性、高效性和高容错性的优势，特别是在海量的非结构化或半结构化数据上的分析处理优势，给地理信息系统行业提供了一种革命性的思路。作为一个大数据的分布式处理平台，Hadoop 的特点是对非结构化数据的存储、聚集、提取和过滤；作为空间地理信息的管理工具，地理信息系统的优势在于其图形处理能力、地图表达能力及空间分析能力。将 Hadoop 的运算处理能力与地理信息系统的空间分析能力结合起来，可以充分利用两者各自的优势与特点。分布式并行处理架构如图 10-37 所示。

国内外相关专家纷纷开展了基于 Hadoop 的地理信息系统运算架构并行处理云计算平台下地理信息服务等关键技术的研究。各商业地理信息系统软件也基于 Hadoop 纷纷推出了各自的大数据产品。在 ArcGS10.2 中 Esri 推出了基于 Hadoop 的空间大数据处理解决方案 GIS Tools for Hadoop。通过扩展 Hadoop 上空间运算类库，Esri 提供了一套工具，一套应用程序接口及一系列框架。用户通过工具将数据传送至 Hadoop

中，充分利用 Hadoop 的"Map Reduce"进行并行数据计算，使地理信息系统空间运算效率得到了显著提高。

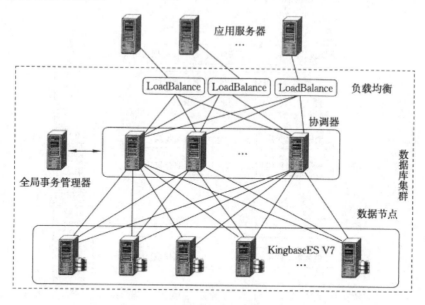

图 10-37　分布式并行处理架构

三、交互式数据处理技术

交互式数据处理指通过人机交互逐步实现对数据的处理，它能及时地处理和修改数据，并让用户立刻知悉和运用处理结果。当前交互式数据处理系统有 Spark 和 Dremel 等。作为高效分布式计算系统，在数据处理效率与性能上 Spark 比 Hadoop 有显著提升，并且 Spark 提供了比 Hadoop 更上层的应用程序接口。Dremel 则通过组建规模上千的集群来实现 PB 级别海量数据的秒级处理。

以 Dremel 为例，它通过嵌套式的数据模型支持对半结构化和非结构化数据的并行处理，通过列式存储方法保存数据，进而在进行数据处理和分析时只需要针对指定数据进行处理，因而减少了 CPU 和磁盘的访问量。Dremel 结合了 Web 搜索和并行数据库管理技术，借鉴 Web 搜索的"查询树"概念，将复杂巨大化的查询搜索分割成并发在大量节点上处理的较小简单数据查询。简单而言，交互式数据处理方式就是通过对数据的分片存储和对查询功能的优化来实现对海量数据的快速处理。

由此可见，地理信息系统传统的多比例尺数据库的数据完全可以通过 Dremel 嵌套式数据模型的列式存储方式进行存储，进而在响应实际数据处理需求时，通过类似 Web 搜索的处理方法调出符合查询要求的分片数据，从而实现空间数据处理的优化。数据搜索的系统开销的降低，大大提升了地理信息系统的数据处理响应速度。

第六节　地理信息挖掘分析技术

地理空间大数据已经改变了传统的结构模式，在新技术发展的推动下正积极向着结构化、半结构化及非结构化的数据模式方向转换，改变了以往只是单一地作为简单工具的现象，逐渐发展成为具有基础性质的资源。针对地理空间大数据的挖掘分析，是提高地理信息数据利用水平、发掘更高地理价值不可或缺的技术环节。除了传统的地理信息系统空间分析技术方法，现代地理空间大数据分析更注重大数据宏观特征的描述、隐性信息的挖掘与智能决策等。

一、基于地理大数据的城市动态研究

移动定位、无线通信和移动互联网技术的快速发展，以及具有位置感知能力的移动计算设备的普及，带来了具有个体标记和时空语义信息的地理大数据，如社交媒体数据、移动手机数据、公共交通数据、出租车数据等。这些数据在采集方式、空间分辨率、用户属性的表达能力、活动语义表达能力、轨迹完整性等方面存在差异，在感知城市动态时也具备各自的特点，为定量地理解城市动态提供了新的手段，也得到了来自计算机科学、地理学、交通和城市规划等领域学者们的广泛研究。

在集成多源地理大数据来研究城市问题时，可以划分为"人"和"地"两个层面，并在研究静态特征的基础上，加入时间维度的演变特征，以此理解城市动态。因此，城市动态特征的感知可以从三个方面着手：①人类动态行为模式感知，即在短时间尺度对人的移动、活动及社交关系的感知，时间和空间上均是微观层面的感知；②区域动态活动与联系感知，通过对个体行为模式进行空间聚合和长时间尺度的观测，实现对城市扩展、结构演化等区域层面的动态感知；③场所情感及语义感知，在人的情感认知与地理场所之间形成映射，从大数据中发现地理空间更加丰富的人文属性。

二、空间数据挖掘技术

随着数据挖掘分析研究的逐步深入，人们越来越清楚地认识到，地理空间大数据挖掘分析的重要性。空间数据挖掘分析的研究主要有三个技术点，即数据库、人工智能和数理统计，其理论与方法涉及概率论、空间统计学、规则归纳、聚类分析、空间分析、模糊集、云理论、粗糙集、人工智能、机器学习、探索性分析等知识。

与传统的地学数据分析相比，空间数据挖掘分析更强调在隐含未知的情形下对

空间数据本身进行规律挖掘，使空间知识分析工具获取的信息更加概括、精练。挖掘分析能发现的知识有普遍的几何知识、空间分布规律、空间关联规则、空间聚类规则、空间特征规则、空间区分规则、空间演化规则、面向对象的知识等。在大数据时代，将挖掘分析技术和传统地理信息系统方法集成，充分发挥地理信息系统在时空数据的输入、存储、管理、查询和显示等方面的优势，突出空间数据挖掘技术在分析和处理海量时空数据时的强大功能，对于发现大量时空数据中的潜在有价值信息、提高数据的使用效率有着十分重要的意义。

三、空间决策技术

空间决策是一个涉及多目标和多约束条件的复杂过程，通常不能简单地通过描述性知识解决，往往需要综合地使用各种信息、领域专家知识和有效的交流手段，如土地利用规划、项目选址、城市交通调度、灾害应急反应调度等。近年来，几乎所有有关空间决策支持系统的研究都是围绕人工智能、空间数据挖掘、空间分析等技术的应用展开的。专家系统与决策支持系统的结合直接体现在决策支持系统的智能化上，这种结合还包括了与机器算法求解方法的结合、与数据库和模型库及方法库的结合、与专业应用领域的结合等。专家系统与决策支持系统的结合提高了决策分析的能力。

随着研究的不断深入，专家系统知识库技术已经渗透到空间决策支持系统的体系结构、问题求解等各个方面，对决策分析方法和过程产生了重要影响。目前，空间信息技术已广泛应用于空间决策领域，提高了决策水平。但是，空间信息技术的应用还主要停留在空间数据管理、信息提取、空间分析、可视化等较低技术层面，还未达到针对大数据的智能化空间决策分析的水平，复杂的空间决策问题仍然是人类面临的最困难问题之一。

第七节　地理信息可视化技术

地理信息的呈现与可视化是地理信息应用的关键步骤，其理论与技术的拓展将为地理信息的传输和应用效果的提升提供更有效的途径。当前，地理信息呈现与可视化所面临的挑战之一就是如何在现有可视化技术发展的前提下实现跨学科融合，将其他领域的先进技术与地理信息可视化相结合。目前比较热门的技术研究包括以下四个方面。

一、无限制三维空间展示技术

三维建模技术已趋成熟，各类城市三维模型层出不穷。然而，三维模型的展示存在数据量过大并受限于硬件机能、展示技术等因素的问题，大多数三维场景展示都限制在一个不大的空间范围内，无法展示与真实场景相接近的三维空间，因此一个真实的、无延迟的、无限制的三维空间展示才是当前最需要的。未来，三维建模范围将逐渐变大、模型也将越来越接近真实，无限制三维空间展示技术是一个必然的发展趋势，如图 10-38 所示。

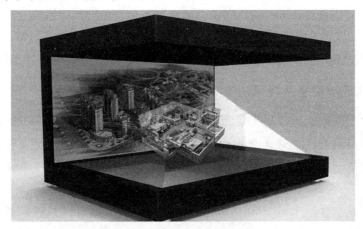

图 10-38　无限制三维空间展示技术

二、虚拟现实技术

虚拟现实（virtual reality，VR）是由美国 VPL 公司创建人拉尼尔在 20 世纪 80 年代初提出的，它是指综合利用计算机图形系统和各种显示及控制等接口设备，在计算机上生成可交互的三维环境，并提供沉浸感觉的技术。其中，计算机生成的可交互三维环境称为虚拟环境。

虚拟现实的基本特征是沉浸、交互和构想。与其他计算机系统相比，虚拟现实系统可提供实时交互性操作、三维视觉空间和多通道的人机界面，目前主要限于视觉和听觉，但触觉和嗅觉方面的研究也正在不断取得进展。作为一种新型的人机接口，虚拟现实不仅使参与者沉浸于计算机所产生的虚拟世界，而且还提供用户与虚拟世界之间的直接通信手段。利用虚拟现实系统，可以对真实世界进行动态模拟，产生的动态环境能对用户的姿势命令、语言命令等做出实时响应。也就是说，计算机能够跟踪用户的输入，并及时按照输入修改模拟获得的虚拟环境，使用户和模拟环境之间建立一种实时交互性关系，进而使用户产生一种身临其境的感觉。

三、增强现实技术

20 世纪 90 年代初期，波音公司在其设计的一个辅助布线系统中提出了增强现实（augment reality，AR）技术。增强现实就是将计算机生成的虚拟对象与真实世界结合起来，构造具有虚实结合的虚拟空间。虽然目前增强现实的研究主要集中在视觉上，但是其并不仅限于视觉，还涉及听觉、触觉和味觉的所有感官。

由于增强现实应用系统在实现的时候涉及多种因素，因此其研究对象的范围十分广阔，包括信号处理、计算机图形和图像处理、人机界面和心理学、移动计算、计算机网络、分布式计算、信息获取、信息可视化、新型显示器传感器的设计等。增强现实系统虽然不需要显示完整的场景，但是需要通过分析大量的定位数据和场景信息，才能够保证由计算机生成的虚拟物体可以精确地定位在真实场景中。

四、地理信息全息显示技术

全息显示技术是当前最重要的显示技术之一，尤其在立体显示方面，逼真的显示效果和丰富的信息量是其他显示技术无法比拟的。当前，全息显示技术已经向计算机全息与电子显示全息技术相结合的方向迈进，全息动态实时三维显示的前景已日趋明朗。

地理信息全息显示目前已在国外多个研究机构与地理信息软件厂商中得到了开发与应用。美国 Zebra Imaging 公司已经开发出了基于绿光照射全息记录的地理信息全息显示产品，其主要技术途径是先将地理信息生成三维场景，然后通过模拟光照环境在计算机中完成全息信息的记录，最终通过全息记录设备实现信息的保存与显示。另外，Esri 公司的产品 ArcGIS10 中提供了支持 Zebra Imaging 公司全息显示输出插件的功能，该功能可在 Arc GIS 中实现地理信息全息显示的前期场景模型构建和光照条件设置，然后通过 Zebra 国内公司的插件完成全息场景的编码输出，最终完成在光照反转条件下的地理信息全息显示。

地理信息技术正处在一个不断发展的阶段，相信在不远的将来，会有越来越多的新技术被应用到地理信息行业，而现在已经出现的技术，将会在地理信息行业得到越来越好的应用。这里要特别提到大数据技术的应用和人工智能技术的应用，随着这些相关学科的技术发展、理论建模、技术创新、软硬件升级等整体推进，必将引发链式反应，推动整个地理信息产业的应用与发展。

参考文献

李连营，刘沛兰，许小兰，杨敏，安家春．高等学校地理信息科学系列教材 地图投影原理与实践 [M]．北京：测绘出版社，2023.01.

郑佳荣．现代学徒制测绘地理信息专业教材 测量技术基础 [M]．北京：测绘出版社，2022.08.

武玉斌．全国测绘地理信息职业教育教学指导委员会十四五推荐教材 数字测图技术 [M]．武汉：武汉理工大学出版社，2022.08.

吕翠华，杜卫钢，万保峰，胡浩．测绘地理信息岗课赛证融通系列教材 无人机航空摄影测量 [M]．武汉：武汉大学出版社，2022.08.

曹春华，薛梅，郑运松，韦宏林．空间测绘探索 [M]．中国测绘出版社，2021.04.

周建郑．国家级规划教材 全国测绘地理信息类职业教育规划教材 职业教育互联网 + 课程思政教材 GNSS 与北斗定位测量 第 4 版 [M]．郑州：黄河水利出版社，2022.08.

李维森．地理信息产业蓝皮书 中国地理信息产业发展报告 2022[M]．北京：测绘出版社，2022.07.

刘茂华，王洪伟，白芷绮．城市主要基础地理信息提取研究 [M]．北京：化学工业出版社，2022.06.

刘仁钊，马啸．高等职业教育测绘地理信息类十三五规划教材 无人机倾斜摄影测绘技术 [M]．武汉：武汉大学出版社，2021.02.

付琨，孙显，许光銮，刁文辉．地理空间大数据分析方法与应用 [M]．北京：国防工业出版社，2021.07.

吕建涛，苏建平，蒋志超．无人机摄影测量 [M]．郑州：黄河水利出版社，2021.01.

李丹，刘妍．地图制图学基础 [M]．武汉：武汉大学出版社，2021.07.

赵尚民．多源数字高程模型数据的精度评价与应用 [M]．徐州：中国矿业大学出版社，2021.10.

王冬梅．无人机测绘技术 [M]．武汉：武汉大学出版社，2020.08.

栾玉平.李金生主审.GNSS 测量技术实训 [M].武汉：武汉大学出版社，2020.06.

蔡玉林.ENVI 遥感数字图像处理方法与实践 [M].北京：测绘出版社，2020.

刘仁钊，马啸.测绘技术基础 [M].武汉：武汉大学出版社，2020.10.

潘燕芳.地理信息系统技术 [M].北京：中国水利水电出版社，2020.08.

吕翠华.测绘地理信息高等职业教育现状、机遇与展望 [M].郑州：黄河水利出版社，2020.05.

李建辉.地理信息系统技术应用 第 2 版 [M].武汉：武汉大学出版社，2020.07.

刘仁钊.工程测量技术 [M].郑州：黄河水利出版社，2020.08.

李冲.测绘地理信息成果信息化质检平台构建技术研究 [M].武汉：武汉大学出版社，2019.01.

李猷.全国测绘地理信息类职业教育规划教材 空间数据库技术 [M].郑州：黄河水利出版社，2019.08.

李浩，岳东杰.测绘空间信息学概论 [M].西安：西安交通大学出版社，2019.05.

焦明连，朱恒山，李晶测绘与地理信息技术 [M].徐州：中国矿业大学出版社，2018.10.

温婉丽，郭啸晨，贾海宗.现代测量技术的研究与应用 [M].北京：北京工业大学出版社，2018.12.

孙世友，谢涛，姚新，刘锐.大地图 测绘地理信息大数据理论与实践 [M].北京：中国环境科学出版社，2017.12.